湖南省自然科学基金项目（2018JJ05040）
湖南省水利科技项目（湘水科计【2017】230-6） 资助

围压作用下节理展布形态对TBM滚刀破岩过程影响机制研究

刘京铄 著

黄河水利出版社
·郑 州·

内 容 提 要

本书以基于合理改装后的 TBM 相似滚刀侵入试验平台以及 PAC Micro-II 数字声发射系统以及 Talysurf CLI 2000 形貌扫描仪,开展了不同围压、刀间距与不同节理特征条件下的 TBM 滚刀破岩物理试验研究和无围压下基于 PFC3D 的数值仿真研究,研究了不同围压对全尺寸相似滚刀依次侵入花岗岩与砂岩试样时其表面裂缝、剖面内部裂缝发育和破岩效率研究。通过对不同滚刀间距的破岩研究表明:滚刀间距过小和过大都不利于滚刀破岩,其存在一个最优刀间距。基于改装后的 TBM 相似滚刀侵入试验平台,对节理岩体试件进行了滚刀破岩试验。研究了滚刀侵入节理试件时节理间距和节理倾角对峰值倾入力、抗侵入系数、裂缝扩展、破碎功和比能耗的影响规律。基于 PFC3D 数值仿真平台对节理岩体进行了单刃滚刀与双刃滚刀侵入破岩试验研究。

本书可供从事 TBM 滚刀破岩、设计等相关专业人员参考,也可供大专院校师生学习参考。

图书在版编目(CIP)数据

围压作用下节理展布形态对 TBM 滚刀破岩过程影响机制研究/刘京铄著. —郑州:黄河水利出版社,2021. 10

ISBN 978-7-5509-3140-4

Ⅰ. ①围… Ⅱ. ①刘… Ⅲ. ①围压-节理-影响-隧道工程-掘进机械-工程施工 Ⅳ. ①TV554

中国版本图书馆 CIP 数据核字(2021)第 208800 号

组稿编辑:简群 电话:0371-66026749 E-mail:931945687@ qq. com

出 版 社:黄河水利出版社 网址:www. yrcp. com

地址:河南省郑州市顺河路黄委会综合楼 14 层 邮政编码:450003

发行单位:黄河水利出版社

发行部电话:0371-66026940、66020550、66028024、66022620(传真)

E-mail:hhslcbs@ 126. com

承印单位:广东虎彩云印刷有限公司

开本:787 mm×1 092 mm 1/16

印张:10. 25

字数:237 千字

版次:2021 年 10 月第 1 版 印次:2021 年 10 月第 1 次印刷

定价:68. 00 元

前 言

随着我国经济社会的持续发展和城市化建设的快速推进，各种基础工程和地下工程大规模建设，作为自动化程度较高的施工手段，全断面隧道掘进机(Tunnel Boring Machine，简称 TBM)被广泛运用于城市地下及山岭隧道、矿山巷道以及水利巷道等地下工程开挖过程中。但在 TBM 掘进过程中会遇到高地应力、节理发育、软弱复合地层、岩溶、地下水等，这些不良地质条件给 TBM 施工带来很大困难，会造成 TBM 开挖效率低、卡机、停工，甚至危及周围环境和人员安全。刀盘位于掘进机最前端，与掌子面岩体直接接触，是掘进机的主要受力部分，其上的刀具更是掘进机破碎岩体的核心部件，刀具是否处于良好的工作状态是掘进机能否正常工作的决定性条件。TBM 上最重要的破岩刀具是滚刀，研究不同地质条件下滚刀的破岩机制，不仅可以优化 TBM 的运行参数、减少滚刀的磨损、提高 TBM 掘进速度，也可以指导 TBM 滚刀的设计研制，为不同地质条件下刀具的选型提供重要的理论基础。

本书开展了基于改造的真三轴试验平台的 TBM 滚刀破岩机制试验研究。基于 TBM 滚刀的侵入试验、声发射现象记录、破碎坑形态扫描以及剖面裂纹及破碎体观察等，分析不同围压下的破岩特征，研究围压对最优刀间距的影响以及层理与滚刀轴线方位关系对破岩机制的影响。该室内试验有别于以往基于平面状态的数值及室内试验，从立体方位研究了滚刀间岩体的破碎模式，同时成功利用断裂力学相关知识对不同围压下的裂纹发育特征进行了相应描述。利用 Talysurf CLI 2000 形貌扫描仪得到不同围压水平下破碎坑形貌及体积，典型的破碎坑呈现盆地状，其主要位于岩体原表面以及切槽之间。当较小围压一定时，随着较大围压的增大，刀间岩体由浅部破碎向深部破碎发育，进而导致破碎坑体积的显著增加。结合室内侵入试验相关数据可得出：较大围压的增大提高了破岩效率。当较大围压一定时，随着较小围压的增大，槽间岩体由深部破碎向浅部破碎所发展，导致破碎坑体积的减小，进而降低了破岩效率。

围压对最优刀间距的影响：从侵入岩体难易程度上来看，当较小围压一定，随着较大围压的增大，较易侵入岩体时所对应的刀间距有逐渐增大的趋势；而当较大围压一定时，随着较小围压的增大，其对应的刀间距有减小的趋势。

刀间距对破岩的影响：刀间距较小时，由于刀间距的限制，虽然其刀间岩体破碎程度较高，但其破碎坑体积较小；随着刀间距的增大，虽然刀间岩体破碎程度有所降低，但其破碎坑体积逐渐增大；当刀间距增大至一定程度时，由于刀间岩体破碎程度急剧下降，进而导致破碎坑体积的迅速降低。当较小围压一定时，随着较大围压的增大，最有利于刀间岩体破碎的刀间距有增大的趋势；而当较大围压一定时，随较小围压的增大，最有利于刀间岩体破碎的刀间距有逐渐减小的趋势。

基于改装后的 TBM 相似滚刀侵入试验平台，对节理岩体试件进行了滚刀破岩试验，研究了滚刀侵入节理试件时节理间距和节理倾角对峰值倾入力、抗侵入系数、裂缝扩展、破碎功和比能耗的影响规律。节理倾角对滚刀侵入破岩的影响程度大于节理间距，随着节理倾角增大，峰值侵入力先减小后增加，当节理倾角 $\alpha=60°$时，滚刀峰值侵入力几乎达到最小值。

基于 PFC3D 数值仿真平台对节理岩体进行了单刃滚刀与双刃滚刀侵入破岩试验，研究了不同节理特征的节理岩体下两种滚刀侵入破岩的侵入力、破岩模式、裂纹扩展及最优刀间距等规律。单刃滚刀侵入节理岩体时，当节理间距较大时，峰值侵入力随节理倾角的增大先减小后增大；当节理间距较小时，倾角 60°时侵入力几乎为最低值。双刃滚刀侵入节理岩体时，峰值侵入力整体上呈现随角度增大而增大的趋势，倾角 60°时峰值侵入力同样最低。两种滚刀在侵入节理岩体时，裂纹经历起裂和扩展两个阶段，裂纹扩展随节理特征不同而改变，节理对两种滚刀作用下的裂纹扩展起到引导和阻隔效应，节理引导裂纹沿节理面向内部发展，阻隔了裂纹向下一个节理面的贯通，与试验观测结果相一致。但双刃滚刀侵入过程中的裂纹扩展有别于单刃滚刀，双刃滚刀两刀之间存在协同破岩作用，进而对两刀之间侧向裂纹交汇贯通起到促进作用，有利于双刃之间岩体破碎块的形成。

节理间距对滚刀破岩模式的影响较大，根据两种滚刀破岩产生岩渣方式分为常规破岩和节理间协同破岩两种形式。节理特征对不同刀间距滚刀破岩影响较大，节理间距和倾角共同影响滚刀的比能耗，不同节理间距及倾角组合下存在最优刀间距使得破岩效率最高；两种滚刀在节理倾角为 60°时破岩比能耗取得最小值，破岩效率随节理间距增加而增加，双刃滚刀相比单刃滚刀其侵入节理岩体破岩效率要高；存在最优刀间距，破岩效率随节理倾角增大先增大后减小。

本书在研究过程中获得了国家重点基础研究发展计划项目（2013CB035401）、湖南省自然科学基金项目（2018JJ05040）及湖南省水利科技项目（湘水科计【2017】230-6）等科技项目资助，本书倾注了很多人的心血，得到了南华大学蒲成志教授、湖南工程学院刘杰教授等的帮助，在此表示衷心的感谢！

本书虽经多次修改和完善但限于作者水平和其他方面的原因，书中难免存在不妥之处，敬请各位专家和读者批评指正。

作　者

2021 年 10 月

目 录

第1章 绪 论

1.1 研究目的和意义

随着我国经济的快速发展和城市化建设进程的加快,城市人口持续增加,然而经济的快速发展与道路基础设施建设的滞后以及城市人口的迅猛增长与城市用地紧张、交通堵塞等矛盾却日益凸出,2006~2017年,人口超过百万的城市由57个增加到78个;其中人口超1 000万的超大城市已达6个;而发展城市轨道交通已成为大城市及超大城市解决交通拥堵日益严重问题的必然选择。据统计,在2014~2017这三年间我国总共开通了60余条轨道交通线路,平均每年建设达到1 400多km。到2017年底,我国轨道建设总长度已经达到6 000 km;铁路方面,过去三年间运营里程增加了19 500 km,其中大部分为高铁项目;水利水电领域的项目,如引汉济渭工程、引江济淮工程等均已先后开工建设。统计结果显示,我国目前进行地下空间建设的城市已经达36个。

特别是大型的交通、能源及水利项目,如穿越山岭的铁路工程、城市轨道工程、大型水电站引水输水工程等,这类工程中一般都存在长、大隧道,是施工主体工程或应重点控制的节点工程。传统的钻爆法在实际应用过程中有诸多局限,如安全性低、开挖效率低,在这样的施工条件制约下,其无法满足建设长、大隧道的要求。作为先进施工设备的掘进机是一个集机械、电气、接触破碎和自动化于一体的综合体,其中还引入了新型工艺、人工智能(AI)和自动控制相关的计算元器件,表现出较高的技术先进性。其在施工过程中可实现掘进、移动、出渣等相关的操作功能。掘进机有很多类型,基于一次性开挖占全断面掘进机掘进的比例进行划分,其可分为全断面掘进机和部分断面掘进机。前者可以根据对应的岩土开挖类型分为两类:一种是盾构,如图1-1所示,在软地层全断面开挖过程中这种掘进机的应用比例较高;另一种是全断面岩石掘进机(TBM),如图1-2所示,这种类型的掘进机可划分为敞开式、单护盾式和双护盾式等,在城市地下及山岭隧道开挖领域,这种掘进机的应用比例高,在矿山巷道以及水利巷道工程建设领域也有广泛的应用。TBM主要由5部分组成,一是破岩机构,组成部分为滚刀、刀盘;二是推进机构,在运行过程中可基于撑靴等与岩体相互作用,保持对振动与掘进方向的控制;三是出渣系统,TBM掘进中所破碎的岩体通过此部分运输到洞外;四是导向机构,主要用于对其运行方向进行控制;五是通风吸尘系统,主要用于保持掘进过程中的空气流通,抑制粉尘与热量。全断面岩石掘进机在施工过程中可实现掘进、排渣、导向和通风相关的功能,是一种大型综合性施工设备。岩石掘进机掘进过程中可同步进行破岩、排渣与初期支护,其掘进速度大幅度提高,且基本上不会产生超挖、欠挖相关的问题,避免了二次开挖,大大提升了掘进效率。同时TBM施工过程亦不会产生明显的有害气体,不会对外部环境造成污染,表现出较高的安全性。鉴于以上所述及的TBM在掘进时具有的各方面优势,目前其在隧道开挖工程领域被大量运用。

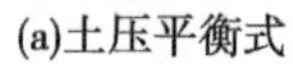
(a)土压平衡式

(b)泥水平衡式

图 1-1　盾构

(a)敞开式

(b)单护盾式

(c)双护盾式

图 1-2　各种类型的 TBM

大量工程实践经验表明，当隧道长径比大于 600 时，采用 TBM 施工造价、技术和工期等优势相较于传统钻爆施工立刻显现。相关统计结果发现，目前应用 TBM 建设的硬岩隧道已经超过 5 000 km，其典型工程如英吉利海峡隧道（长度大约为 150 km）、瑞士圣哥达基线隧道（57 km）等。我国许多地下隧洞均采用了 TBM 技术进行修建，20 世纪 80 年代我国开始引入两台敞开式 TBM，并在广西天生桥二级水电站施工中得到应用，表 1-1 为国内许多工程隧道施工采用 TBM 方式进行施工的情况。

表 1-1　TBM 在隧道工程的应用情况

类别	序号	工程名称及建设时间	TBM 类型	直径（m）	掘进长度（km）	地质特征
水利工程	1	天生桥二级水电站工程 1985~1992 年	2 台二手敞开式 TBM	10. 80	约 7	主要为灰岩
	2	引大入秦工程 1991~1992 年	双护盾 TBM	5. 53	17	灰岩、砂岩、板岩夹千枚岩、砾岩等
	3	山西万家寨引黄工程 1994~2002 年	7 台双护盾 TBM	4. 82~5. 96	146. 7	白云质灰岩、泥灰岩为主的软硬岩相间地层
	4	云南掌鸠河供水工程 2003~2005 年	双护盾 TBM	3. 65	13. 77	砂质板岩、泥质板岩、白云岩等

续表 1-1

类别	序号	工程名称及建设时间	TBM 类型	直径(m)	掘进长度(km)	地质特征
水利工程	5	甘肃引洮工程 2009~2014 年	单护盾 TBM 和双护盾 TBM 各 1 台	5.75	17.3~18.3	泥岩、砂质泥岩，软硬互层，复合地层
	6	辽宁大伙房输水工程	3 台敞开式 TBM	8.03	60.3	混合岩、凝灰岩、砂岩、混合花岗岩，复合地层
	7	新疆伊犁河流域八十一大坂输水隧洞工程 2006~2010 年	双护盾 TBM	6.90	21.86	砂岩、粉砂质泥岩、安山岩复合地，96%段落软弱破碎
	8	青海引大济湟工程 2007~2014 年	双护盾 TBM	5.93	24.17	复合地层，软弱大变形
	9	陕西引红济石工程 2008~2017 年	双护盾 TBM	3.65	11	围岩软弱破碎，富水，大变形
	10	锦屏二级水电站工程 2012~2016 年	8 台敞开式硬岩 TBM	12.40	约 8	大理岩、灰岩、结晶灰岩、砂岩、板岩等
	11	辽西北供水 2012~2017 年	双护盾 TBM	3.65	11	主要为二长花岗岩、混合花岗岩
铁路隧道工程	12	西安安康铁路秦岭隧道工程 1995~1999 年	2 台敞开式 TBM	8.80	约 18.46	以混合花岗岩、混合片麻岩等，坚硬岩石为主
	13	磨沟岭隧道工程 2000~2002 年	敞开式 TBM	8.80	6.11	主要岩性为石英片岩和大理岩
	14	中天山特长隧道工程 2007~2014 年	敞开式 TBM	8.80	13.42	变质砂岩、变质角斑岩、花岗岩等
	15	兰渝铁路西秦岭隧道工程 2008~2014 年	2 台敞开式 TBM	10.20	19.8	主要地层有灰岩、千枚岩、变砂岩、砂质千枚岩等
	16	高黎贡山隧道工程 2014 年至今	敞开式 TBM	平导 5.60 正洞 9.00	约 20	区内地层繁多，岩性复杂，自寒武系至第四系均有出露

续表 1-1

类别	序号	工程名称及建设时间	TBM 类型	直径（m）	掘进长度（km）	地质特征
城市地铁工程	17	重庆地铁 6 号线工程 2003~2014 年	2 台敞开式 TBM	6.36		主要为泥岩、泥质砂岩和砂岩
	18	青岛地铁 5 号线工程 2015 年至今	敞开式 TBM	6.85	约 22.6	主要为花岗岩
煤矿工程	19	大同塔山矿井工程 2003~2004 年	双护盾 TBM	4.82	3.5	主要岩性为石灰岩、花岗岩，中间穿越煤层
	20	鄂尔多斯新街台格庙矿区工程 2014~2015 年	2 台 TBM	7.62	6.43	主要为砂质泥岩、粉砂岩

随着国内外交通，水利相关行业的迅速发展，TBM 开挖硬岩隧道的比例也在不断提高，相关统计结果表明，我国 15 年内 TBM 的需求量将超过 200 台，且投入该领域的资金将达近 8 000 亿元。

TBM 对多个相关学科提出了较高要求，目前这种掘进设备的研究仍在不断增加。自从英国人 Brunel 于 1818 年提出盾构施工设想后，到 1849 年第一台真正意义上的 TBM 在意大利被研发，基于不断研究和改造的 TBM，其性能水平不断提高，20 世纪 50 年代 Robbins 公司研制的软岩 TBM 与中硬岩 TBM 被认为是 TBM 发展史上的标志性事件之一。在 TBM 制造领域，欧美和日本由于研究起步比较早，因此其对 TBM 的关键及核心技术掌握较好，具有较为领先的技术优势，目前也只有美国、日本、德国、加拿大和法国等几个工业发达的西方国家的几家公司具备独立设计生产的能力。具有代表性的 TBM 制造厂商包括美国罗宾斯公司、日本小松公司以及德国海瑞克公司等。在国内，TBM 的研究开始进入迅速发展阶段，很多新的工艺技术也开始被提出。不过由于进口等因素的影响，我国 TBM 运用于工程的成本较高。2006 年，我国国务院为更好地满足铁路、公路等各领域的建设要求，开始投入更多的资源进行 TBM 机械的研发，且取得很多重要成果。而国家的“863”计划中也提到“全断面掘进机关键技术”是未来此领域的发展重点方向。而“全断面大型掘进装备设计制造中的基础科学问题”被列为国家“973”计划此领域的重点研究课题。

由于 TBM 在掘进过程中会遇到各种不良的地质状况，如高围压、断层、节理发育带、岩体破碎带、岩溶、富含地下水区域等，如此围压环境给 TBM 施工带来很大困难，导致 TBM 掘进过程中滚刀受力情况复杂多变，以至开挖效率低、卡机、停工相关问题经常出现，并对生命财产和人员安全构成威胁。

刀盘位于掘进机最前端，在工作过程中其和掌子面岩体直接接触，掘进机破碎岩体主要是基于刀盘上的刀具实现。刀具的工作状态会明显影响掘进机正常工作。据对某TBM隧道工程施工期的调研统计发现,由于刀具的磨损、毁坏引发的停机时间占工作时间的50%。由此也可以判断出刀具的更换频率对掘进机的掘进速度起着直接的决定作用,因此加强对各地质条件下滚刀的破岩机制研究,深入了解滚刀作用下岩石破碎规律,不仅可以优化滚刀结构设计和滚刀布置,进而提高掘进机破岩效率并减少滚刀磨损及降低破岩能耗,还能加快工程进展和提高经济效益,可对TBM滚刀的设计起到指导作用,也为刀具的选型提供支持和依据。

1.2 研究现状

1.2.1 TBM滚刀破岩理论研究

相关研究结果表明,导致岩石破碎的原因既有可能是侧向压力也可能是裂纹扩展,总体上可划分为三类:第一,滚刀挤压破岩;第二,滚刀挤压与剪切破岩;第三,滚刀挤压、剪切以及张拉综合破岩。

Hertz等进行此方面研究的过程中,基于弹性体接触理论进行分析发现,在侵入荷载达到被侵入体的强度临界值时,相应的接触区域可产生锥形裂纹,裂纹扩展后形成破碎块。J. Boussinesq在此过程中对半无限大物体的边界相关应力分布情况进行分析,并求解确定出滚刀作用下岩石破碎对应的应力表达式。其所得结果为滚刀破岩机制起到重要促进和支持作用。

Moscalev等研究发现,破碎块裂纹特征受到剪应力和抗拉强度比值的影响,在拉应力裂纹的衍生条件下产生破碎块。Kou等进行此方面研究的过程中引入了断裂力学理论。Chen等对拉应力失效模型做了深入的模拟研究。

Rostami等在盘形滚刀破岩分析时发现了放射状裂纹,由此也可以判断出拉应力失效理论有一定合理性。岩石破碎块中也存在相关的剪切面。Rostami等据此认为盘形滚刀破岩过程中,主要是拉应力破坏,而剪切破坏的贡献相对较小。

杨金强等针对剪切-挤压理论做了归纳分析,结果显示,岩石破碎时综合作用具体包括:①岩石与刀圈接触面的摩擦力;②向心力剪切刀圈内侧岩石;③刀圈相对岩石的滑动有利于提升刀具破碎效率。

岩石破碎机制相关的研究在不断增加,其中粉碎耗功学说反映了破碎岩石消耗的能量与岩石破碎的相关性:雷廷格尔在研究过程中建立"面积说",且认为这种能量与岩石破碎后面积增加值存在正相关关系。而根据此领域的"体积说",材料相同的物质在同样的破碎条件下,破碎时所需的能量与其体积存在正相关关系。而根据"裂缝说"观点,破碎体消耗的能量和直径负相关。粉碎耗功学说对破岩工具发展有重要的促进作用。另一重点研究课题是盘形滚刀与岩体相互作用机制的研究,Teale在研究过程中具体分析了刀具破岩过程中的能量消耗情况,在一定假设基础上提出了切削比能耗的概念:这种能耗可基于滚刀消耗的能量与破碎岩石的体积比确定,据此来进行掘进效率的描述。比能耗可用于衡量滚刀破岩效率,为滚刀布局优化提供支持。学者Ozdemir、Snowdon、Sanio、

Gertsch 以及 Cho 等，具体分析了刀间距对滚刀的切削力和切削比能耗的影响，通过对比分析发现，滚刀刀间距会明显影响切削力和比能耗，在一定条件下可确定刀具间距，存在一个最优刀间距与滚刀切入深度的比值，使比能耗处于最低水平。

其他因素对破岩机制的影响：第一，风化作用。在风化的作用下，岩石的强度和脆性明显降低，而其中裂纹数量增加，这样改变了其失效判据，Gupta 等分析提出，岩石风化程度从Ⅰ级到Ⅴ级的情况下，其破坏模式也会产生明显的变化，主要表现为剪切破坏并伴有拉破坏及崩裂破坏。第二，岩石脆性。Yagiz 等分析指出，高围压条件下，脆性较弱的岩石会产生韧性断裂失效现象，因而侵入脆性较弱的岩石过程中其荷载变化幅度不大，岩石碎块的尺寸大。第三，围压。Besuelle 等分析认为，围压增加情况下，相应的岩石内部失效模式也发生转变，而形成韧性失效。

1.2.2　TBM 滚刀破岩试验研究

有关 TBM 破岩试验主要分为室内破岩试验和现场原位测试两种类型，由于工程现场原位测试需要较长的试验时间，且又因其通常为一次性测试和不可重复性原因而较少被采用；相较于工程现场原位试验，室内破岩试验在研究滚刀破岩机制时更具优势，下面主要就室内破岩试验的相关研究进行简要论述。基于试验仪器进行划分，可分为压痕试验、线性切割试验和回转切割试验。可通过基于室内试验确定滚刀作用下岩体的破碎过程，并对滚刀破岩机制进行分析，亦可据此分析滚刀破岩过程中的受力情况，对滚刀和岩石的相互作用机制过程进行分析。典型的室内滚刀破岩试验相关情况如下。

1.2.2.1　压痕试验

由于试验施工过程中 TBM 滚刀刀盘内部空间等因素的影响限制，一般无法对盘形滚刀破岩实际情况进行观察。Alehossein 等研究提出，TBM 刀具破岩从属性看为侵入型破岩，因而在研究时，可从滚刀侵入岩石来进行分析，这种情况下可基于滚刀刀头侵入破岩试验来研究讨论，简化了问题。有的学者在此研究过程中通过压痕试验对破碎形态及裂纹扩展形式进行具体分析，且对其影响因素进行详细讨论；茅承觉等在此研究过程中通过加载试验和循环加载试验进行分析，从而确定出 $F-P$ 曲线下相应的岩渣量，根据此种曲线进行分析可看出，压头加载后，岩体内产生裂纹并扩张，在此因素影响下，相应岩石的破碎也明显加快；Cook 等通过圆形平底压头进行各种荷载条件下的试验研究，其所得结果表明裂纹存在明显的规律性；Lindqvist 等在此研究过程中通过电子显微镜对楔形刀头作用下石灰石、大理石裂纹演化规律进行研究分析；吴光琳则在数理统计基础上研究了压头压入时声发射图像与岩石破碎的相关性，在此基础上对破碎过程进行划分，而分为不同的阶段，主要包括微裂纹、弹性变形以及破碎后相关阶段，且对各阶段的特征进行具体分析；曹平等依据 TBM 滚刀破岩试验平台进行研究，对采集的数据进行统计分析，确定出节理、围压等和破岩效率的相互作用情况。刘京铄等在此研究过程中则通过这种平台分析了双向侧压条件下 TBM 相似滚刀侵入过程，研究了采用形貌扫描仪对破碎坑形态扫描并对其进行机制做了深入分析。Yin 等进行此方面研究过程中选择 TBM 压痕试验为例来具体讨论。Yin 试验所得结果如图 1-3 所示，总体上分析可知，刀具破岩过程主要包括如下三个阶段：第Ⅰ阶段，自身裂纹的闭合阶段；第Ⅱ阶段，弹性变形阶段；第Ⅲ阶段则是裂纹产生与扩展阶段。

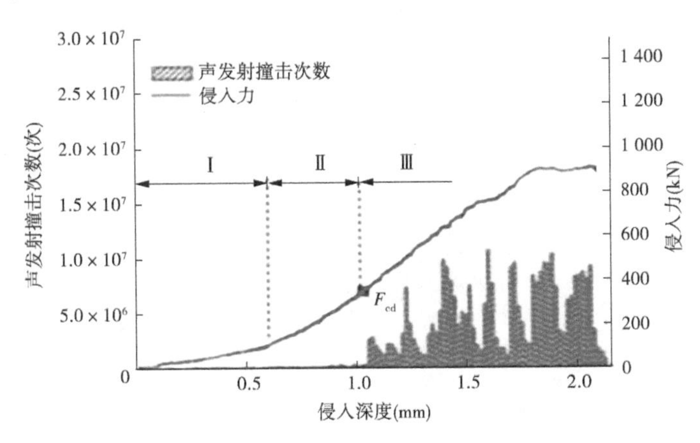

图 1-3　实施压痕试验破坏岩石的各阶段分析

1.2.2.2　线性切割试验

盘形滚刀线性切割试验机(LCM)相关情况如图 1-4 所示,研究结果表明,这种 LCM 试验的适用性高,对各类型的荷载及侵入深度都可以进行高效模拟分析,避免尺寸效应引发的不利影响,因为试验的可靠性和准确性,使其可直接用于切削效率的评估,表现出较高的应用价值。

(a)科罗拉多LCM

(b)中南大学

图 1-4　线性滚刀切割试验台现场图

基于 LCM 试验,Ozdemir 等进行适当的改进而提出了线性切割破岩试验模式,基于试验结果进行分析,确定滚刀工作性能参数及滚刀受力与滚刀结构参数的相关性。与此同时对试验结果进行分析而确定了科罗拉多受力预测公式(SCM 公式);为此领域的理论研究提供了基础;Bilgin 等研究了不同刀间距和侵深下岩石荷载特性变化情况,进行数据统计处理,得出岩石特性对刀具切削情况的影响规律;Chang 等在研究过程中具体讨论了滚刀最优间距与掘进能量的相关性,其研究发现刀间距与侵深的最优比率为 10~12 条件下可取得最好的结果;Gertsch 等在此分析时开展了线性切割试验研究,在试验基础上讨论了侵深与刀间距对比能耗的影响情况,如图 1-5 所示,对比分析发现刀间距为 76 mm 条件下对应的比能耗最小,且这种条件下比能耗基本上处于稳定水平;侵深对比能耗的影响不大。其他学者如屠昌锋、暨智勇、张魁在进行线性切割研究过程中分析了盘形滚刀与球齿滚刀的荷载影响因素，对其变化规律进行分析，据此建立一个盘形滚刀受力预测新模型，并用试验对受力模型进行了验证。

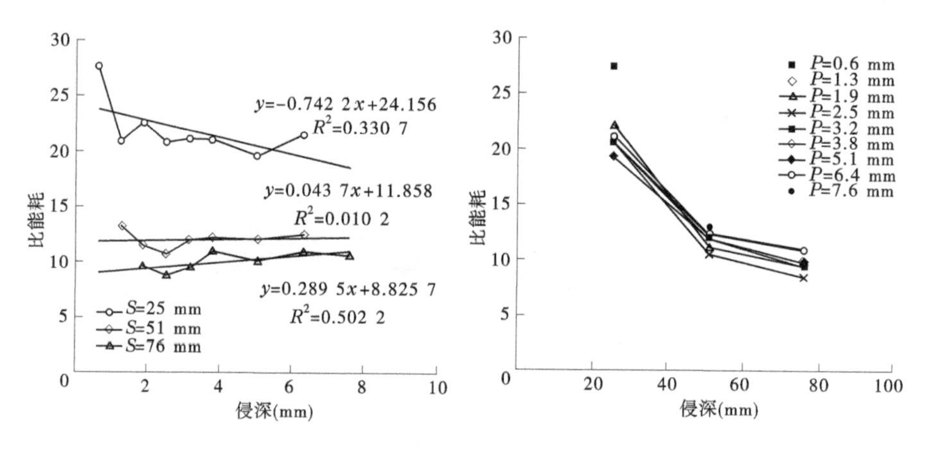

图 1-5　LCM 试验、侵深和刀间距对比能耗产生的作用

1.2.2.3　回转切割试验

相对于线性切割试验机来说，进行与此相关的滚刀破岩试验研究过程中，对应的破岩轨迹呈现为圆周，这样的优势表现为其轨迹和滚刀运动轨迹趋同，而对应的运动状态也基本上一致。在此种状态下，滚刀受力也更符合实际，表现出较高的应用价值。而且在这个试验中，可通过调节滚刀的布置方式从而对滚刀回转切削破岩的过程进行研究分析，因此回转切割试验机已经成为国内外研究者进行滚刀破岩试验的首选。图 1-6 为中南大学设计的一种高性能回转式刀具切削试验机。在这种试验机基础上，欧阳涛、顾健健和朱逸分析了回转式滚刀切削性能情况，且在一定的简化假设基础上，提出相应的滚刀回转切削三向力模型，然后基于此模型来对结构参数、滚刀参数相关的特性进行分析，为刀具优化提供支持。夏毅敏等利用该试验机做了类似的试验研究，且在此基础上确定出刀盘布置参数与滚刀受力的相关性，并探讨了滚刀的振动和磨损特性。

图 1-6　中南大学回转式刀具切削试验台

1.2.3 TBM滚刀破岩数值研究

考虑到室内试验制造成本高、操作难度大、制备过程复杂和耗时费力等因素。因而在多次相同岩样试验中并不能满足应用要求。此外,对分析岩样的内部破坏机制表现出来的局限性很突出,主要表现为外荷载作用下岩样内部的应力场不能直接观察,也难以进行分析和记录。而数值模拟方法能够很好地弥补室内试验的不足并可进行多种复杂工况的重复试验。当前国内外诸多学者常用的数值方法可分为如下三类:

(1)有限差分法(FDM)、边界元法(BEM)。

(2)颗粒离散元法(PFC)、离散单元法(DEM)、流形元法(NMM)。

(3)混合DEM-BEM法、FEM-BEM法。

或通过自行编程TBM刀具破岩来进行探讨。在此基础上分析的确定出刀具参数、运行参数的影响规律,进行机制分析,研究破岩效率的影响因素和具体的影响关系,获得了很多有价值的结论。

Kou等用RFPA2D方法进行模拟分析的过程中讨论了岩石破碎过程,对数据进行处理后,确定切削力与位移的相关性,且在此基础上进行作用机制研究。Liu等在研究过程中对单刀作用下岩石的破坏情况进行具体分析,其所得结果表明:初始加载情况下,岩石主要出现弹性变形,相应的扩展模式可通过Hertzian锥形理论描述,在应力不断增加达到双椭圆破坏准则阈值条件时,相应的岩石发生塑性破坏,而在裂纹不断扩展的基础上就可转变成塑性区;其后的扩展过程中沿着曲线路进行,且在这种扩展模式下岩样自由面切割从而形成破碎块。其相关研究结果也发现围压对裂纹扩展的影响很明显,具体表现为随围压减小,侵入力减小,相应的破坏模式也在不断改变,主要变为劈裂破坏。而双刀侵入分析结果表明,多刀同时加载情况下,刀间距对破碎效率的影响很明显,恰当的刀间距情况下得到的破碎块更大,这样可增加破岩所消耗的能量。Cho J W等采用有限元软件进行模拟分析,在一定的简化假设基础上,确定出岩石线性切割试验相关的变化情况,其所得结果表明:岩石线性切割试验过程中,最优化的刀间距-侵深比率条件下可取得最小的比能。Sung-Oong等进行此方面的研究过程中选择了PFC3D做类似的切割研究,结果表明这种切割过程中,存在最佳刀间距-侵深比率,这种参数条件下切割过程中能量最小。其进一步分析确定出法向力及滚动力与刀间距的相关性,且据此确定出适宜的刀间距条件下滚刀力最大。

目前相关最优刀间距的研究在不断增加,且取得很多重要成果。如于跃等使用RFPA模拟了双刀具及三刀具条件下的破碎机制,其在试验基础上模拟分析刀具次序对破岩特性的影响情况,且通过有限元模型进行优化研究,发现离散单元法可更好地满足模拟研究要求。因而其被广泛应用在TBM刀具作用下岩石的裂纹扩展研究领域,目前这种模型的应用也在不断增加。孙金山等使用颗粒流程PFC2D模拟分析了岩石强度和裂纹扩展的相关性,研究发现:当岩石强度较小情况下,会产生规则的张拉裂纹和大体积的破碎块,而相反情况下则会产生较小片状破碎块,并得出岩石强度和最优刀间距存在一定的负相关关系。陆峰等通过有限元分析软件ABAQUS建立一系列滚刀破岩模型,模拟不同刀间距、不同加载方式的双滚刀对破岩效果的影响;并得出在一定地质条件下,滚刀顺次加载和同时加载时的最优刀间距,顺次加载的破岩效果要优于同时加载。李岩运用有限元软件 ANSYS 对双滚刀切割岩石的过程进行仿真模拟。在研究过程中具体讨论了滚刀结构等因素,进行对比分析而确定出最优化的刀圈刀刃的角度,然后对所得结果进行拟合分析,从而得出滚刀结构与较少滚刀磨损量函数关系,并具体分析了滚刀刀间距、贯入度相关的参数最佳值,在此基础上分析了贯入度与刀间距的相关性。

Rojek 等基于 DEMPack 系统,建立 DEM 模型进行模拟分析研究,其在研究过程中对比分析了切削力及破碎块度的测试值和试验值,在此基础上对岩石复杂的切割过程进行模拟分析研究。Ma 等认为围压条件可总体上分为三个等级:低围压、中围压、高围压,然后依据 RFPA 分析了围压条件和破岩过程的相关性,由其所得结果发现切削和围压比存在正相关关系;有效裂纹长度在特定条件下围压比存在一个临界值,高于此临界值条件下会导致岩石破碎,相反情况下则无法破坏,且能量耗费也表现出同样的关系。

1.2.4 存在的问题

国内外学者对 TBM 滚刀破岩机制从不同角度进行分析,不过相关 TBM 滚刀破岩机制研究侧重于滚刀的破岩模式、破裂过程等方面,且研究过程中应用到的方法主要包括理论分析、试验观测和数值模拟,且已经获得很有价值的成果。这些成果可对机器选型、刀盘布置设计提供重要的支持作用,也为相关性能预测、效率优化研究起到促进作用。不过实际地质条件很复杂,且影响因素众多,在现实条件限制下,无法对破岩机制进行准确、全面、深入的研究。因而目前 TBM 滚刀破岩研究也存在局限,具体表现如下:

(1)现有的盘形滚刀破岩的破坏模式主要包括挤压破坏、张拉破坏和剪切破坏及相应协同破坏。各种破坏模式都存在一定的适用范围,而岩石强度包括抗压强度、抗拉强度、抗剪强度。各种破坏模式下确定出的参数适用性差,不满足普适性要求,因而还应该对破坏模式进一步深入研究讨论。

(2)现有的破岩理论基于楔形刀具确定,而关于常截面盘形滚刀的破岩机制还不是很明确,存在很多问题需要进一步解决。以往的研究侧重于均质地层下不同类型滚刀的破岩过程,很少研究复杂地层的破岩规律,因而还存在一定欠缺。

(3)由于岩体情况复杂多变,这样在研究过程中一般无法对岩石的真实受力状态和破碎过程进行精确还原。而数值模拟研究大部分基于二维模型,三维运动还难以进行,有部分学者进行了三维有限元分析,不过在研究中有限单元网格的划分限制条件也难以处理。网格划分应该和裂纹扩展相一致,而在不同的扩展模式下,需要重新划分扩展网格,这对有限元法的计算效率产生明显的影响。

基于以上几点不足,本书将在基于改装的试验平台上,结合声发射仪以及 Talysurf CLI 2000 形貌扫描仪,对不同双向围压下的 TBM 滚刀破岩特征进行了相应研究,对采用水泥砂浆制作的节理试件进行侵入试验,为克服以往学者采用三维模拟软件表现出来的缺陷,本书将采用可有效规避上述缺陷的颗粒离散单元法三维模型(PFC3D)对节理岩体在不同节理参数条件下进行侵入试验,并对其侵入时的破岩机制进行分析研究。

1.3 主要研究内容

基于试验研究与数值模拟方法，研究盘形滚刀与节理岩体相互作用机制，基于此，本书将从两个方面对滚刀侵入破岩进行研究：一是结合声发射对TBM滚刀侵入节理岩体时节理参数对破岩机制的影响进行研究；二是基于颗粒流数值分析PFC3D平台建立了滚刀破岩数值模型，对节理试件进行侵入破岩试验研究，通过以上研究以期探索滚刀侵入节理岩体过程中岩体的破碎机制，相关研究内容如下：

(1)为便于开展水泥砂浆试件的TBM滚刀侵入-破岩试验研究，在以新SANS微机控制电液伺服刚性试验为基础自主设计改装的滚刀破岩试验平台上，对完整砂岩和水泥砂浆类岩试件进行了滚刀侵入-破岩过程模拟试验，试验前对试验机加载头进行了改装。

(2)结合声发射仪以及Talysurf CLI 2000形貌扫描仪，在以新SANS微机控制电液伺服刚性试验机为基础自主设计改装的滚刀破岩试验平台上，对不同双向围压下的TBM滚刀破岩特征进行了相应研究。

(3)在基于改装后的盘形滚刀侵入-破岩试验平台上，具体研究了倾角与分布密度对这种破岩过程与机制的影响，基于水泥砂浆材料于室内制备了含预制节理面的水泥砂浆试件，并对具有不同节理倾角(0°、30°、60°、90°)与不同节理间距(20 mm、30 mm、40 mm、50 mm)的试件开展了双刃滚刀侵入破岩试验(滚刀刀间距取70 mm)，并探讨了节理试件侵入力-侵入深度关系曲线特征，分析了节理间距及倾角对节理试件峰值倾入力、抗侵入系数、破碎功和比能耗的影响规律。

(4)基于PFC3D数值仿真平台，研究了单刃滚刀与双刃滚刀侵入破岩的数值仿真模拟试验，其中双刃滚刀设置了50 mm、60 mm和70 mm三个滚刀间距参数。探讨了不同节理倾角、节理间距和不同滚刀间距条件下滚刀和岩石相互作用的影响，探讨了滚刀的侵入力-侵入深度关系数据特征，并依据节理模型试件位移云图及裂隙分布图分析了滚刀侵入破岩特征与机制。

第 2 章　节理岩体 TBM 滚刀破岩理论研究

2.1　TBM 破岩刀具

2.1.1　TBM 破岩刀具的类型

滚刀是硬岩掘进机(TBM)最核心的部件之一,TBM 能够进行岩石破碎,而刀具旋转滚压是主要的破岩形式,具体又可以分为如图 2-1(a)、(b)、(c)所示的盘形滚刀及图 2-1(d)、(e)所示的楔齿滚刀和球齿滚刀等,在所有的破岩刀具中,使用最多、应用最广的就是盘形滚刀,为便于在施工时方便刀圈受损后进行拆卸更换,盘形滚刀刀圈被设计成一个单独的构件,其结构主要由刀圈、刀体、压环、轴承、刀轴等构件组成,如图 2-2 所示。

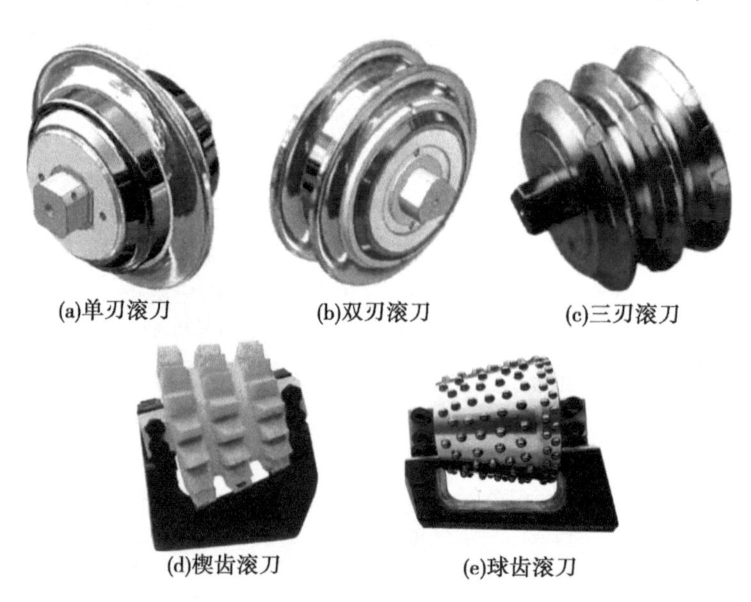

图 2-1　TBM 破岩刀具

2.1.2　TBM 破岩刀具的布置

TBM 在破碎岩石的过程中,和岩石直接接触的部位是设备的刀具,它是整个设备的关键,如图 2-3 所示,为典型的刀盘布置图,刀具可以根据不同的分类标准进行分类,通常可以依据位置和作用划分,主要有中心滚刀、正滚刀、边滚刀,这 3 个是主要的破碎岩石刀

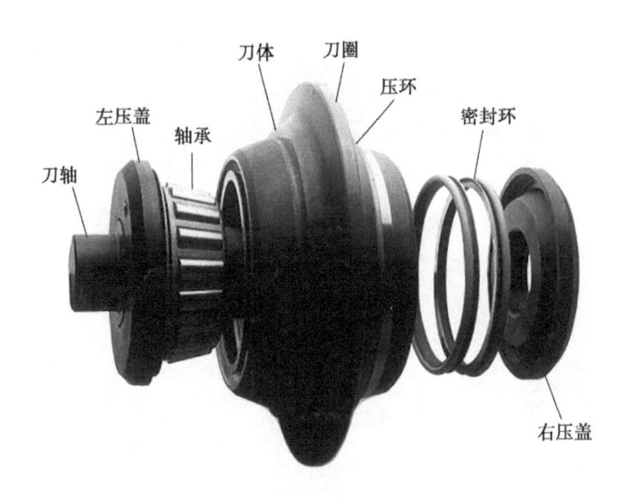

图 2-2　盘形滚刀的结构示意图

具。根据滚刀在刀盘上安装位置的不同,其在破岩过程中的功能也不一样,刀盘中心区域岩石的开挖主要由中心滚刀负责,因中心滚刀扭矩大且转动半径小,能将隧道掌子面中心位置的岩石进行切削,而且效率高;正滚刀用于开挖隧道掌子面,主要是因为它的刀刃较薄,正滚刀分布在刀盘的正面,分布形式是采用双曲线分布;隧道轮廓的开挖需要的刀刃较厚,通常由边滚刀完成,配置的边滚刀之间满足一定的角度关系,如图 2-4 所示。盘形滚刀广泛运用于硬岩掘进机中。

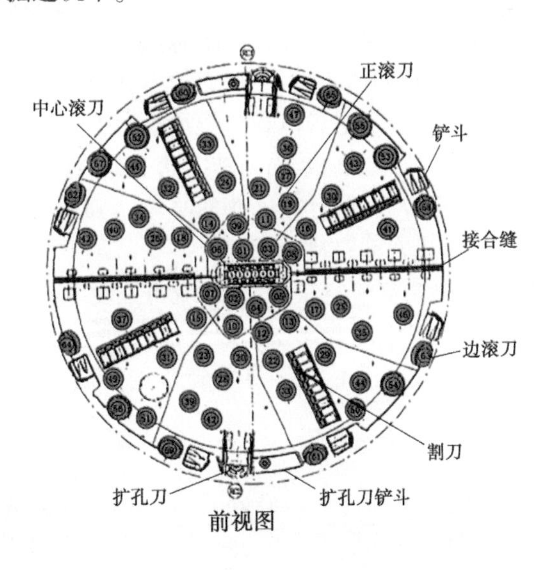

图 2-3　刀盘布置

图 2-4　盘形滚刀在 TBM 刀盘上的布置

2.2　盘形滚刀破岩机制

岩体在滚刀的作用下发生破碎的过程实际上是滚刀侵入岩体的过程，可以用两个阶段解释 TBM 破碎岩石的过程，分别为滚刀侵入岩体、相邻滚刀之间切割岩体而形成岩片。可以用 4 个过程描述岩石被滚刀侵入的过程，具体为：①建立应力场；②压碎区的形成；③岩片的形成；④出现侵入坑。在初始阶段，加载力较小，岩石处于线弹性阶段，荷载的增加使得岩石中的微小裂隙发生闭合。随着荷载持续增加，圆锥形裂纹开始出现在侵入器边缘，继而在侵入器底部形成压碎区。岩片向内和向两个侧向产生运动及扩张，进而对岩石内部裂纹产生扩展作用，可形成多种裂纹，当侧向裂纹达到岩石自由面时，滚刀底部及其周围的部分岩石最终脱离形成岩石碎片。

由此可见，岩石的破碎跟应力有着直接的关系，应力强度准则在分析中应用较多。所以在对岩石的破碎理论进行研究时，首先需要对岩石在滚刀作用下的应力分布进行研究。本书在进行研究时，基于弹性力学理论对应力场分布进行研究，并充分考虑了岩体的脆性。

完整岩体中应力场：布希涅希克在研究的过程中，对岩体中的应力分布情况进行研究，并充分应用了弹性力学理论，获得了岩体破碎受压头的作用机制，并得到了具体的应力分布结果，研究推导得出了计算公式[式(2-1)～式(2-4)]。这奠定了滚刀破岩机制的研究理论基础。

$$\sigma_r = \frac{P}{2\pi R^2}\left[\frac{(1-2\gamma)R}{R+z} - \frac{3\gamma^2 z}{R^3}\right] \tag{2-1}$$

$$\sigma_\theta = \frac{(1-2\mu)R}{2\pi R^2}\left(\frac{R}{R+z} - \frac{z}{R}\right) \tag{2-2}$$

$$\sigma_z = \frac{3P}{2\pi R^2} \cdot \frac{z^3}{R^3} \tag{2-3}$$

$$\tau_{rz} = \frac{3P}{2\pi R^2} \cdot \frac{\gamma z^2}{R^3} \tag{2-4}$$

式中：r、z 为坐标系的两个参数，代表圆柱坐标系；R 为集中力的作用点和观察点之间的距离大小，这里规定正值表示拉应力，负值表示压应力；γ 为泊松比。

2.2.1　单刀破岩模型理论

2.2.1.1　楔形刀具破岩机制

波尔在描述楔形刀刃侵入岩体的机制时进行了简化处理，如图 2-5 所示，在破碎面上作用有荷载 P，可以分解为两个互相垂直的力，其中 R 和 N 分别表示剪切力和法向力。发生剪切破坏的条件依据摩尔库仑准则，具体为：$\tau \geqslant C + \sigma\tan\phi$ 。

$$K = 2R_c \frac{\sin\theta(1-\sin\phi)}{1-\sin(\theta+\phi)} \tag{2-5}$$

式中：R_c 为岩石单轴抗压强度；ϕ 为摩擦角。

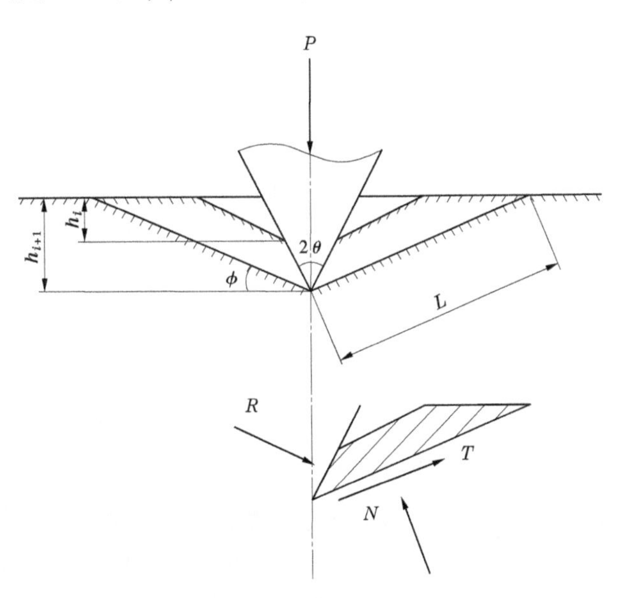

图 2-5　波尔理论结构

Paul 进一步提出，在进行每次跃进之前，对于荷载-侵深曲线而言，斜率都是不变的，在跃进点的位置处，可以将两个重要参数荷载 P_i^* 和侵深 h_i^* 用下面的公式表示，即

$$P_i^* = Kh_i^* \tag{2-6}$$

式中：K 为侵入系数；P_i^* 为第 i 次跃进的载荷；h_i^* 为压深。

则发生跃进的 $P-h$ 曲线如图 2-6 所示。

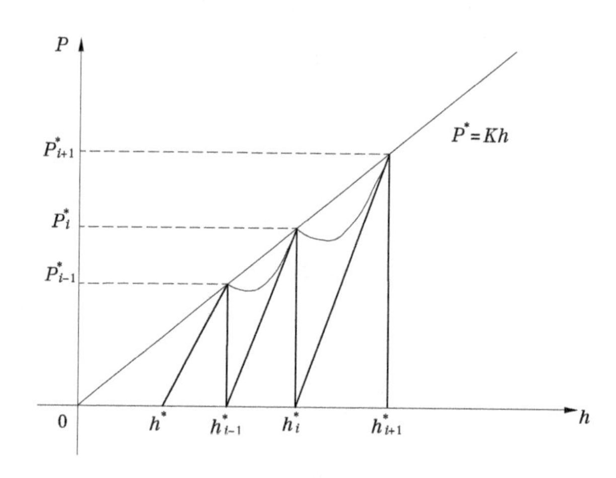

图 2-6　$P-h$ 曲线

屠塔研究提出，当岩石在破碎之前承受的压力非常大时，可以用摩擦角 θ_f 形容密实核与岩体之间的关系，作用于压尖头部的荷载表示为 R，对应的倾角为 $\theta' = \theta_f + \theta$，如图 2-7 所示，给出了荷载分布。

$$P^*_{i+1} = Kd^*_{i+1} \tag{2-7}$$

$$d^*_{n+1} = (h^*_{n+1} - d^*_n)\frac{\sin\beta\cos\varphi}{\cos(\beta+\varphi)}(\cot\theta - \cot\beta) + h^*_{n+1} \tag{2-8}$$

式中：β 为楔形刀具刃角之半；φ 为破裂面倾角；θ 为压头尖端倾角，$\theta = \pi/4 - \theta/2$。

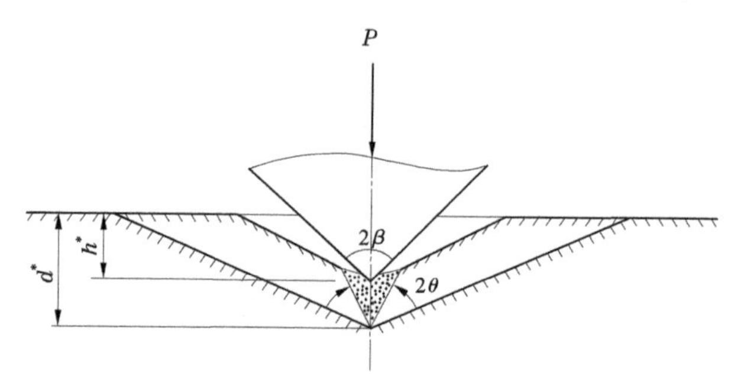

图 2-7　屠塔理论示意图

西卡舍(Sikarshie)通过研究改进了波尔和屠塔的研究成果，结合弹性力学理论，重点对刀圈侧面施加于岩石上的作用力进行了分析，获得了岩石中的应力分布结果，并得出通过一次破碎往往无法产生一个有效的破碎面，所获得的结果可以用图 2-8 表示。岩石产生裂纹之后的扩展情况可以根据莫尔库仑剪切破坏理论进行分析，当外部荷载逐渐增大时，裂纹在没有达到最大状态时也会逐渐扩展，当裂纹达到最大或临界状态时就会引起岩石开裂。对于法向应力和切向应力，可以通过下面的公式进行计算：

$$t_n = p\left(\frac{\xi}{l}\right)^m\left(1 - \cos2\pi\frac{\xi}{l}\right) \tag{2-9}$$

$$t_s = \mu_f t_n \tag{2-10}$$

式中：$p = \dfrac{P\cos\phi_f}{2l\sin(\theta + \theta_f)}\int^1 \left(\dfrac{\xi}{l}\right)^m\left(1 - \cos 2\pi\dfrac{\xi}{l}\right)d\left(\dfrac{\xi}{l}\right)$；$m$ 为刃面上应力的分布参数，值越大表示力越集中。

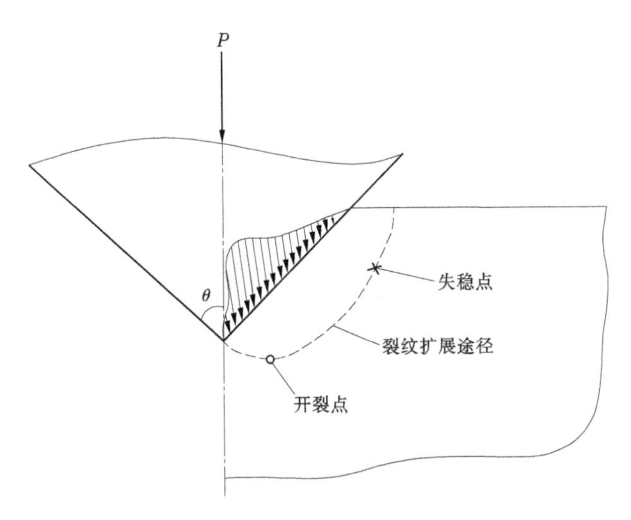

图 2-8　西卡舍理论示意图

有学者指出，由于岩体中存在较多的裂缝，在破碎力的作用下，这些裂缝逐渐扩展而至贯穿，这是刀间导致岩体破碎的主要原因。Artsimovich 提出，密实核的边缘是裂纹开始的区域，主要是因为这个区域的拉应力最大，裂纹会顺着切应力的最大梯度方向而逐渐增长，并据此提出了钝刀切割模型，该模型是在张拉破坏理论的基础上提出的。由 Chen 等进行的研究可知，岩体在一个刀头的作用下，裂纹的扩张机制可以表示为图 2-9。r_* 表示弹塑性区的接触面半径大小，采用无量纲化处理之后，得到的结果为 $\xi_* = r_*/a$，根据摩尔库仑准则的基本原理，可以得到下面的屈服理论：

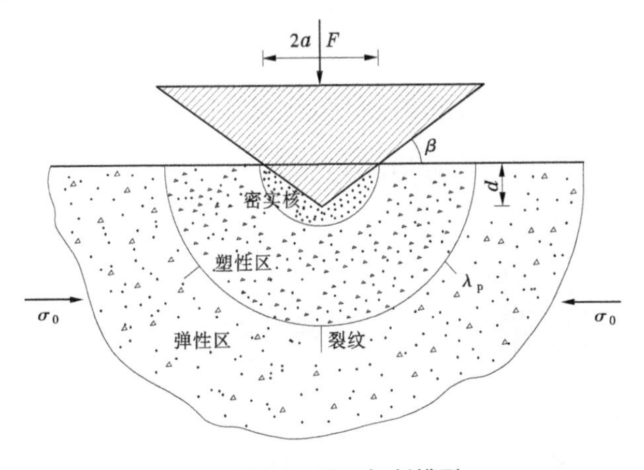

图 2-9　钝刀切割模型

$$(1+\mu)\xi_*^{(K_d+1)/K_d}-\mu\xi_*^{(K_d-1)/K_d}=\gamma \tag{2-11}$$

$$\mu=\frac{\omega K_p}{K_p+K_d} \tag{2-12}$$

$$\omega=\frac{(K_p-1)(K_d-1)(1-2\gamma)+(K_d-1)}{2K_p} \tag{2-13}$$

$$K_p=\frac{1+\sin\phi}{1-\sin\phi},K_d=\frac{1+\sin\varphi}{1-\sin\varphi},h=\frac{\sigma_c}{K_p-1} \tag{2-14}$$

式中:γ 为与刀具本身的性质有关的参数, $\gamma=\dfrac{2(K_p+1)G\tan\beta}{\pi\sigma_c}$；$\phi$ 为岩体的内摩擦角；φ 为岩体的剪胀角；刀具和岩体破坏面之间的位置关系可以用夹角衡量,表示为 β；泊松比可以表示为 ν;G 为剪切模量；σ_c 为单轴抗压强度。

如果固定 β 和 P ,根据脆性断裂理论,可以对破坏区域的半径进行计算,并将半径表示为 ξ_*, 计算如下:

$$\frac{p}{\sigma_c}=\frac{1}{K_p-1}\left[\frac{2K_p}{K_p+1}\xi_*^{(K_p-1)/K_p}-1\right] \tag{2-15}$$

采用格里菲斯理论对脆性断裂情况下的裂纹长度进行计算和衡量,并将长度记为 λ,具体的计算公式为

$$\frac{d_*}{\lambda}=\frac{2m_1\Lambda^{\frac{1}{2}}\tan\beta}{[\Lambda^{\frac{1}{2}}-m_2(K_p+1)]\xi_*} \tag{2-16}$$

当侵入力达到峰值时,对应的侵入深度表示为 d_*,加载方式和刀具形状影响的衡量分别采用 m_1 与 m_2 参数,裂纹的长度参数可以表示为 Λ,具体计算公式为

$$\Lambda=\frac{\lambda}{l} \tag{2-17}$$

式中: $l=\left(\dfrac{K_{Ic}}{\sigma_c}\right)^2$,$K_{Ic}$ 为裂纹粗糙度。

2.2.1.2 平刀破岩机制

本节给出了平刀和岩体之间的作用原理示意图(见图 2-10),这里 $\tan\beta=\dfrac{\partial f}{\partial\alpha}$,结合学者 Alehossein 的研究,平刀在破岩过程中的塑性区域的半径 ξ_* 可以通过下面的公式计算,具体为

$$\frac{d\xi_*}{d\alpha}=\frac{1}{\alpha}\left[-\xi_*+\frac{\gamma(a)}{(1+\mu)\xi_*^{\frac{n}{K_d}}-\mu\xi_*^{n(K_p-1)/K_p-1}}\right] \tag{2-18}$$

$$\gamma(\alpha)=\frac{2^{3-2n}}{\pi^{2-n}\kappa}\frac{\partial f}{\partial\alpha} \tag{2-19}$$

式中:刀具和岩体之间的接触长度可以用 a 进行表示;刀具形状的影响用参数 n 进行考虑,对于楔形平刀,对应的取值为 1,对于锥体平刀,对应的取值为 2;而 $\kappa=\dfrac{(n+1)q}{2G(K_p+n)}$,

q 为岩体单轴抗压强度。

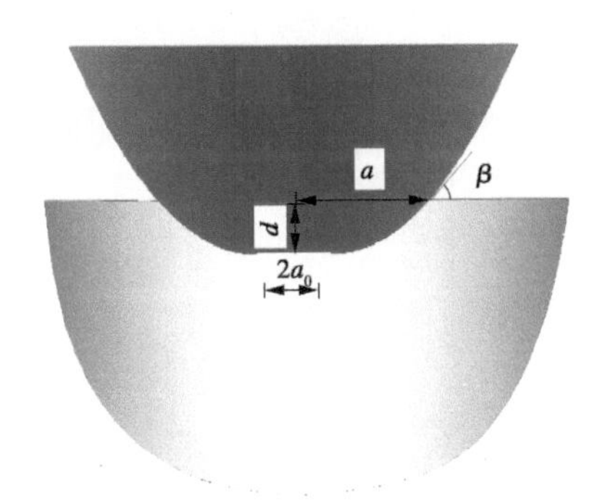

图 2-10　平刀破岩示意图

Peng 等通过对圆锥形和楔形压头的研究，提出了相应的侵岩荷载理论和模型，具体如下：

楔形压头：

$$F_s = \sigma_0(\sin\theta + \mu\cos\theta)\left(\frac{2wx}{\cos\theta}\right) \tag{2-20}$$

圆锥压头：

$$F_s = \left[\sigma_0(\sin\theta + \mu\cos\theta)\left(\frac{\pi\tan\theta}{\cos\theta}\right)\right]x^2 \tag{2-21}$$

式中：F_s 为法向作用力；θ 为圆锥的半角大小；w 为压头的宽度；x 为侵入深度。

Peng 等研究提出，在对碎片的产生和形成过程进行分析与描述的过程中，利用摩尔库仑准则容易导致高估。而这位学者在修正脆性岩石的破坏强度时，采用的是 Weibull 参数，其对尺寸和压头形状进行了考虑。

2.2.2　双滚刀协同破岩模型理论

一些研究者指出，由于相邻滚刀之间存在挤压作用和剪切作用，在这两种力作用下，刀间的岩体会出现破碎。Roxborough 基于 Evans 的理论，对滚刀破岩机制进行了研究，并得出首先破碎的岩体是滚刀附近部位，可以基于图 2-11 进行分析，此处突破角在图中用 θ 表示，刀间距以 S 表示，如果刀具的侵入深度不超过一定限值，可以认为突破角恒定，据此就可以得到刀具侵入过程中凹槽的面积大小。

Roxborough 凹槽的面积计算公式为 $A = Wd + d^2\tan\theta$；体积 $V = L(Wd + d^2\tan\theta)$，侵入力功的计算为 $E = F_c'L$；同时，为衡量滚刀侵入过程中能量的消耗，引入比能耗的概念，按下式计算：

$$SE = \frac{F_c'L}{AL} = \frac{F_c'}{Wd + d^2\tan\theta} \tag{2-22}$$

式中：F_c' 为平均侵入力；L 为刀具破碎长度；d 为侵深。

为使滚刀布置达到最优，即比能耗降到最小值，Evans 提出了如下的公式：

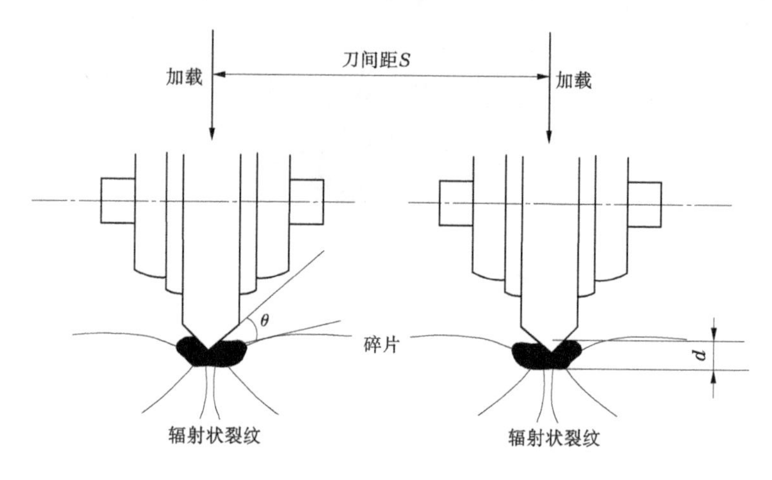

图 2-11　盘形滚刀作用下双刀破岩机制图

$$\frac{S}{W}=\frac{1}{2}\left(1+\sqrt{1+\frac{20}{d^2}}\right) \tag{2-23}$$

Roxborough 研究提出,突破角在一定条件下保持恒定,而两个刀之间相互影响必须满足一定的条件,通常这个条件为 $\frac{S}{W}<2\tan\theta$,Evans 认为,如果荷载是点荷载,在其作用下刀间距与侵深满足 $S=2d\sqrt{3}$ 。

Ozdemir 等采用压痕试验的方法研究了 3 个岩石类型,对岩样的破岩效率受不同刀具间隔大小的影响进行了分析,据分析结果,刀间距不同时破岩模式亦不同,且滚刀之间存在一个破岩效率最高的最优刀间距,岩石在不同刀间距滚刀作用下主要呈现 3 种破岩模式,如图 2-12 所示。第 1 种破坏模式为以最优刀间距为基准,如果实际的刀间距大于这个值,位于刀具下部的岩石很难产生破碎块,主要是因为这个部位的岩石内部裂纹长度较小,很难贯穿;第 2 种破坏模式为存在一个最优刀间距,在这种情况下,能够使滚刀破岩的效率达到最大,相应的破碎块可以达到最优;对于第 3 种破坏模式而言,对应的刀间距比最优刀间距小,在这种状态下岩石的破坏或破碎属于过渡状态,最终切割的块体粒径较小。因此,当刀间距不同时,破岩的效率和破碎的程度也会存在很大不同,而且岩体内部的裂纹也会对破岩过程产生影响。

2.2.3　节理岩体滚刀破岩机制

在 TBM 掘进施工过程中,岩石的物理力学性质对它的效率具有重要的影响,而对于岩体的力学性质而言,不仅和自身的矿物组成有关,还与岩体内部的节理裂隙有关,张魁等研究认为节理裂隙作为岩体中广泛分布的一种介质,因其在不同发育情况下会展现出不同节理类型。基于不同节理类型及产状,国内外一些学者通过现场数据分析、室内试验和数值模拟等手段对其进行了研究。A. Bruland 通过收集大量实测数据,在数据分析的基础之上,提出了 NTNU 分析模型,根据这个模型得出了节理的倾向会影响 TBM 的破岩

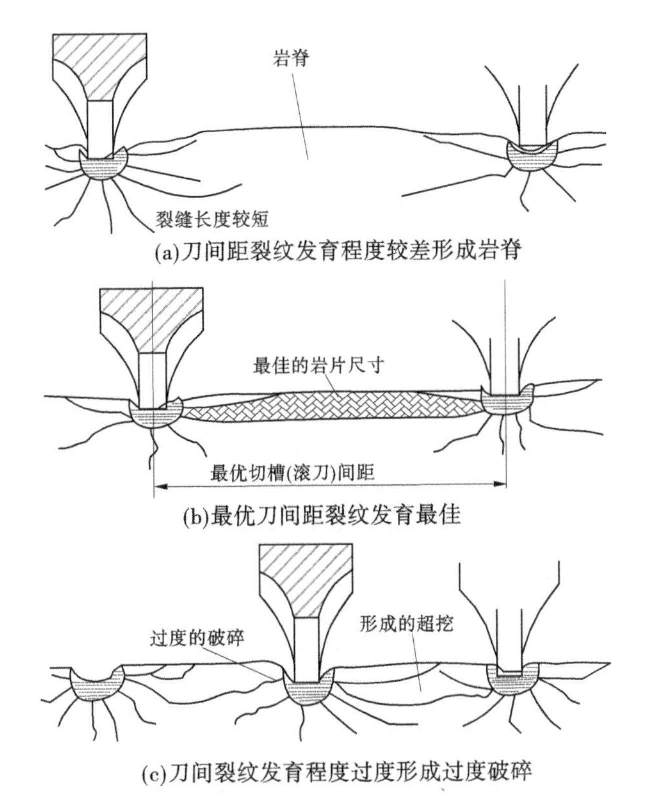

(a)刀间距裂纹发育程度较差形成岩脊

(b)最优刀间距裂纹发育最佳

(c)刀间裂纹发育程度过度形成过度破碎

图 2-12　岩石的破坏方式与刀间距的关系

速率这一结论,但未对其进行量化,此后进行了量化研究并将其作为重要参数置于改进版模型中。N. Barton 通过对节理倾向进行深入研究分析后,建立了将节理作为重要因数的 QTBM 模型。H. Wanner 等研究了片岩,试验时使荷载作用方向和节理面成不同夹角,当夹角增大时,对应的 TBM 掘进效率随之提高。

近年来,Li 等在室内试验研究中通过采用类岩材料,对节理位置、节理倾角及不同的节理填充情况进行滚刀侵入试验,研究其对 TBM 滚刀的破岩模式和破岩效率的影响。杨圣奇等通过用颗粒流模拟单滚刀作用下节理岩体的破岩过程,得出当节理倾角增加时翼形裂纹在节理尖端萌生,相较完整岩体,节理岩体更容易发生破坏。

节理岩体应力场:目前,对节理岩体中的应力场分布研究不多,仅有少数学者对一组节理岩体的压头侵入进行了研究。Goodmand 等在考虑岩体内部只存在一组节理,这组节理是等间距分布,施加的是竖向荷载,并以荷载的作用点为中心,对径向正应力的分布进行了计算,在分析计算过程中,只考虑了径向正应力,没有考虑切向正应力和剪切应力($\sigma_\theta = 0$, $\tau_{\gamma\theta} = 0$):

$$\sigma_r = \frac{qh}{\pi r}\left[\frac{\cos\alpha\cos\beta + g\sin\alpha\sin\beta}{(\cos^2\beta - g\sin^2\beta) + h^2\sin^2\beta\cos^2\beta}\right] \tag{2-24}$$

式中: r 为荷载的作用位置和任何一点之间的距离大小; α 为作用力方向和节理面法向之

间的角度；β 为岩体中任何一点的径向直线和节理面法向之间的角度；g 和 h 均为常数，可由式(2-25)和式(2-26)求得：

$$g = \sqrt{1 + \frac{E}{(1-\nu)^2 k_n S}} \tag{2-25}$$

$$h = \sqrt{\frac{E}{1-\nu^2}\left[\frac{2(1+\nu)}{E} + \frac{1}{k_s S}\right] + 2\left(g - \frac{\nu}{1-\nu}\right)} \tag{2-26}$$

式中：E 为岩体的弹性模量；k_n 、k_s 为节理面的法向和剪切刚度；S 为节理面的距离；ν 为泊松比。

马洪素等通过试验研究法对节理面和滚刀侵入的相对位置的影响进行了研究，并设置了多种不同的位置（见图 2-13），对不同位置进行统计和分析得出了 3 种破坏模式，第 1 种主要是侧向裂纹发展，这种裂纹产生于塑性区，在节理面结束；第 2 种裂纹的发展方向主要是顺着节理面；第 3 种裂纹的发展主要是从节理面开始，而在自由表面结束，得到了与 Bejari H 等较为一致的结论，当 $\alpha = 60°$ 时，破岩速率达到最大值，同时节理对高强度岩体的破岩影响更大。同时，裂纹起裂的方向和位置与破坏前岩块受力状态直接相关。

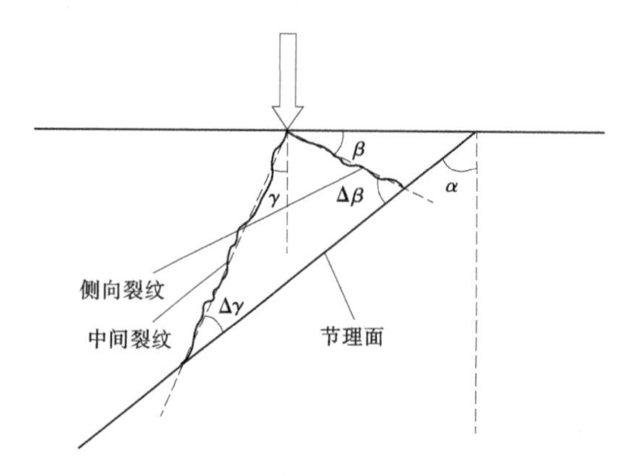

α—节理面与加载力方向的夹角；β—侧向裂纹与水平面的夹角（破岩角）；$\Delta\beta$—侧向裂纹与节理面的夹角；γ—中间裂纹与加载力方向的夹角；$\Delta\gamma$—中间裂纹与节理面的夹角

图 2-13　裂纹角示意图

Bejari H 等采用数据模拟的方法进行了研究，通过设定不同的节理和滚刀作用方向的夹角，设定的范围在 0°～75°，在这个范围内，当角度逐渐增大时，侵入速度也逐渐增大，同时也得出：当节理间距逐渐增大时，岩体的破碎效率会逐渐下降。张魁、龚秋明等对单个滚刀作用下的节理岩体裂纹扩展变化进行了研究，给出了在这种破坏方式下的岩石破碎机制，张魁结合围压给出了节理岩体在不同倾角下的 5 种破岩模式。龚秋明则对节理倾角和间距与破岩角的变化关系做了相应的分析，为了提高 TBM 的掘进速度，重点研究了滚刀破岩沿的节理方向和节理间距。这些学者的研究成果对于丰富滚刀破岩机制和相关理论具有重要意义。

2.3　基于不同破岩机制的滚刀破岩力预测模型

2.3.1　滚刀破岩力分析及模型介绍

破碎岩体主要是通过滚刀和岩体之间产生相互作用而实现掘进,为了对 TBM 的作业过程和相关过程进行分析,通常对掘进机的参数变化情况进行分析,以判断岩体的处理状态。考虑这个方面,在分析研究时,要重点研究滚刀的受力状态。

如图 2-14 所示,给出了 TBM 在掘进过程中滚刀和岩石之间的相互作用力,作用于岩体上的力可以分为 3 个力:垂直于岩体的侵入力 F_V 和滚动力(也称为切向力 F_R),这些力是校核液压与刀盘转动系统的依据;而 F_S 为侧向力,由岩石受到的挤压力和刀盘的离心力共同产生,这个力的大小可以忽略,因此对岩石的破碎影响也较小。截至现在有很多学者提出许多侵入力预测模型,按照破岩机制不同,可以分为以下三种理论:第 1 种为挤压破岩理论,刀具对岩石具有挤压破坏作用而导致岩石破碎;第 2 种理论是挤压剪切破碎理论,由于挤压作用和剪切作用的同时存在造成岩石的破碎;第 3 种理论是混合破碎理论,顾名思义,这种理论认为岩石的破碎受到多种不同的破坏作用,主要有剪切作用、张拉作用。

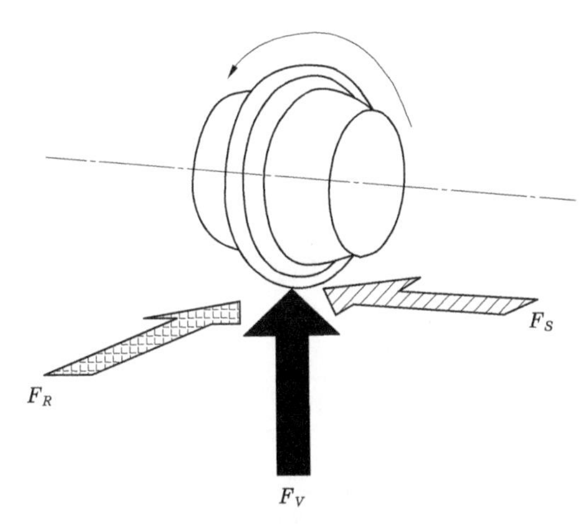

图 2-14　滚刀受力示意图

在实际应用过程中,由于岩体破碎过程无法采用单一的理论进行分析,一般需用多个理论共同解释破岩机制。基于此,当前大多采用混合破岩理论。如:科罗拉多矿业学院通过研究提出了相应的 CSM 预测模型,用于对滚刀的受力状态进行预测,这个模型指出:由于混合破碎作用的存在,使得岩体破碎。东北工学院也进行了研究并获得了东北工学院模型,认为岩石破碎是挤压和张拉耦合破岩的结果。华北水利水电学院通过研究提出了华北水电学院模型,这个模型是在茅承觉的模型基础上得到的,在分析过程中能够综合考虑张拉作用、剪切作用和挤压作用。此外,还有其他一些大学,如挪威科技大学、上海交通大学 640 教研室、中南大学等通过分析研究,综合使用了多种破岩理论,并给出了相应的分析模型。通过对上面的理论进行分析,对以下几种常用模型进行较为详细的介绍。

2.3.1.1　挤压破岩理论

Evans 提出侵入力与刀具侵入岩体的水平截面面积成正比例关系,如果根据这个理论对侵入力进行计算,并与实际的侵入力进行对比,前者要小于后者,对应的计算公式为

$$F_V = \sigma_c A \tag{2-27}$$

式中:A 为两条抛物线和坐标轴之间的面积,可以对其 1/2 面积 A_p 进行计算,具体可以参照图 2-15,计算公式如下:

$$A_p = \frac{4}{3}h\sqrt{R^2 - (R - h)^2}\tan\frac{\alpha}{2} \tag{2-28}$$

由此可以得到垂直推力表达式:

$$F_V = \frac{4}{3}\sigma_c h\sqrt{R^2 - (R - h)^2}\tan\frac{\alpha}{2} \tag{2-29}$$

式中:σ_c 为岩体的单轴抗压强度;R 为刀盘的尺寸,具体为半径;h 为滚刀侵入深度;α 为刀刃角度。

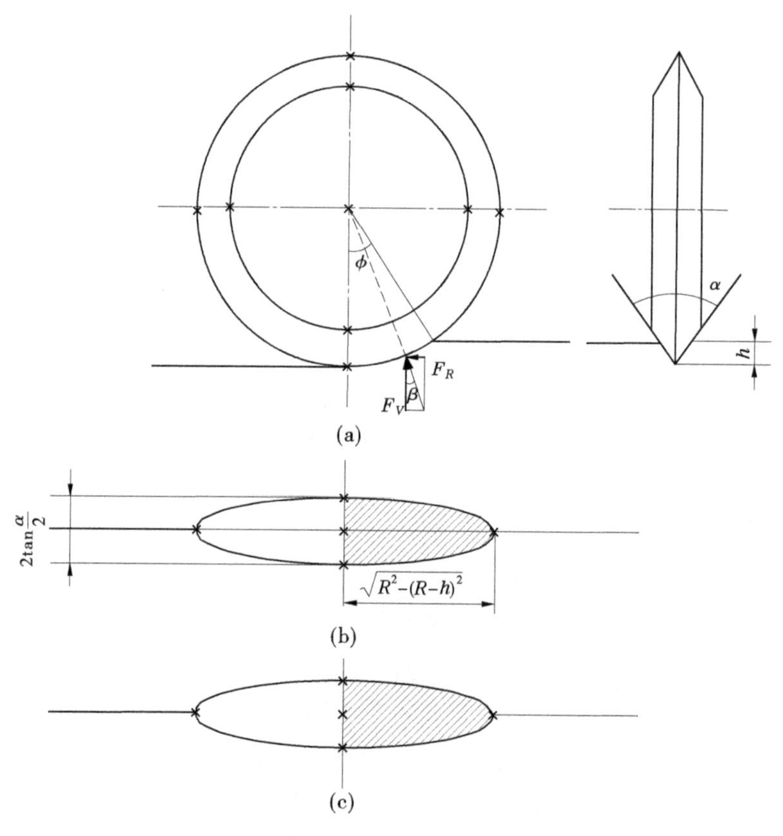

图 2-15　Evans 公式用图

Roxborough 以 Evans 的研究为基础,将刀具与岩石的接触横截面面积修正为矩形(见图 2-16),并用全面积进行简化,具体的公式总结如下:

$$F_V = 4\sigma_c h\tan\frac{\alpha}{2}\sqrt{2Rh - h^2} \tag{2-30}$$

$$F_R = 4\sigma_c h^2\tan\frac{\alpha}{2} \tag{2-31}$$

$$F_S = \frac{F_V}{2}\cot\frac{\alpha}{2} \tag{2-32}$$

式中的其他符号含义同式(2-29)。

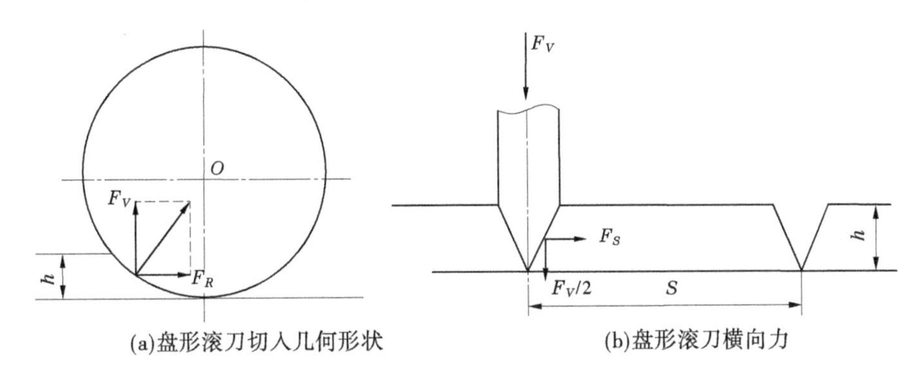

(a)盘形滚刀切入几何形状　　(b)盘形滚刀横向力

图 2-16　Roxborough 公式用图

东北工学院在相关研究中同样采用的公式是 Evans 公式,并到了切向滚动力的计算公式:

$$F_V = \frac{4}{3}k_d\sigma_c h\sqrt{R^2 - (R-h)^2}\tan\frac{\varphi}{2} \tag{2-33}$$

$$F_R = \varepsilon k_d\sigma_c A_r = \varepsilon k_d\sigma_c h^2\tan\frac{\varphi}{2} \tag{2-34}$$

式中: k_d 为滚压换算系数; ε 为换算系数; φ 为岩石破碎角。

2.3.1.2　挤压剪切破碎理论

学者秋三藤三郎所提出的垂直力挤压剪切公式和 Evans 公式相同,同时还把剪切破碎理论应用到了刀间岩体破碎领域,并给出侧向力 F_S ,如图 2-17 所示,相关计算公式如下所示。

挤压破坏:

$$F_S = \frac{\sigma_c}{2}R^2(\phi - \sin\phi\cos\phi) \tag{2-35}$$

剪切破坏:

$$F_S = R\phi\delta S\sigma_c \tag{2-36}$$

式中: R 为刀盘形滚刀刀盘半径; S 为刀间距; δ 为破碎系数, $\delta = \tau/\sigma_c$; ϕ 为盘形滚刀接岩角。

2.3.1.3　混合破碎理论

美国科罗拉多矿业学院(Colordao School of Mines)研究了刀间破碎体的破碎原因,结合 LCM 试验总结出导致岩体破碎是由剪切和张拉混合作用所致,研究如图 2-18 所示。

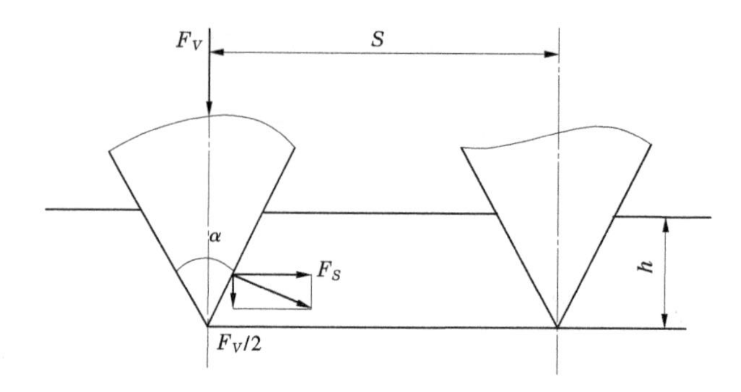

图 2-17　秋三藤三郎公式用图

作用于盘形滚刀上的力可以分解为 F_{V1} 和 F_{V2}，前者表示作用于下部岩石的作用力，后者表示作用在两个相邻刀之间岩石上的剪切力，相关作用力的计算公式如下：

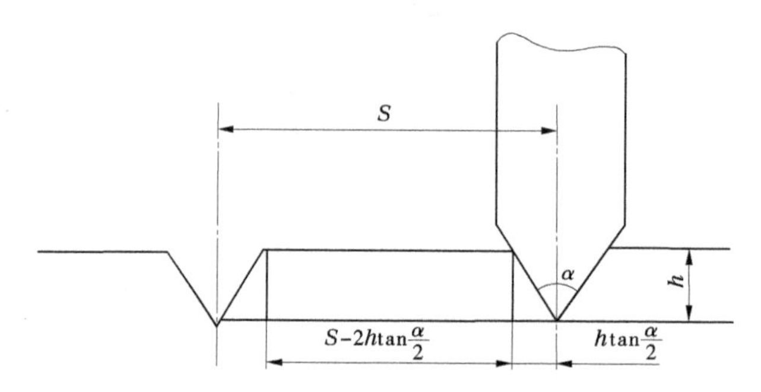

图 2-18　线性切割试验公式用图

$$A = R\phi h\tan\frac{\alpha}{2}$$

$$= R^2\phi(1-\cos\phi)\tan\frac{\alpha}{2} \tag{2-37}$$

将式(2-37)代入式(2-27)得：

$$F_{V1} = \sigma_c A = \sigma_c R^2\phi(1-\cos\phi)\tan\frac{\alpha}{2} \tag{2-38}$$

则

$$F_{V2} = 2\tau R\phi\left(S - 2h\tan\frac{\alpha}{2}\right)\tan\frac{\alpha}{2} \tag{2-39}$$

因此

$$F_V = F_{V1} + F_{V2} = \sigma_c R^2\phi(1-\cos\phi)\tan\frac{\alpha}{2} + 2\tau R\phi\left(S - 2h\tan\frac{\alpha}{2}\right)\tan\frac{\alpha}{2} \tag{2-40}$$

将 $\cos\phi = \frac{R-h}{R}$，$R\phi \approx \sqrt{2Rh}$ 代入并整理得：

$$F_V = D^{\frac{1}{2}}h^{\frac{3}{2}}\left[\frac{4}{3}\sigma_c + 2\tau\left(\frac{S}{h} - 2\tan\frac{\alpha}{2}\right)\right]\tan\frac{\alpha}{2} \tag{2-41}$$

滚动力 F_R 由垂直推力 F_V 乘以常数 C 来决定。

$$F_R = F_V\tan\beta = F_V C \tag{2-42}$$

$$C = \tan\beta = \frac{(1-\cos\phi)^2}{\phi - \sin\phi\cos\phi} \tag{2-43}$$

式中：R 为盘形滚刀刀盘半径；ϕ 为盘形滚刀接岩角；F_V 为盘形滚刀垂直推力；C 为切割系数。

目前，式(2-41)和式(2-42)在国内外掘进机设计中被广泛采用。

如图2-19所示，华北水利水电学院的研究结果表明，刀间岩体发生破碎的原因可以归结为挤压、剪切以及内部张拉裂纹共同作用下的结果，并给出了相应的计算公式，具体为

$$F_V = \frac{KA}{P_f^2}P \tag{2-44}$$

式中：A 为 F–P 曲线所围面积，mm^2；P_f 为最终侵深，mm；K 为测量值，N/mm。

上海交通大学640教研室也进行了这方面研究，并得到如式(2-45)所示的预测公式：在刀圈和岩体之间相互接触、相互挤压的过程中，滚刀对岩石产生破坏作用，在对 F_v 和 σ_j 进行分析时，基于Hertz理论，得出 F_v 和 σ_j 之间的关系如下：

$$\sigma_j = 0.418\sqrt{\frac{F_v E_x}{l r_x}x} \tag{2-45}$$

式中：E_x 为换算弹簧模量，其计算式为 $E_x = \frac{2E_1E_2}{E_1+E_2}$；$r_x$ 为换算接触半径，其计算式为 $r_x = 1/(1/r_1 + 1/r_2)$，$r_1 = r_0$，$r_2 \to \infty$；σ_j 为单轴抗压强度，令 $k = \frac{k_d^2}{3.35}$。F_v 可以通过下面的公式计算：

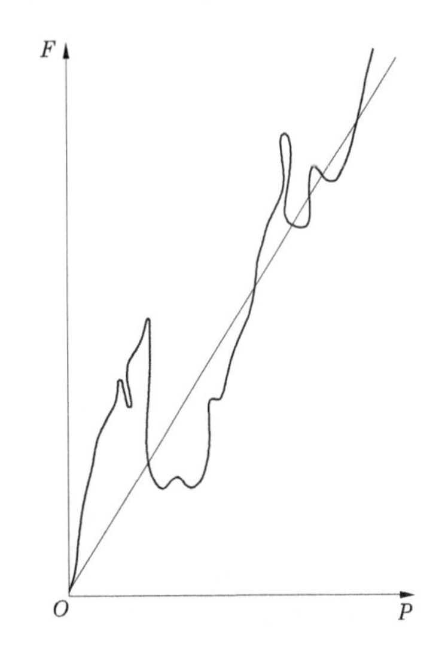

图2-19　公式曲线(直线)与压痕曲线对比

$$F_v = k\sigma_c^2 r_0 \frac{E_1+E_2}{E_1E_2}\sqrt{Dh} \tag{2-46}$$

式中：k 为按实测得出的系数；σ_c 为岩石单轴抗压强度；设滚刀在应力状态下岩石的抗压强度 σ_j 为单轴抗压强度 σ_c 的 k_d 倍，令 $k=\frac{k_d^2}{3.35}$；r_0 为刀尖角半径；E_1 为刀圈弹性模量；E_2 为岩石弹性模量；D 为刀圈直径；h 为刀盘转进尺。

通过对实际滚刀受力状态进行分析可知，不仅有轴向力存在，还有径向力存在，而且两种力表现出正比关系。

轴向力 F_L 可以采用如下公式进行计算：

$$F_L = \frac{F_N}{2\tan\frac{\alpha}{2}} \tag{2-47}$$

在对切向力 F_R 进行预测时,可以采用的公式如下:

$$F_R = F_V\left(\sqrt{\frac{h}{D}} + \mu\frac{d}{D}\right) \quad (2\text{-}48)$$

式中:μ 为轴承和刀刃之间的当量摩擦系数,这里取值为 0.02;d 为刀轴的直径。

2.3.2 滚刀破岩的力-位移曲线

图 2-20 为滚刀连续侵入时推力随刀头位移增加过程的变化曲线图,当滚刀连续侵入岩体时,在压碎的过程中,合力和自由表面为相互垂直的关系,当侵入深度逐渐增大时,合力的大小也逐渐增大。但是随着破碎的进一步进行,侵入深度继续增大时,合力会逐渐减小,这个阶段就是岩片产生阶段上界,即压碎阶段的结束,岩片形成完成以后,就会进入下一个侵入循环。由于处于刀头下方的岩石并不会完全破碎,故荷载一直存在,不会消失。

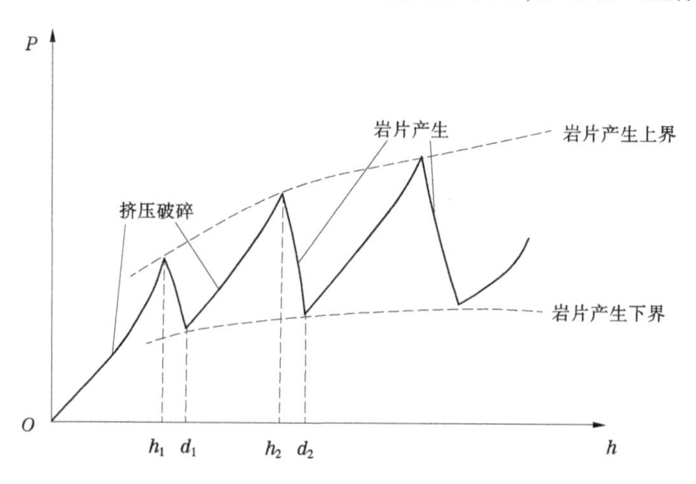

图 2-20 持续侵入循环之下切削力和侵入深度之间的关系

根据龚秋明对滚刀力-破岩曲线分析结果可知,当岩石的破碎过程处于不同的阶段时,滚刀的推力也会随之发生相应的变化。

2.4 盘形滚刀破岩的影响因素

随着 TBM 施工方法在工程应用中的日益增长,所遇到的工程环境也越来越复杂,TBM 掘进所遇地层愈加复杂,常出现四高地质条件, 如图 2-21 所示。锦屏水电站地下施工过程中,采用的是 TBM,地应力很大,达到了 20 MPa 以上;引汉济渭工程最大埋深达 2 000 m,除高地应力外,还伴随有较高的地热问题,辽西北 TBM 进行施工时,面临的地层压力为 120 MPa,岩层主要为片麻状英云闪长岩,金属含量较高,平均在 5%以上,对刀具造成了很大的磨损,同时,涌水现象比较严重,施工过程中涌水较为频繁,而且涌水流量大,最大为 46 000 m^3/d。此外,除 TBM 在施工时遇到的复杂地质环境外,还与滚刀破岩时滚刀所受到的推力、刀具形状与间距、刀盘转速、刀盘扭矩、岩体性质等因素有关。因此,结合工程需要并考虑研究目的,利用侵入试验对不同的影响因素进行分析,并将所有的影响因素划分为两类,即岩体内部影响因素和外部影响因素。

(a)高地应力　(b)高地热　(c)高强度富矿地层　(d)大涌水

图 2-21　TBM 施工恶劣工况

2.4.1　滚刀破岩的外部影响因素

2.4.1.1　滚刀形状及尺寸对破岩特征的影响

TBM 滚刀破岩的效率与所选的滚刀界面形状有很大关系,Pang(2000)通过研究得出了岩体内部的应力场会随着滚刀形状的不同而不同,不仅如此,塑性区形态和裂纹的发展情况也会因为滚刀形状的不同而不同,这种影响关系如图 2-22 所示,如果 e_1 超过一定的数值,裂纹就开始形成并扩展;苏利军等在对破岩效率的影响因素进行研究时采用了数值模拟的方法,重点研究了楔形刀具和平刀具,研究结果表明:径向裂纹的发展,在楔形刀具影响下更加迅速,如果岩体对刀具的磨损较小,可以优先采用楔形刀具,这样能极大地提高效率;莫振泽通过研究得出,塑形区的形成会受滚刀断面的形状影响,对于钝刀具而言,形成的塑形区形状为球形,而且在大范围内都有分布,这种情况下裂纹很容易发展,楔形刀具在裂纹发展方面不具有优势。Hadi Haeri 通过数值模拟的方法,对破碎岩体进行了研究,采用 DDM 法进行模拟后表明:随着 TBM 的掘进,滚刀的尖端会出现磨损,破岩的效率会逐渐下降,而 Jamal Rostami、王华等在进行了类似研究后表明,除刀尖的磨损程度影响岩体掘进的速度和石英含量也会对掘进速度产生影响外,岩体的单轴抗压强度也会对其产生影响。

Chiaia 通过研究发现,岩体内部的裂纹会随着滚刀尺寸的增大而逐渐发展,若通过增

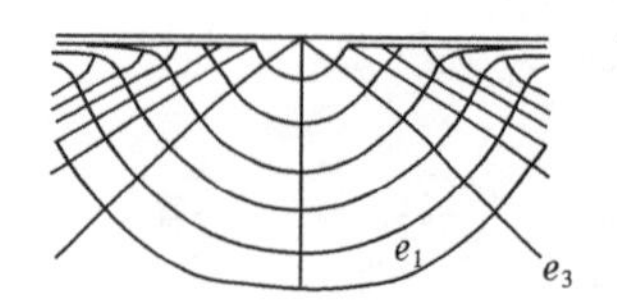

(a)锥形滚刀和岩体接触之后形成的应力场

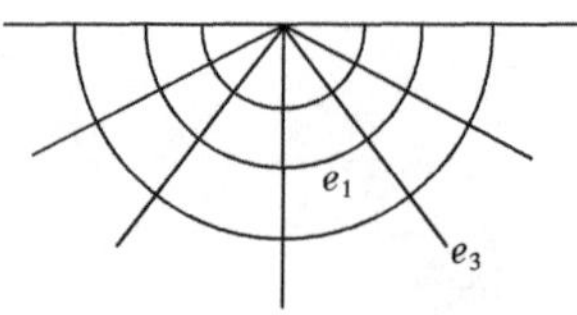

(b)线性滚刀和岩体接触之后形成的应力场

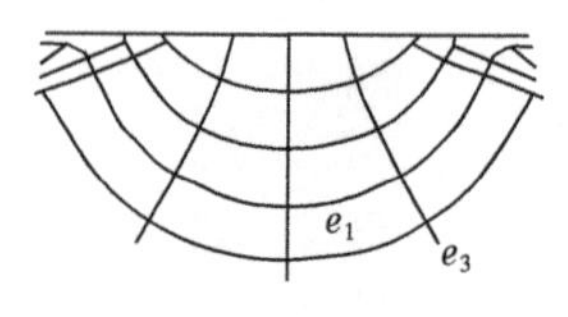

(c)球形滚刀和岩体接触之后形成的应力场

图 2-22　各种形态滚刀之下形成的应力场

大滚刀尺寸的方式,则需要的侵入力和侵入能量更大,于此相应的是需提高 TBM 的配套设施。苏利军、莫振泽等学者通过研究,对这个结论进行了证明,Deniz Tumac 通过研究得出了当侵入深度和滚刀的间距保持不变时,随着滚刀直径的增大,滚动力也会逐渐增大,相应的垂直力也会增大。Lihui Wang 通过研究也得出了类似结论,即滚刀破岩效率与滚刀半径的选取有很大的关系,可以此来对切削比能耗进行分析,进而对 TBM 开挖过程中的滚刀磨损情况进行研究。

2.4.1.2　滚刀安装和相关运行参数对破岩的影响分析

滚刀安装参数和滚刀运行参数会对 TBM 掘进破岩效率产生影响,其中滚刀相位角和滚刀间距属于安装参数,滚刀的侵入深度和速度等参数属于滚刀的运行参数。Gong 采用数值仿真分析的方法研究了滚刀破岩效率受滚刀间距的影响情况,通过研究得出:存在一个最优刀间距能够使破岩效率达到最高。夏毅敏等对相位角对滚刀垂直力和滚动力的影响程度进行了研究,结果表明影响程度并不大,但是垂直力和滚动力会随着滚刀间距的增大而出现一定的增大。

谭青等采用数值模拟的方法和室内试验的方法相结合研究破岩,基于 PFC2D 进行数值模拟,结果表明:侵入深度和最优刀间距两者之间通常是相互联系的,侵入深度不同,刀间岩体的破坏模式亦不同,当侵入深度处于增大状态时,岩体的破碎状态会发生变化,开始为剪切破碎状态,随着进一步的发展,就会变为张拉破碎。Gertsch 等通过线性切割试验指出,随着刀间距与侵深比值的增大,垂直力、滚动力相应增大;同样伴随刀间距的增大,破岩效率也增大,同时滚刀垂直力增加速度更大。Soo-Ho Chang 的研究结果表明,破岩量随刀间距与侵入深度的比值呈现先增大后减小的趋势。

TBM 的破岩特征和破岩效率都受到滚刀的加载次序影响,而且影响程度较大。谭青在对这种情况的影响程度进行分析时,采用数值模拟方法进行研究,当岩体采用切削破碎时,切削的顺序对最优刀间距影响很小,然而滚刀顺次作用岩体时对岩石破碎模式有很大影响。霍军周通过数值模拟的方法证明了要想提高破岩效率,可采用顺序加载的方式。张魁等在研究滚刀顺次作用于岩体时其对破岩影响的研究时所获研究结论与谭青等研究相似。

2.4.2　滚刀破岩的内部影响因素

2.4.2.1　典型岩体强度

截至目前,国内外学者研究岩体强度对 TBM 破岩的影响主要体现在岩体刚性、硬度、脆性以及岩石的单轴抗压强度和抗拉强度上。1976 年，Graham 针对工程数据进行了拟合处理，以此获得重要的结果，即 TBM 滚刀旋转一圈的侵入深度及垂直侵入力和单轴抗压强度二者间互为正相关关系，单轴抗压强度直接影响 TBM 侵入速度，Hughes HM 与孙金山等采取不同方法对单轴抗压强度和 TBM 破岩二者间的关联进行了深入的探讨与分析，学者孙金山根据样本数据探究发现，单轴抗压强度与 TBM 破岩二者间存在正相关性，即前者的高低会决定后者破碎岩体的大小，也就是说，如果单轴抗压强度处于相对较小的水平，破岩易产生较大的岩体破碎块，反之则岩体破碎块普遍较小；而 Farmer 于 1980 年基于隧道现场开挖数据收集整理并进行数据拟合得出抗拉强度直接影响 TBM 侵入速度，即岩石的抗拉强度越高，TBM 滚刀破岩的速度就越快。Nelson、O' Rourke JE、S. Kahraman 等基于岩体硬度是否对 TBM 破岩有影响做了相关研究，得到了与 Farmer 相似的研究结果。学者 Q. M Gong 根据离散单元法程序模拟了岩体脆性在 TBM 破岩中的影响，通过观察与分析得出，在目标岩体脆性不断加大的同时，破岩速度就会变得更快；学者宋克志主要围绕岩体刚度与 TBM 破岩的关系做了重点探讨，研究得出岩体刚度愈小则愈可以促进滚刀平衡受力，进而增强 TBM 滚刀的破岩效果，与之相对的是其刚度越大，TBM 滚刀破岩效率反而降低。

2.4.2.2　围压

在开挖深部隧道的过程中，TBM 所处掘进地层中遭遇围岩压力过大或由其他应力引起地应力不均匀状况时，如遇坚硬脆性的岩体则极可能发生岩爆现象，如遇脆弱岩体，则会出现围岩明显变样的现象，这都将给 TBM 施工带来严重的阻碍。因此，地应力对 TBM 掘进的影响已引起国内外学者的广泛关注。而前人在研究围压对 TBM 破岩特征的影响时常用的研究主要有两种：第一，开展施工现场调查；第二，开展室内试验和数值仿真。比如，Q. M. Gong 等深入到锦屏引水工程施工现场进行调查后发现该隧道在高埋深与高围压二者共同作用下使得掌子面岩体出现了片状毁坏，严重地段还因此发生过岩爆现象。

N. Innaurato 等基于室内侵入破岩进行了深入研究，得出侧向压力的增大造成了滚刀环节中最高侵入力加大的结论。然而，侧向压力的加强却促使裂纹朝着自由面扩散，从而使得岩体的破裂速度加快。

同样，Martin Entacher 的线性切割试验表明，在围压较大的地方侧向裂纹发育较好，而主裂纹发育较好的地方通常是围压较小的地方。数值研究方面，梁正召、Liu、Huang 等的数值研究得到了与室内试验相似的结论，即侧向裂纹发育较好的地方通常是围压较大处，而主裂纹发育较好地方围压较小，张魁等的数值研究表明，TBM 滚刀刀间岩体破碎模式在不同围压下有四种模式，且随着围压的增大，最优刀间距呈现先增大后减小的趋势。

2.4.2.3　含水量

TBM 滚刀破岩受到各种岩体强度的影响，大多数研究表明岩体遇水后其单轴抗压强度和抗拉强度均会因水的存在而发生改变。M. Z. Abu Bakar 通过对饱水和干燥状态下的岩体进行单轴抗压和抗拉强度测试时发现，饱水后所测得的岩体抗压与抗拉强度大幅下降。然而岩体强度的削弱得以加快滚刀侵入，从而使得滚刀破岩的速度大幅增大。

学者 Robinson 等围绕深部油井钻孔内液体与破岩之间的关系进行了深入探讨，发现在钻头侵进岩体并在钻头下产生挤压面积时，因为有液体朝着钻头前处流进，造成岩体具有非常高的脆性,从而使得钻头得以快速地破碎岩石。

而学者 Kaitkay 等基于外部静水压与压头破岩间的关系做出了深入探讨,得出虽然外部静水压的加强使得张拉力减小而使岩石在张拉作用下破岩能力降低,但其也扩大了钻头前方岩体的剪切破坏性,继而提高了破碎岩体的长度。然而,Roxborough 开展了相关的试验研究则获得不同的结论,他通过在干燥和饱水的岩体上做滚刀破岩尝试,试验结果得出饱水条件下的岩体滚刀的推力与滚动力二者都会出现极大的减弱,含水量亦不会对破岩效率产生明显的影响。同时 O' Reilly 也展开了相似的探究,同样得出含水量并不会对破岩效率产生明显的作用。

2.4.2.4 节理裂隙

节理裂隙作为岩体中广泛分布的一种介质,其按成因可分为原生节理和次生节理,按走向分为走向、倾向、斜向和顺层节理等。其中节理倾角和节理间距为节理的两个主要特征量。大量学者围绕节理与 TBM 滚刀破岩二者间的关系做了很多有益研究与试验。其中,美国科罗拉多矿业学院进行了巴西盘抗拉强度试验,通过观察得出 TBM 滚刀侵入方向和岩体节理面的夹角与 TBM 掘进性能二者间的关系,同时还创建预测数据库以及模型,以便能对实际工程进行高效的预测以及指导。学者 Howarth 进行了线性切割试验,以此探讨当岩体中具有一排节理的情况下,节理间距与破岩之间的关系。通过试验研究发现,在滚刀侵入深度保持不变时,节理间距的高低与滚刀需要的推力二者成正相关,即间距愈低愈有利于滚刀破岩。学者 Bejari Hadi 等基于离散单元法程序围绕节理方向及间距二者与滚刀切入速度之间的关系进行了深入研究后表明,得出节理间距不变时,滚刀侵入速度随倾角先增大后减小,当节理与侵入力方向夹角为 60°时,滚刀侵入速度最大,同时滚刀侵入速度随节理间距增大而减小。

Gong 等则通过 UDEC 构造了刀具破岩模型,基于模型对节理方向及其间距二者与刀具破岩存在的关系进行了具体研究后发现:节理间距不仅可以促进裂纹破裂,而且可以使裂纹快速向岩体四周扩散,从而提升破岩效率;而厚层岩体在滚刀作用下的破岩,受岩层的影响较小。基于各种不同节理特性对破岩的影响,莫振泽等采用物理试验方法和数值仿真两种方式进行了比较深入的研究后发现,节理间距的大小与滚刀的侵入力存在正相关,即随着间距不断增大,滚刀的侵入力以及贯入荷载也会随之增加;如果节理间距保持不变而节理倾角增大时,滚刀的侵入力也会随着节理倾角的增大而先增大后减小。刘先珊利用 3DEC 对复合地层中软硬岩在不同节理特征和围压条件下的滚刀破岩模式展开了研究并进行了深入细致的分析后得出结论,复合地层的破岩过程中地层岩性及赋存环境的主导作用相对明显这一与试验接近一致的结论。

第 3 章　节理岩体 TBM 滚刀破岩试验

为研究节理倾角与分布密度对 TBM 滚刀破岩过程与机制的影响，基于水泥砂浆材料室内制备了含预制节理面的水泥砂浆试件，在新 SANS 微机控制电液伺服刚性试验机上对其进行了滚刀侵入-破岩过程模拟试验，试验前对试验机加载头进行了改装，以便于开展水泥砂浆试件的 TBM 滚刀侵入-破岩试验。

3.1　试验设计

本书研究节理倾角及分布密度对 TBM 盘形滚刀破岩特征的影响规律，原岩中很难找到具有特定节理走向及规则间距的节理试件，为实现本书研究目的，可以借助水泥砂浆材料制作预制节理类砂岩试件，以获得砂岩层中节理对 TBM 滚刀破坏过程的影响规律。同时，使用 PAC Micro-Ⅱ数字声发射系统（见图 3-1）拾取滚刀侵入-破岩过程中微裂纹发育扩展声讯号，以辅助追踪滚刀侵入-破岩过程中裂纹扩展过程。

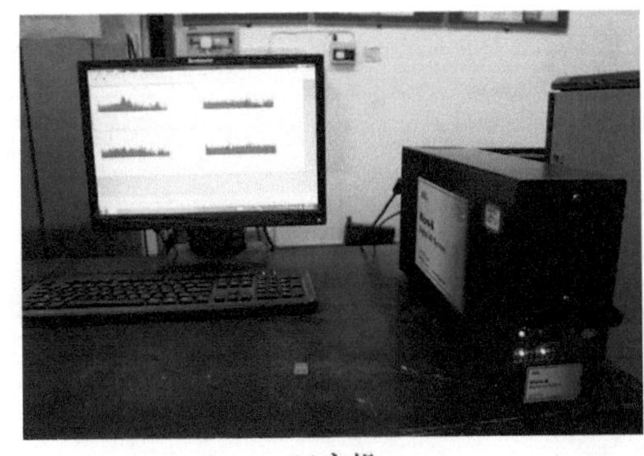

(a)主机

(b)滤波器及探头

图 3-1　PAC Micro-Ⅱ数字声发射系统

试验过程中选用位移加载手段，首先将试验的加载速率设定成 0.01 mm/s，并将最大侵入深度设定成 10 mm，由试验系统自带程序记录侵入力与侵入深度位移量。

3.2　TBM 滚刀破岩试验平台

TBM 盘形滚刀侵入-破岩试验以新 SANS 微机控制电液伺服刚性试验机为基础进行改装，使用磁性吸盘将 TBM 滚刀平稳地安装在试验机加载头位置，它能够从竖直方向来侵入试件，从而展现出盘形滚刀切割破碎岩体的情景。图 3-2 所示为改装后加载 TBM 盘形滚刀的新 SANS 微机控制电液伺服刚性试验机加载平台，表 3-1 所示为新 SANS 微机控制电液伺服刚性试验机技术参数。

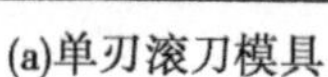

(a)单刃滚刀模具

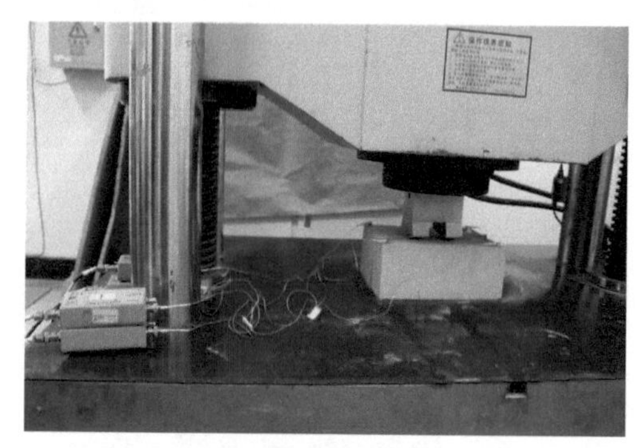

(b)双刃滚刀模具

图 3-2　TBM 盘形滚刀破岩试验加载平台

表 3-1　新 SANS 微控电液伺服刚性试验机关键参数

编号	项目	参数值	编号	项目	参数值
1	最大试验力	2 000 kN	7	位移示值相对误差	±1%(±0.5%)
2	试验机级别	1(0.5)级	8	加荷速率范围	0.02%~2%FS/s
3	试验力测量范围	1%~100%FS	9	最大压缩空间	750 mm
4	位移测量分辨力	0.013 mm	10	活塞最大行程	250 mm
5	试验力示值相对误差	±1%(±0.5%)	11	活塞移动最大速度	700 mm/min
6	试验分辨力	单向满量程的 1/300 000 全量程只有一个分辨力，不分挡，无量程切换冲突	12	主机外形尺寸	1 370 mm×820 mm×3 300 mm(不包括活塞升起行程)

TBM 滚刀破岩机制为滚动–剪切破岩(滚压破岩)，利用滚刀在岩面上滚动产生的冲击压力和剪切力，压碎和碾碎岩石。但是新 SANS 微机控制电液伺服刚性试验机并不能提供冲击压力，因此改装后的试验平台只能测试获得节理对滚刀侵入力的影响规律。

TBM 盘形滚刀为圆盘，滚压破岩时只有滚刀与岩石接触的面积对岩层施功且破岩，所以此试验只选择滚刀边界的一部分，即其切入岩体的中心部分用作试验时侵入破岩的刀具，本次试验的滚刀模型制作时，基于 TBM 刀盘中最常用的 17 in(1 in＝2.54 cm，下同)常截面盘形滚刀，盘形滚刀外形及参数如图 3-3 所示。

在图 3-3 所示滚刀模型参数基础上，设计了双刃盘形滚刀模具，受限于试验测试工作量，物理模型试验中滚刀刃口间距设计为 70 mm，数值仿真补充 50 mm 和 60 mm 间距的双刃滚刀模型。制作材料为钨钢，图 3-4 所示为双刃滚刀模型示意图。

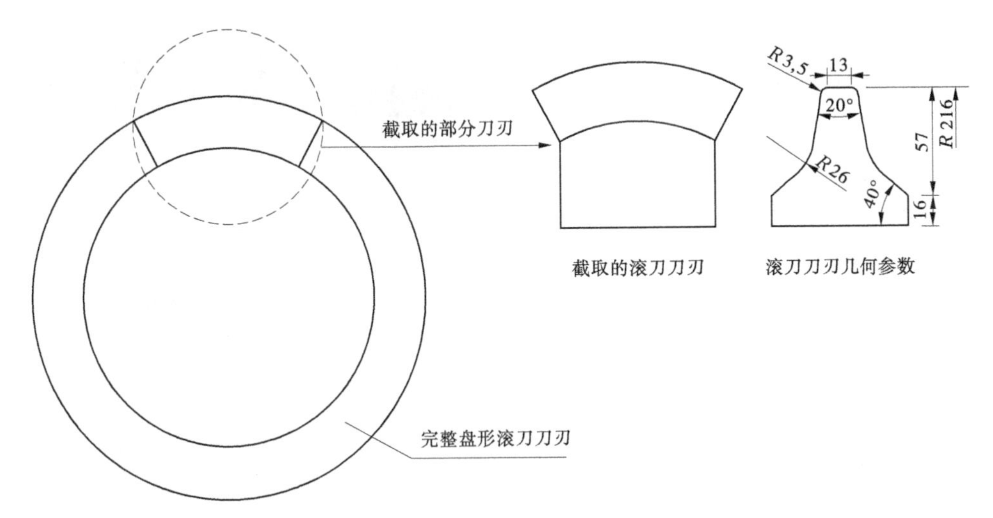

图 3-3　盘形滚刀外形及参数与截取滚刀部分　（单位:mm）

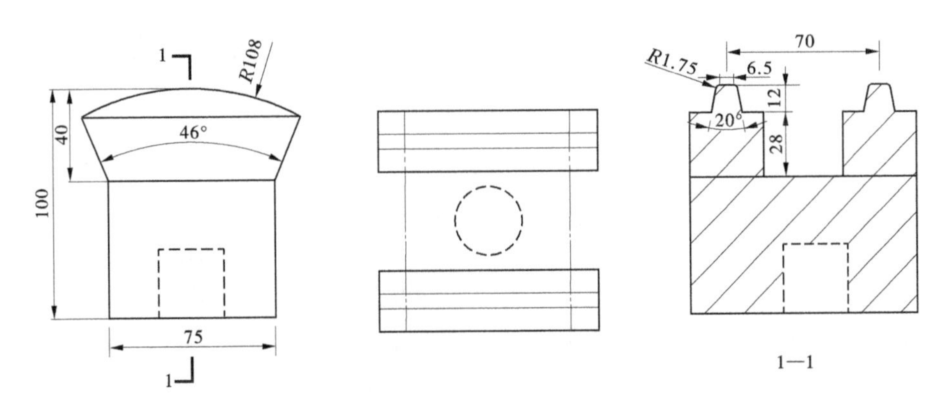

图 3-4　间距为 70 mm 的双刃滚刀模型图　（单位:mm）

3.3　试件制备

如前文所述,为研究节理倾角及间距等分布特征对 TBM 盘形滚刀侵入-破岩机制的影响规律,采用水泥砂浆材料浇筑具有不同节理倾角和间距的试件。

将过筛细沙(粒径小于 1 mm)、水泥和水按体积 2∶1∶1混合搅拌后制备水泥砂浆材料,为消除河沙中夹泥物对试件变形特征及强度特性的影响,将过筛后的细沙进行水洗、晾干。水泥砂浆试块的浇筑模具框架为高强度合金钢,由螺栓固定,可拆卸;模具底板为树脂板,树脂板上开槽,便于预制节理的制作,模具内部尺寸长、宽、高分别为:200 mm、140 mm、30 mm,其尺寸和形状如图 3-5 所示。

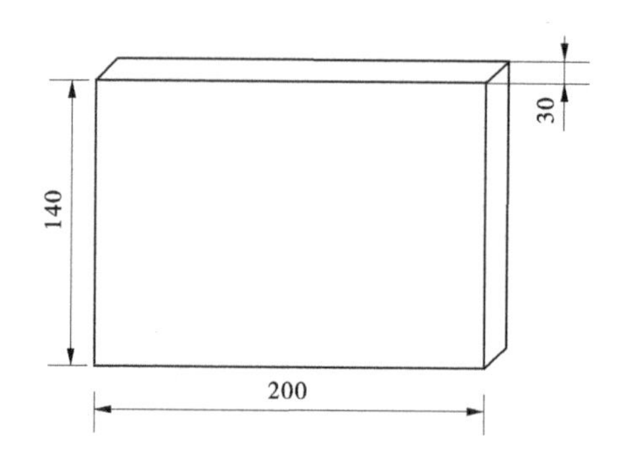

图 3-5　水泥砂浆试件模具设计图　（单位：mm）

预制节理采用模具中预插入云母片来制作，并用云母片来模拟岩体中的节理面，因此模型养护及试验过程中云母片均不拔出。预制节理水泥砂浆试件的制作过程如下：

（1）组装钢制模具，并用螺栓将四片钢板紧固；将开槽树脂板置入模具内，然后在模具内表面及树脂板上涂抹少量脱模剂（润滑油），方便拆模。

（2）将裁剪好的云母片插入树脂板割缝中。

（3）用抹子将搅拌好的水泥砂浆装入准备好的模具中，装载水泥砂浆时，注意保持云母片直立。

（4）将模具中水泥砂浆材料抹平后自然状态下养护 24 h，待水泥砂浆试件有一定的初始强度后拆模，并检查试件外观，剔除表面不平整试件。

（5）把外观检验达标的试件拿到混凝土养护箱内再次进行养护，并把箱内的温度调节成 17~23 ℃，而相对湿度则调节至高于 90%，养护 28 d 后取出，用于试验测试。

（6）取出试件并自然风干后，用美工刀将试件两侧伸出的云母片裁剪掉。

本次试验主要研究预制节理倾向和间距对 TBM 盘形滚刀侵入-破岩机制的影响规律，根据研究方案需要，并考虑工作量，设计节理模型中的节理倾角 α（节理面倾向与竖直方向夹角）分别为 0°、30°、60°和 90°；节理间距 D（沿水平面两相邻节理之间的间距）分别为 20 mm、30 mm、40 mm 和 50 mm。预埋云母片厚 0.3 mm。

各组试件节理空间分布情况如下：

（1）节理倾角 $\alpha=0°$。节理倾角 $\alpha=0°$的预制节理试件中节理展布形态如图 3-6 所示。

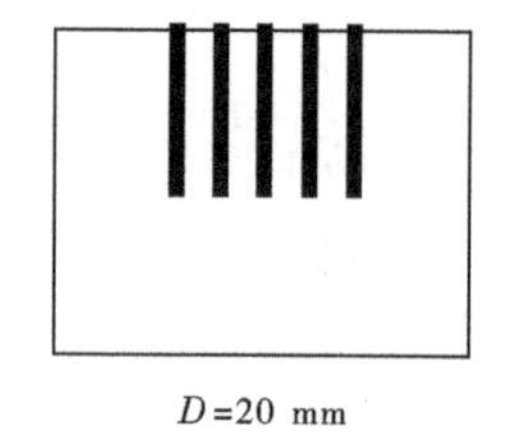
D=20 mm

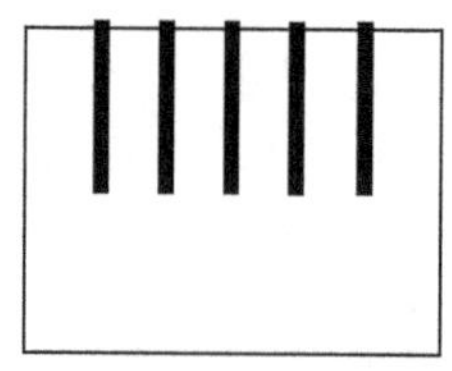
D=30 mm

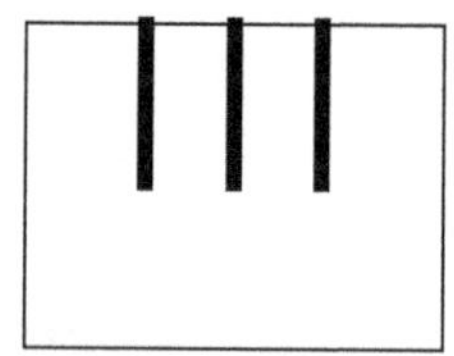
D=40 mm

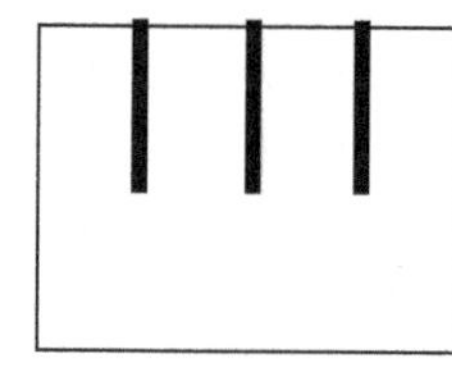
D=50 mm

图 3-6　倾角 $\alpha=0°$节理试件空间结构

（2）节理倾角 $\alpha=30°$。节理倾角 $\alpha=30°$的预制节理试件中节理展布形态如图 3-7 所示。

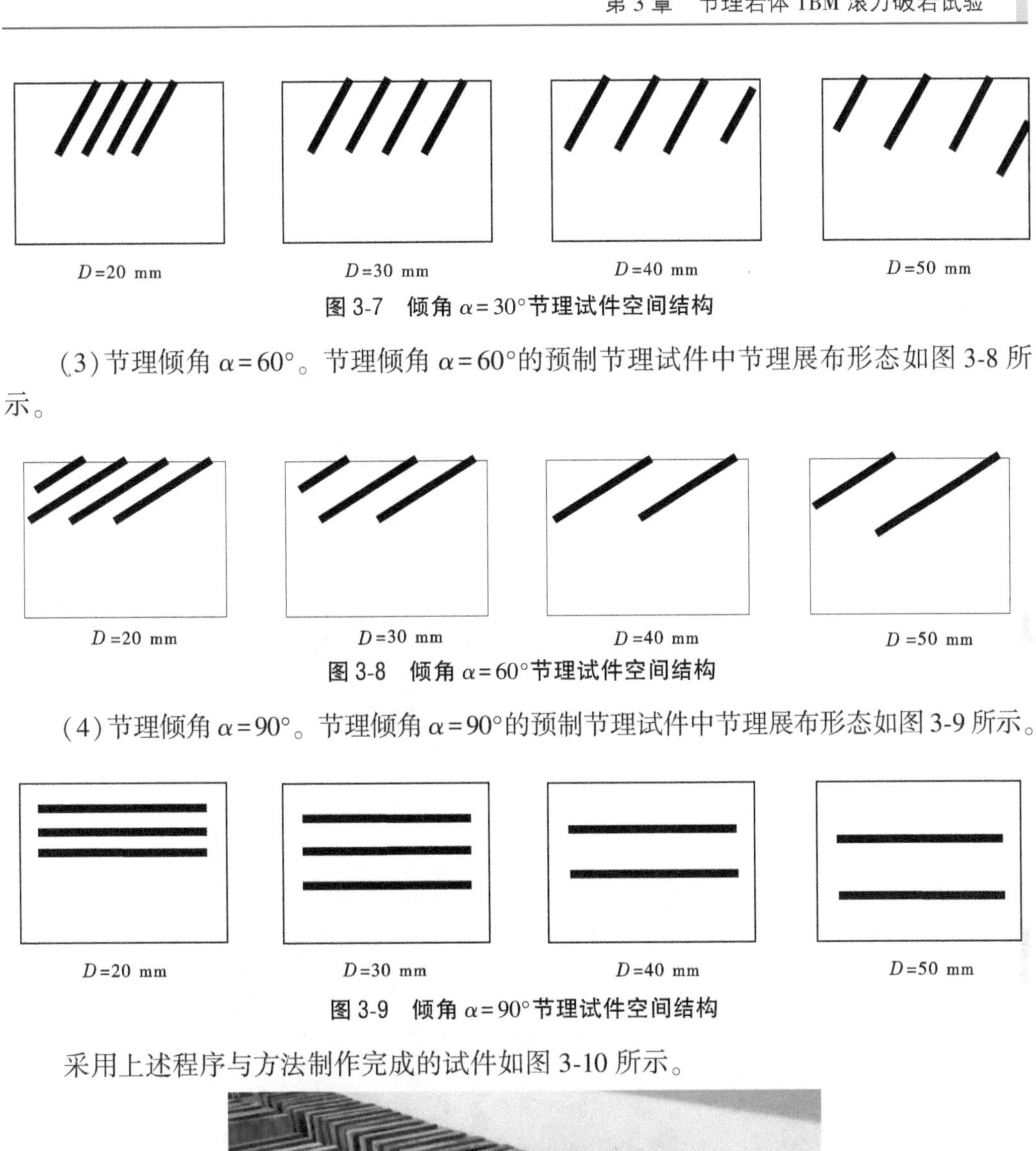

图 3-7　倾角 $\alpha=30°$节理试件空间结构

(3) 节理倾角 $\alpha=60°$。节理倾角 $\alpha=60°$的预制节理试件中节理展布形态如图 3-8 所示。

图 3-8　倾角 $\alpha=60°$节理试件空间结构

(4) 节理倾角 $\alpha=90°$。节理倾角 $\alpha=90°$的预制节理试件中节理展布形态如图 3-9 所示。

图 3-9　倾角 $\alpha=90°$节理试件空间结构

采用上述程序与方法制作完成的试件如图 3-10 所示。

图 3-10　完整水泥砂浆试件与节理试件

3.4 物理力学参数

为验证水泥砂浆试件具有与砂岩材料相似的物理力学特征，本书对细粒红砂岩与制备水泥砂浆试件开展了系列常规试验：单轴压缩试验、巴西劈裂试验等。获得细粒红砂岩和水泥砂浆试件的 σ_c 和 σ_t 后，基于式(3-1)和式(3-2)理论计算得到模型试件的黏聚力与内摩擦角。

$$\pi - 2\varphi - 2\cos\varphi - 4\sigma_t/\sigma_c\cos\varphi = 0 \tag{3-1}$$

$$C - 1/2\sigma_c(1/\cos\varphi - \tan\varphi) = 0 \tag{3-2}$$

单轴压缩试验与巴西劈裂试验均在新 SANS 微机控制电液伺服刚性试验机上完成，试验过程如图 3-11 所示。试验过程中加载速率设定为 0.5~1.0 MPa/s，并根据式(3-3)

(a)细粒红砂岩单轴压缩与巴西劈裂

(b)水泥砂浆材料单轴压缩与巴西劈裂

(c)水泥砂浆材料变角剪切试验

图 3-11　单轴抗压强度和巴西劈裂试验现场图

与式(3-4)获得模型试件的单轴抗压强度 σ_c 与抗拉强度 σ_t。

$$\sigma_c = \frac{F}{A} \tag{3-3}$$

$$\sigma_t = \frac{2P}{\pi DL} \tag{3-4}$$

式中:F 为试件破坏对应的最大荷载,N;A 为试件横截面面积($A=1/4\pi D^2$),mm^2;P 为试件断裂对应的最大荷载,N;D 与 L 分别为试件直径与长度,mm。

同时,在部分单轴压缩圆柱形试件两侧对称粘贴两对应变片,在单轴压缩试验环节中,依靠 DH3816 型号的静态应变仪设备来得出此环节中试件的泊松比,即 ν,并基于单轴应力-应变曲线,获得模型试件弹性模量 E。

采用饱和-烘干的方法,基于式(3-5)与式(3-6)获得细粒红砂岩和水泥砂浆试件的孔隙率数据。

$$V_v = \frac{M_{sat} - M_s}{\rho_w} \tag{3-5}$$

$$n = \frac{100V_v}{V}\% \tag{3-6}$$

式中:V 为试件体积,cm^3;M_s 为试件干质量,g;M_{sat} 为试件饱和质量,g;ρ_w 为水的密度,g/cm^3;n 为孔隙率。

单轴压缩试验和巴西劈裂试验曲线见图 3-12。

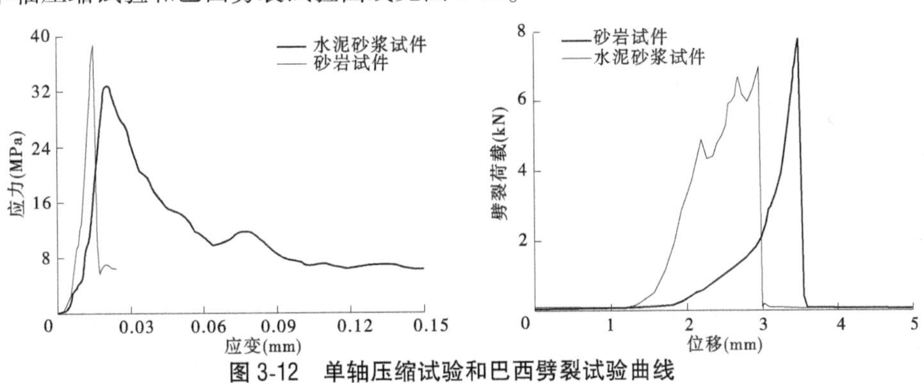

图 3-12　单轴压缩试验和巴西劈裂试验曲线

表 3-2 列出了砂岩和水泥砂浆试件的常规物理力学参数。

表 3-2　细粒红砂岩与水泥砂浆试件物理力学参数列表

细粒红砂岩试件		水泥砂浆试件	
单轴抗压强度(MPa)	38.84	单轴抗压强度(MPa)	32.9
抗拉强度(MPa)	1.98	抗拉强度(MPa)	1.78
密度(kg/m^3)	2 312	密度(kg/m^3)	2 024
孔隙率(%)	10.04	孔隙率(%)	17.66
弹性模量(GPa)	8.43	弹性模量(GPa)	3.22
泊松比	0.23	泊松比	0.28
黏聚力(MPa)	10.23	黏聚力(MPa)	6.22
摩擦角(°)	51.75	摩擦角(°)	47.96

3.5 TBM 滚刀侵入花岗岩试样动态特征

对不同围压下 TBM 相似滚刀侵入岩体的动态研究主要从以下两方面进行：首先，由于垂直侵入力的变化是表征不同围压下侵入岩体特征的一个重要参考对象，它往往能反映侵入岩体的难易程度，因此开展了垂直侵入力随围压变化而变化的研究；其次，由于侵入过程中的声发射现象能表征岩体在侵入过程中的裂纹发育情况，因此本章结合侵入力与声发射现象，对不同围压下侵入过程中岩体由剪切破坏转变为张拉破坏的关键侵入深度进行相应的分析。

3.5.1 TBM 滚刀侵入花岗岩试样的侵入力变化与声发射现象

3.5.1.1 典型垂直侵入力与单位时间内累计声发射数量随侵入深度变化情况

(1) TBM 相似滚刀第一次侵入花岗岩过程中的典型垂直侵入力与单位时间内累计声发射数量随侵入深度变化情况。

以围压水平为 10~25 MPa 时垂直侵入力与单位时间内累计声发射数量随侵入深度变化情况为例(围压水平为 10~25 MPa 表示较小围压和较大围压分别为 10 MPa 和 25 MPa，后述的围压水平以此类推)，典型的垂直侵入力与单位时间内累计声发射数量随侵入深度变化情况如图 3-13 所示，可将垂直侵入力随侵入深度变化曲线分为 A、B、C 三个阶段，如图中红色虚线所划分的区域所示。在阶段 A 内，岩石试样在刀具作用下产生弹性变形，并未产生脆性断裂破坏，因此单位时间内声发射数量很少；当侵入深度达到一定值时，单位时间内声发射数量激增，从此侵入力曲线进入阶段 B，图中黄点所对应的垂直侵入力即是岩体从弹性变形转变为脆性断裂的临界侵入力，此后单位时间内声发射数量维持在一定水平，表明阶段 B 中岩体内裂纹处于稳定扩展阶段，同时在此阶段滚刀上垂直侵入力迅速增大；随着相似滚刀的进一步侵入，如图中 1′所示，侵入力超过 900 kN 后急剧下降，此时伴随着较为明显的声发射现象；当侵入力降低到如 1″点所示近 500 kN 时，垂直侵入力开始迅速增大，并迅速增大至 2′点所示近 1 000 kN，在此过程中，声发射现象也随侵入力的增大而逐渐增大，并在近 2′点所对应侵入深度处达到最高；2′点后侵入力再一次急剧下降，低至 2″点的近 760 kN，随后侵入力再一次迅速增大至近 1 000 kN，且伴随着逐渐增强的声发射现象。阶段 C 中的这种垂直侵入力的跃进式变化和与之对应的声发射现象的波动在前人的相关研究中有所报道。

(2) TBM 相似滚刀第二次侵入花岗岩的典型垂直侵入力与单位时间内累计声发射数量随侵入深度变化情况。

以围压水平为 10~25 MPa 时第二次侵入过程中垂直侵入力与单位时间内累计声发射数量随侵入深度变化情况为例，如图 3-14 所示，与第一次侵入不同，在第二次侵入初期，声发射现象就维持在一个较高水平，推究其原因在于，第一次侵入对目标试样产生了一定破坏，因此在侵入初期，滚刀在试样的初始破坏基础上极易产生进一步破坏，而产生激烈的声发射现象。因此，在第二次侵入过程中，垂直侵入力曲线如图 3-14 中红色虚线所示，被划分为 A 和 B 两阶段。在阶段 A 中，随着侵入深度的增加，侵入力先缓慢增大，

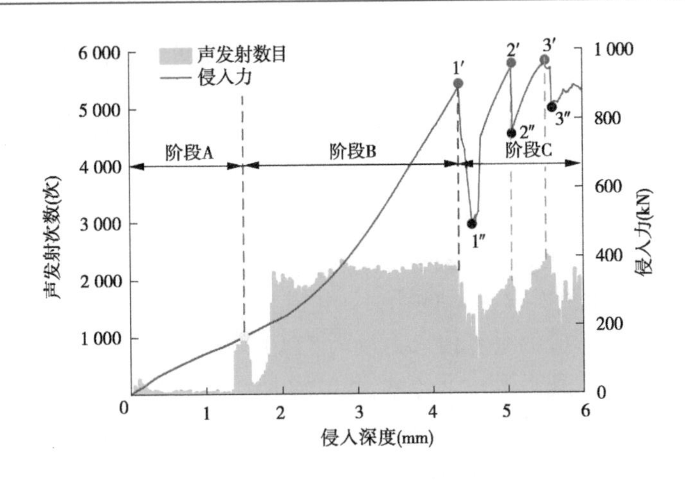

图 3-13　典型第一次侵入力曲线与声发射情况

当侵入深度增大至 2. 4 mm 左右时，其垂直侵入力随侵入深度增大的幅度大幅提高，当侵入深度增大至约 4 mm 时，垂直侵入力达到峰值，其大小接近 610 kN，在此过程中单位时间内声发射现象一直高于 500 次/s，说明在此阶段试样内裂纹发育一直维持在一个较高水平，当侵入深度达到 3. 9 mm 时，单位时间内累计声发射数量与侵入力峰值相对应地达到峰值；在侵入力达到峰值 1′点后，开始进入阶段 B，即峰后阶段。在阶段 B 初期，侵入力急速减小，直至侵入深度达到 4. 4 mm 时，垂直侵入力跌至最小值，此时垂直侵入力低于 300 kN，在此侵入力下降过程中，声发射现象仍处于一个较高水平。随着侵入深度进一步增加，侵入力开始缓慢增加，此过程伴随的声发射现象相比而言处于较弱水平，当侵入深度达到 5. 5 mm 时，侵入力达到第二个峰值 2′点，大小约为 400 kN，此时声发射现象明显。当侵入深度大于 5. 5 mm 时，侵入力随着侵入深度增加而减小，此下降过程中，声发射现象仍维持在较高水平。

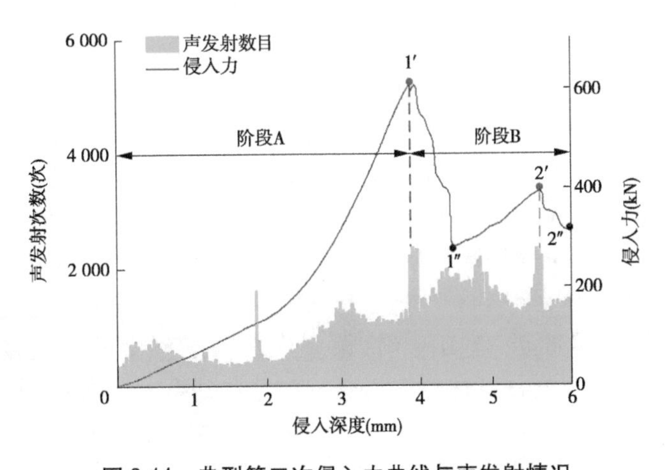

图 3-14　典型第二次侵入力曲线与声发射情况

3.5.1.2 较小围压一定,较大围压变化时垂直侵入力与单位时间内累计声发射数量随侵入深度变化情况

以较小围压为 5 MPa 时为例,5 种较大围压下的侵入力曲线与侵入过程中的声发射情况如图 3-15~图 3-19 所示。如图 3-15 所示,当围压水平为 5 MPa 时,第一次侵入过程中的关键侵入深度仅为 0.5 mm 左右,在关键侵入深度后,声发射现象一直维持在一较高水平,垂直侵入力峰值约为 601 kN,其对应的侵入深度为 4.45 mm,在侵入力达到峰值之后,其未出现如图 3-13 及图 3-14 所示的明显跃进式发展,而近似成小幅波浪式下降,当侵入深度达到 6 mm 时,其对应的垂直侵入力仅为 514 kN;第二次侵入过程中的侵入力在侵入深度达到 4.55 mm 时达到了第一个峰值,其值为 355 kN,然后其经历了短暂的下降,在侵入深度为 4.85 mm 时达到第一个最小值,随后侵入力随侵入深度增大持续增加,在侵入深度达到 5.85 mm 时出现较小波动,当侵入深度为 6 mm 时,侵入力升至 441 kN。在第二次侵入过程中,其声发射现象与图 3-14 相类似,均保持在一较高水平,说明在第二次侵入过程中,岩体中的裂纹持续发育。

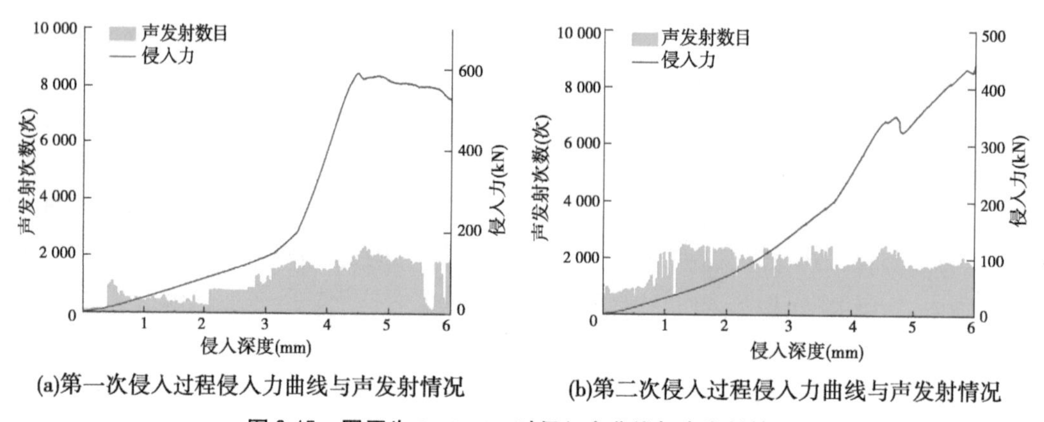

(a)第一次侵入过程侵入力曲线与声发射情况　　(b)第二次侵入过程侵入力曲线与声发射情况

图 3-15　围压为 5~5 MPa 时侵入力曲线与声发射情况

当较大围压增大至 10 MPa 时,其侵入力曲线与侵入过程中的声发射情况如图 3-16 所示,第一次侵入过程中,其垂直侵入力随侵入深度增大的变化趋势与较大围压为 5 MPa 的情况相似,但其关键侵入深度稍稍增大至 0.85 mm,其侵入力峰值增大至 758 kN,对应的侵入深度增大至 5.13 mm,峰值之后,侵入力随侵入深度增大持续减小,最终减小至 708 kN;第二次侵入过程中,当侵入深度小于 3 mm 时,侵入力随着侵入深度的增大而缓慢增大,当侵入深度大于 3 mm 且小于 5 mm 时,侵入力随侵入深度的增大而增加的趋势增大,当侵入深度达到 5 mm 时,侵入力达到第一个峰值,其值近似为 600 kN,随后侵入力经历小幅回落后持续上升,最终达到 615 kN,第二次侵入过程中的声发射现象与前述相似。

当较大围压持续增加至 15 MPa 时,第一次侵入过程中的关键侵入深度增大至 1.1 mm 左右,侵入力在侵入深度达到 5.85 mm 时才达到第一个峰值,其大小与较大围压为 10 MPa 时差距不大,为 744 kN,峰值后侵入力呈现明显的跃进式发展;第二次侵入过程中,声发射现象一直比较明显,未出现明显的关键侵入深度,侵入力在侵入深度达到 5.95 mm 时才达到峰值,其对应峰值为 692 kN,之后其侵入力急剧下降,跌落至 475 kN。

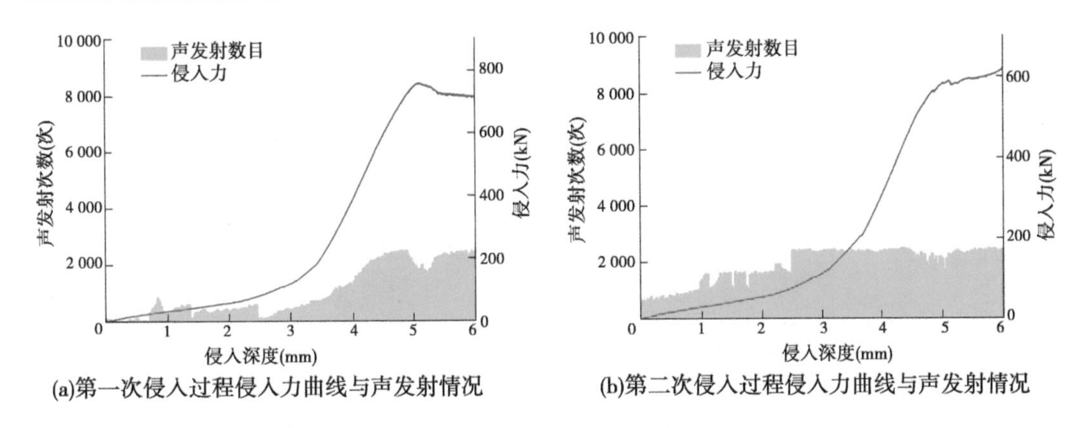

(a)第一次侵入过程侵入力曲线与声发射情况　(b)第二次侵入过程侵入力曲线与声发射情况

图 3-16　围压为 5~10 MPa 时侵入力曲线与声发射情况

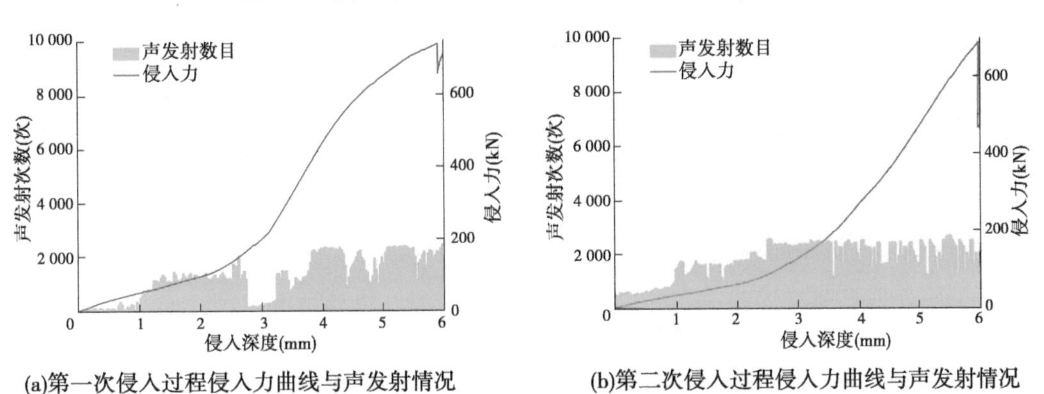

(a)第一次侵入过程侵入力曲线与声发射情况　(b)第二次侵入过程侵入力曲线与声发射情况

图 3-17　围压为 5~15 MPa 时侵入力曲线与声发射情况

当较大围压持续增加至 20 MPa 及 25 MPa 时(见图 3-18、图 3-19),第一次侵入过程中的关键侵入深度均增大至 1.2 mm 左右,侵入力分别在侵入深度达到 4.62 mm 及 4.11 mm 时达到各自的第一个峰值,其对应最高峰值大小分别为 861 kN 及 890 kN,第一个峰值后侵入力均呈现明显的跃进式发展;第二次侵入过程中,声发射现象一直比较明显,未出现明显的关键侵入深度,其垂直侵入力峰值均为 700 kN 左右。

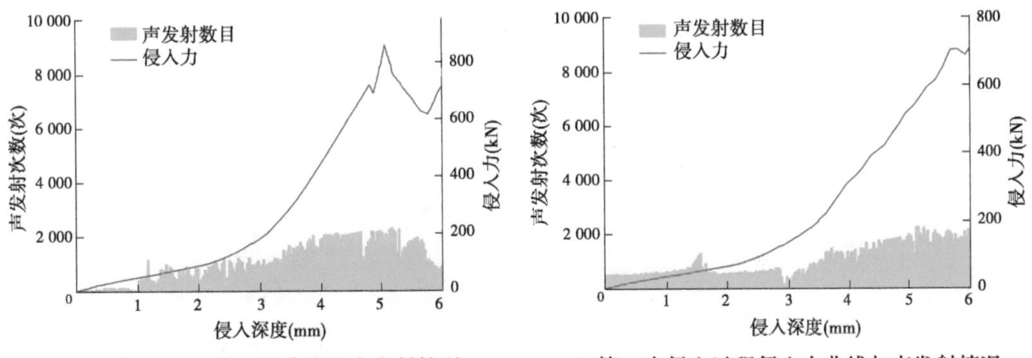

(a)第一次侵入过程侵入力曲线与声发射情况　(b)第二次侵入过程侵入力曲线与声发射情况

图 3-18　围压为 5~20 MPa 时侵入力曲线与声发射情况

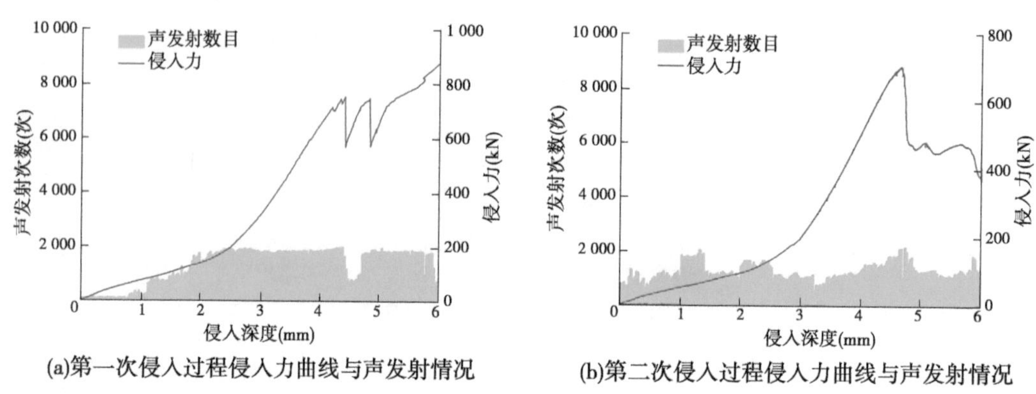

(a)第一次侵入过程侵入力曲线与声发射情况　(b)第二次侵入过程侵入力曲线与声发射情况

图3-19　围压为5~25 MPa时侵入力曲线与声发射情况

3.5.1.3　较大围压一定,较小围压变化时垂直侵入力与单位时间内累计声发射数量随侵入深度变化情况

以较大围压为20 MPa为例,3种较小围压下的侵入力曲线与侵入过程中的声发射情况如图3-18、图3-20及图3-21所示。

如图3-20所示,当较小围压从5 MPa增大至10 MPa后,第一次侵入过程中其关键侵入深度由原来的1.2 mm小幅增大至1.3 mm左右,关键侵入深度后,其声发射现象一直较为活跃,同时此过程中的侵入力在侵入深度达到5 mm时达到第一个峰值,其对应大小为821 kN,随之小幅下降后继续随侵入深度增大而缓慢增加,当侵入深度达到6 mm时,其垂直侵入力达到844 kN;在第二次侵入过程中,除侵入深度在3.8 mm至4.1 mm外,其他侵入深度所对应的声发射现象与前述现象类似,均保持在较活跃的水平,垂直侵入力在3.8 mm时达到第一个峰值,其对应峰值力仅为305 kN,随之其侵入力迅速下降至124 kN后迅速上升,当侵入深度达到5.4 mm时垂直侵入力达到第二个峰值,之后随着侵入深度的进一步增大,垂直侵入力呈现较小的波动,当侵入深度达到6 mm时,垂直侵入力最终达到574 kN。

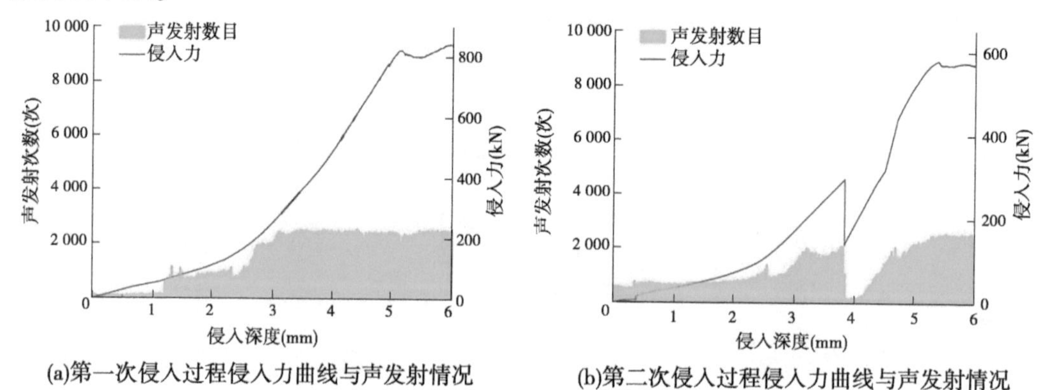

(a)第一次侵入过程侵入力曲线与声发射情况　(b)第二次侵入过程侵入力曲线与声发射情况

图3-20　围压为10~20 MPa时侵入力曲线与声发射情况

如图3-21所示,当较小围压增大至15 MPa时,如图3-21(a)所示,其关键侵入深度继续增大至1.5 mm,关键侵入深度后,其声发射现象一直较为活跃,同时此过程中的侵入力在侵入深度达到5.2 mm时达到第一个峰值,其对应大小为1 081 kN,随之小幅下降后随

侵入深度增大而缓慢增加，并出现小幅波动，当侵入深度达到 5.4 mm 时，其垂直侵入力达到 1 117 kN，此后其随侵入深度增大急剧下降至 900 kN 后，又迅速升至 1 080 kN 左右，此时侵入深度为 5.5 mm，最终其垂直侵入力随着侵入深度的增大迅速下降，当侵入深度达到 6 mm 时，其垂直侵入力为 887 kN；在第二次侵入过程中的声发射现象与前述现象类似，均保持在较活跃的水平，垂直侵入力在 4.7 mm 时达到第一个峰值，其对应峰值高达 805 kN，随之其侵入力迅速下降至 551 kN 后呈波动发展状态，当侵入深度达到 6 mm 时，垂直侵入力最终达到 502 kN。

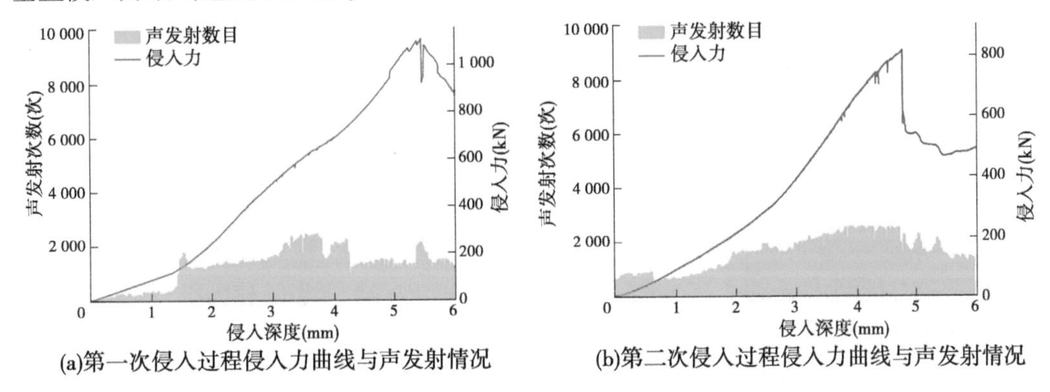

(a)第一次侵入过程侵入力曲线与声发射情况　　(b)第二次侵入过程侵入力曲线与声发射情况

图 3-21　围压为 15~20 MPa 时侵入力曲线与声发射情况

3.5.2　TBM 滚刀侵入花岗岩试样的 TBM 滚刀间破碎坑形态

破碎坑作为衡量滚刀破岩效果以及决定破岩效率的一个重要指标，在前人的室内试验研究中有了一定研究，根据破碎坑形成的原因，前人关于破碎坑的研究分为两类：第一类研究仅考虑到单滚刀破岩过程中产生的破碎坑，而此破碎坑大部分仅由滚刀前方密实核与塑性区构成，对于 TBM 滚刀间由于岩体受到挤压或者岩体内部裂纹扩展而形成的刀间破碎坑鲜有报道；而另一类研究对滚刀间破碎体有一定的研究，但由于试验条件限制，如围压、节理等因素在刀间破碎体形成过程中的影响并未得到充分研究。因此，本章利用经过合理改装的真三轴试验台，进行了 TBM 滚刀的分次侵入试验，然后利用 Talysurf CLI 2000 对刀间破碎坑进行了相关研究。

3.5.2.1　典型相邻两次侵入后破碎坑形态

如图 3-22 所示，以围压水平为 10~20 MPa 时 TBM 相似滚刀分两次侵入岩体后产生的破碎坑为例，图 3-22 中，X 方向表示两次侵入过程中滚刀轴线连线方向，Y 方向为平行切槽方向，而 Z 方向表示侵入深度方向。图中图例表示以完整表面为基点所测得的破碎后岩体表面深度，白色表示深度原点，随着深度增大，所测点深度逐渐变为深蓝色，最大深度为 30 mm。由图可知，破碎坑主要位于相邻切槽与完整岩体表面所围成的范围之内，典型破碎坑表面最深点近似位于破碎坑中部，其深度近似沿破碎坑半径向外逐渐减小。破碎坑中，深度沿破碎坑半径变化速率不一，导致坑中出现小型孤岛和部分深凹点。

3.5.2.2　较小围压一定，破碎坑形态随较大围压增大的变化趋势

(1)较小围压为 5 MPa 时，破碎坑形态随较大围压增大的变化趋势。

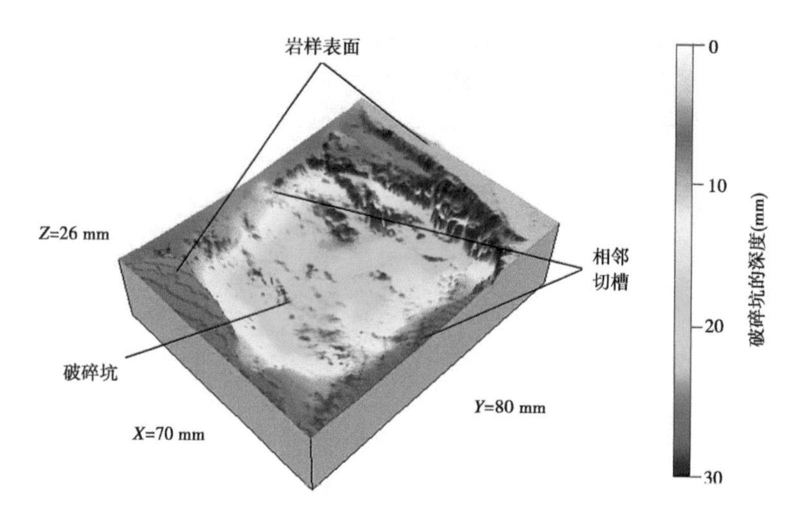

图 3-22　典型 TBM 滚刀刀间破碎坑形态

图 3-23 为较小围压为 5 MPa 时,两次侵入后刀间破碎坑形态随较大围压增大而形成的破碎坑形貌。如图 3-23(a)所示,当较大围压为 5 MPa 时,TBM 滚刀依次侵入后,滚刀间破碎坑最深点位于破碎坑中部,但其最大深度仅为 11.9 mm,同时在破碎坑中部出现一岛屿,岛屿两侧为破碎坑最深点,通过 Talysurf CLI 2000 内置软件计算得到,其破碎坑体积仅为 25 634 mm^3,从破碎坑形态来看,两次侵入后形成的破碎坑体积较小,一定程度上说明该围压水平下破碎效果不佳;当较大围压增大至 10 MPa 时,如图 3-23(b)所示,相比图 3-23(a)而言,图中破碎坑深度在 12~16 mm 的黄色部分比例有所增加,仔细观察发现,破碎坑底部近似沿 X 方向近似呈现一边高、一边低的形态,最大深度达到 16.2 mm,破碎坑体积达到了 33 682 mm^3,破碎坑最大深度与体积的增加说明较大围压从 5 MPa 增大至 10 MPa 时,相似滚刀间的岩体倾向于向岩体深部发育,该围压水平下滚刀间岩体的破碎效果更好;当较大围压继续增大至 15 MPa 时,如图 3-23(c)所示,破碎坑沿 Y 方向尺寸增大至 80 mm,破碎坑中部出现一岛屿,其最高点距岩体表面约为 15 mm,破碎坑最大深度达到了 22.1 mm,且相比图 3-23(b)可知,破碎坑底部较为平坦,深度为 15 mm 以上的破碎坑部分比例较大,同时,其破碎坑体积急剧增加至 61 370 mm^3,表明较小围压为 5 MPa 时,较大围压从 10 MPa 增加至 15 MPa 时,相似滚刀间的岩体破碎量增加至 1.8 倍;当较大围压增加至 20 MPa 时,其破碎坑形态与较大围压为 15 MPa 时的破碎坑形态类似,其最大深度为 21.8 mm,破碎坑的体积稍稍下降至 58 768 mm^3;当较大围压继续增大至 25 MPa 时,如图 3-23(e)所示,破碎坑呈现典型的中间低、向四周逐渐增高的趋势,其最大深度达到了 27.1 mm,且其体积达到 87 031 mm^3,从其破碎坑形态以及破碎坑体积可知,当较小围压为 5 MPa,较大围压为 25 MPa 时,其滚刀间破碎效果最好。

(2)较小围压为 10 MPa 时,破碎坑形态随较大围压增大的变化趋势。

图 3-24 为较小围压为 10 MPa 时,两次侵入后刀间破碎坑形态随较大围压增大而形成的破碎坑形貌。如图 3-24(a)所示,当双向围压均为 10 MPa 时,其刀间破碎坑形态与图 3-23(a)所示破碎坑形态相似,在破碎坑中部出现类似岛屿,近似呈现中间高、四周低的形态,与图 3-23(a)所示破碎坑的主要区别在于双向围压均为 10 MPa 情况下,破碎坑

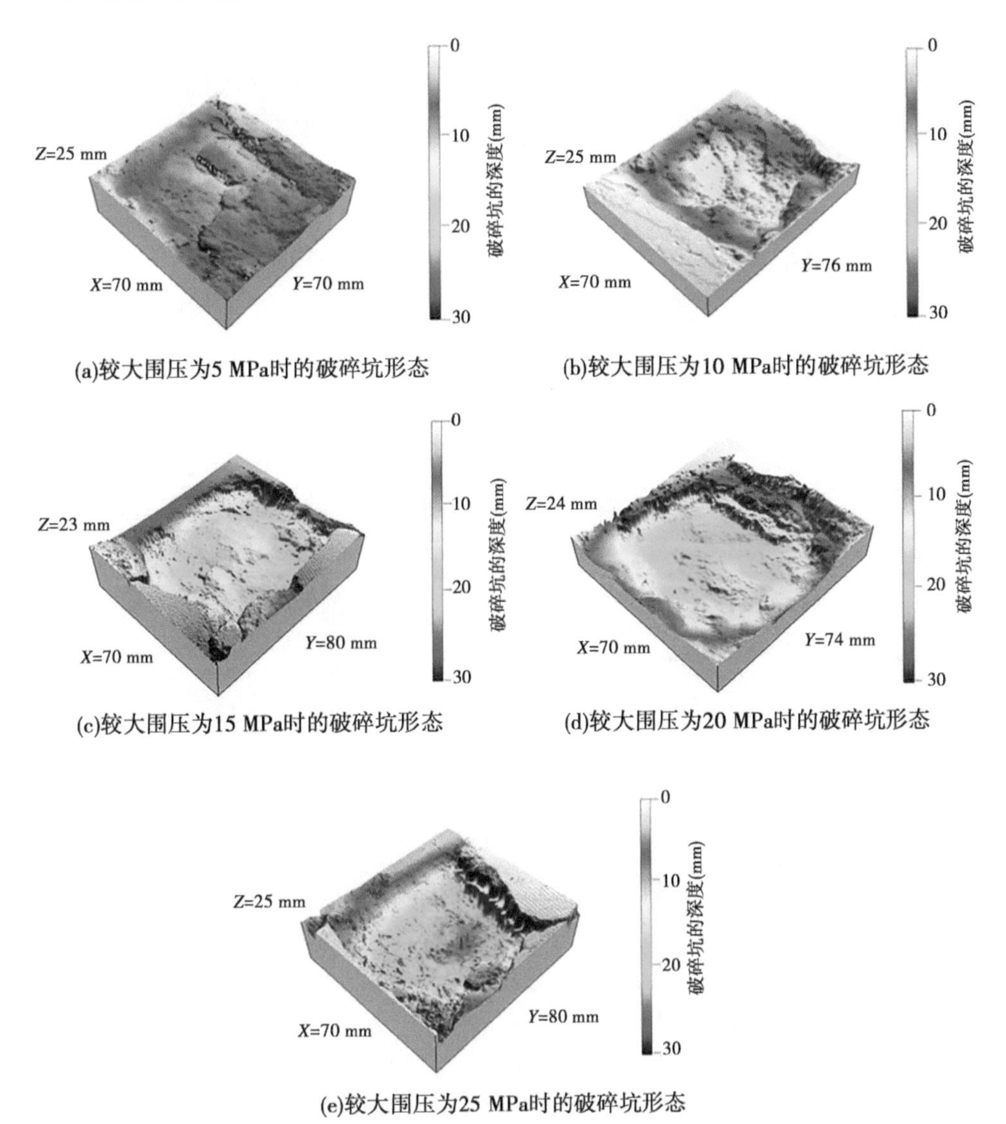

(a)较大围压为5 MPa时的破碎坑形态

(b)较大围压为10 MPa时的破碎坑形态

(c)较大围压为15 MPa时的破碎坑形态

(d)较大围压为20 MPa时的破碎坑形态

(e)较大围压为25 MPa时的破碎坑形态

图 3-23　较小围压为 5 MPa 时,破碎坑形态随较大围压增大的变化趋势

的整体深度有所增大,其对应的最大深度为 12.4 mm,但其对应的 Y 方向破碎范围稍有减小,而其对应的破碎坑体积也稍稍增大至 28 332 mm^3,但从其整体破碎形态来看,刀间岩体破碎整体发生在岩体浅部;随着较大围压的继续增加,如图 3-24(b)所示,破碎坑与图 3-22 中所示的典型破碎坑形态相似,近似呈中间低、四周高的"盆地"状,其最大深度达到了 21.9 mm,破碎坑体积达到 47 705 mm^3,同时,这种由图 3-24(a)所示的中间高、四周低如图 3-24(b)所示的近似呈"盆地"状的破碎坑形态的变化也能反映破碎模式由浅部破坏向深部破坏的转变;较大围压增加至 20 MPa 时,Y 向破碎范围增大,对比图 3-24(b)与图 3-24(c)不难发现,刀间破碎坑最大深度进一步增大,达到了近 25 mm,同时,深度超过 20 mm 的破碎坑所占比例增大,其破碎坑体积也增大到了 51 687 mm^3;当较大围压增加至 25 MPa 时,其最大深度变化不大,但由图 3-24(d)可以看出,其深度大于 20 mm 的破碎坑

所占比例继续增大,导致破碎坑体积迅速增大至 73 908 mm³。从较小围压为 10 MPa 时,破碎坑形态随较大围压增大的变化趋势也能看出,与较小围压为 5 MPa 的情况相似,随着较大围压的增大,即围压差的增大,两次侵入后刀间的岩体破碎越充分。

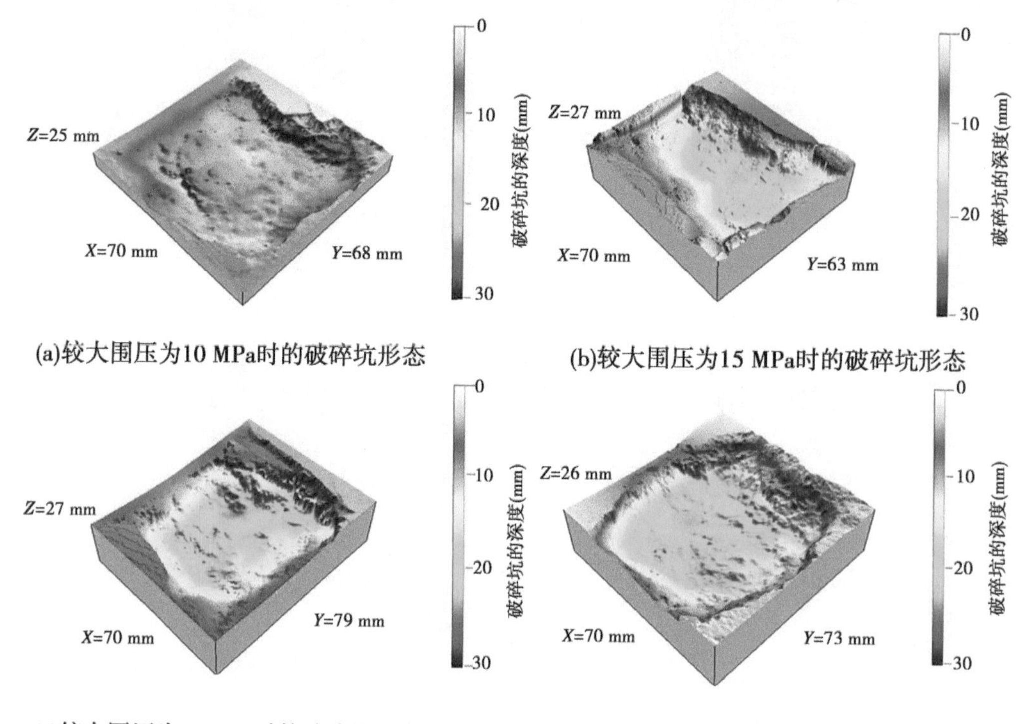

(a)较大围压为10 MPa时的破碎坑形态

(b)较大围压为15 MPa时的破碎坑形态

(c)较大围压为20 MPa时的破碎坑形态

(d)较大围压为25 MPa时的破碎坑形态

图 3-24 较小围压为 10 MPa 时,破碎坑形态随较大围压增大的变化趋势

(3)较小围压为 15 MPa 时,破碎坑形态随较大围压增大的变化趋势。

图 3-25 为较小围压为 15 MPa 时,两次侵入后刀间破碎坑形态随较大围压增大而形成的破碎坑。当双向围压均为 15 MPa 时,如图 3-25(a)所示,两次侵入后,刀间破碎坑 Y 方向破坏范围达到了 82 mm,但与前几种围压水平下破碎坑形态不同,此围压水平下,滚刀间岩体出现明显未破碎部分,虽然破碎坑最大深度达到了 22.3 mm,但其破碎坑体积仅为 38 753 mm³;当较大围压增大至 20 MPa 时,虽然其破碎坑最大深度减小至 18.4 mm 左右,但破碎坑中未出现明显的未破碎部分,破碎坑深度大部分为 15 mm 左右,其中部出现类似于图 3-23(a)及图 3-24(a)所示破碎坑中部的岛屿,此围压水平下,破碎坑体积稍稍增大至 52 609 mm³;最终,当较大围压增大至 25 MPa 时,刀间破碎坑如图 3-25(c)所示,破碎坑最大深度增大至 24 mm,其破碎坑体积也随之增大至 65 388 mm³。综上所述,当较小围压为 15 MPa 时,破碎坑最大深度与前述有所差异,但从破碎坑体积仍可得出与前述两种较小围压水平时相似结论。

3.5.2.3 较大围压一定,破碎坑形态随较小围压增大的变化趋势

(1)较大围压为 15 MPa 时,破碎坑形态随较小围压增大的变化趋势。

图 3-26 为较大围压为 15 MPa 时,两次侵入后刀间破碎坑形态随较小围压增大而形成的破碎坑。如图 3-26(a)所示,当较小围压为 5 MPa 时,虽然在破碎坑中部出现小块类

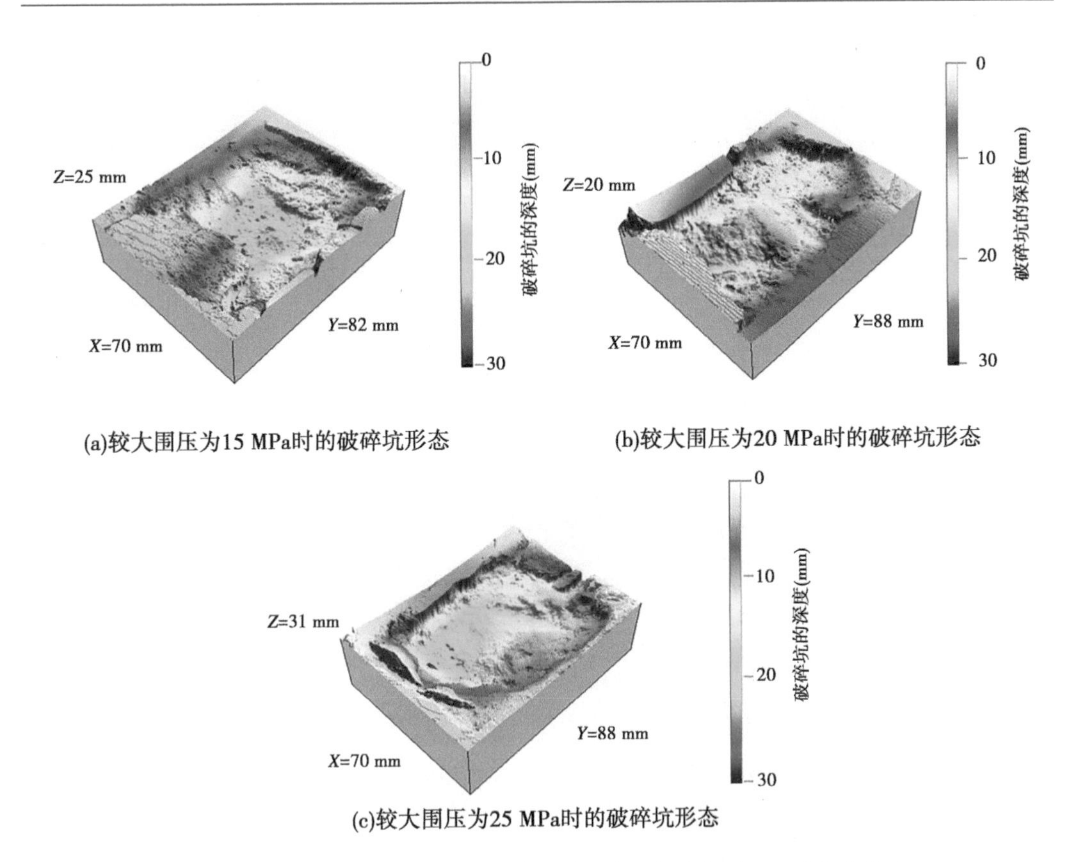

(a)较大围压为15 MPa时的破碎坑形态

(b)较大围压为20 MPa时的破碎坑形态

(c)较大围压为25 MPa时的破碎坑形态

图 3-25　较小围压为 15 MPa 时，破碎坑形态随较大围压增大的变化趋势

似岛屿状未充分破坏部分，但总体而言，破碎坑底部较为平整，深度大于 18 mm 部分所占比例较高，虽然其最大深度仅为 22. 1 mm，但其破碎坑体积达到 61 370 mm^3；随着较小围压的增大，如图 3-26(b)所示，较小围压为 10 MPa 时，其破碎坑中部的岛屿消失，破碎坑整体近似呈中部低、四周高的“盆地”状，其最大深度达到 21. 9 mm，但其深度大于 18 mm 部分所占比例如图 3-26(a)所示情况较小，同时，破碎坑 Y 方向破碎范围减小至 63 mm，因此其破碎坑体积减小至 47 705 mm^3；当较小围压增大至 15 MPa 时，如图 3-26(c)所示，虽然破碎坑 Y 方向整体破碎范围达到 82 mm，但沿 Y 方向破碎坑有近 20 mm 范围内仅为小部分破坏，同时，其深度大于 18 mm 的破碎坑部分所占比例继续减小，虽然其最大深度达到了 22. 3 mm，但其破碎坑体积减小至 38 753 mm^3。

(2)较大围压为 20 MPa 时，破碎坑形态随较小围压增大的变化趋势。

图 3-27 为较大围压为 20 MPa 时，两次侵入后刀间破碎坑形态随较小围压增大而形成的破碎坑。如图 3-27(a)所示，较小围压为 5 MPa 时，破碎坑最大深度为 23. 2 mm，其右下角出现小型的岛屿，但从整体上看，其深度大于 18 mm 的破碎坑所占比例较大，其破碎坑体积达到了 58 768 mm^3；当较小围压增大至 10 MPa 时，破碎坑边缘较图 3-27(a)所示情况陡，其破碎坑呈典型的“盆地”状，最大深度虽然达到了 25 mm 左右，但其破碎坑体积稍稍减少，至 51 687 mm^3；较小围压持续增大至 15 MPa 时，如图 3-27(c)所示，破碎坑 Y 方向破碎范围达到了 88 mm，但从图中不难看出，大部分扫描范围内刀间岩体破碎不充

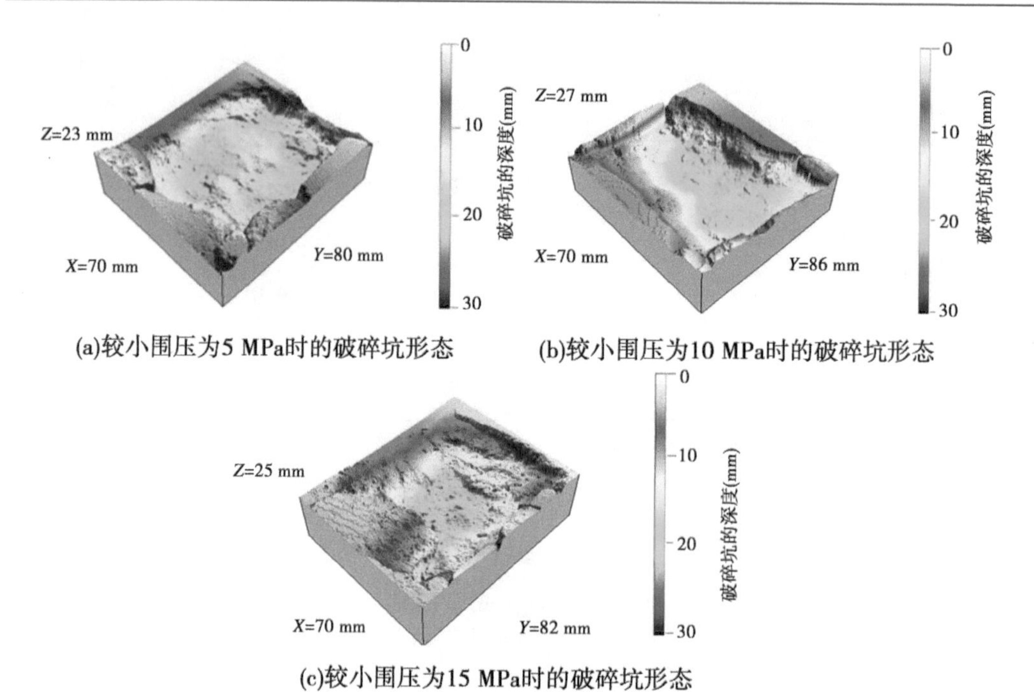

(a)较小围压为5 MPa时的破碎坑形态

(b)较小围压为10 MPa时的破碎坑形态

(c)较小围压为15 MPa时的破碎坑形态

图 3-26　较大围压为 15 MPa 时,破碎坑形态随较小围压增大的变化趋势

分,其最大深度仅为 18.4 mm,且在其中部出现明显岛屿,其最高点深度小于 10 mm,破碎坑底部深度一般保持在 16~18 mm,同时由于其 Y 方向破碎范围较大,其破碎坑体积较图 3-27(b)所示稍稍增加,至 52 609 mm^3。

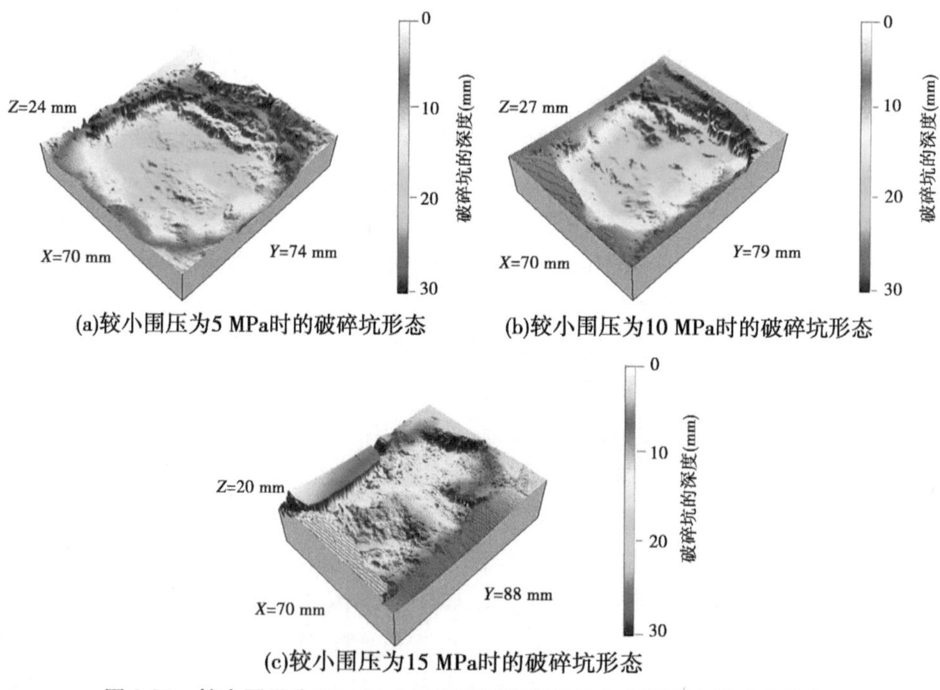

(a)较小围压为5 MPa时的破碎坑形态

(b)较小围压为10 MPa时的破碎坑形态

(c)较小围压为15 MPa时的破碎坑形态

图 3-27　较大围压为 20 MPa 时,破碎坑形态随较小围压增大的变化趋势

(3)较大围压为 25 MPa 时,破碎坑形态随较小围压增大的变化趋势。

图 3-28 为较大围压为 25 MPa 时,两次侵入后刀间破碎坑形态随较小围压增大而形成的破碎坑。图 3-28(a)所示,较小围压为 5 MPa 时,破碎坑最大深度达到 27.1 mm,破碎坑呈明显的中间低、四周高的“盆地”状,同时其 Y 方向破碎范围也达到了 80 mm,因此其破碎坑体积达到了 87 031 mm^3;当较小围压增大至 10 MPa 时,其破碎坑也近似呈典型的“盆地”状,但在其右下角出现小范围岛屿,同时其 Y 方向破碎范围稍有减小,为 73 mm,破碎坑最大深度也下降到 24.8 mm,因此对应的破碎坑体积也相应下降至 73 908 mm^3;最终,当较小围压增大至 15 MPa 时,如图 3-28(c)所示,虽然其 Y 方向破坏范围达到了 88 mm,其最大深度也保持在 24.5 mm,但从图中不难看出,其深度大于 18 mm 的破碎坑范围所占比例较小,在近破碎坑中心出现明显岛屿状未充分破碎部分,因此其破碎坑体积进一步减小至 65 388 mm^3。从以上描述中不难发现,较大围压一定时,随着较小围压的增大,破碎坑体积有逐渐减小的趋势。

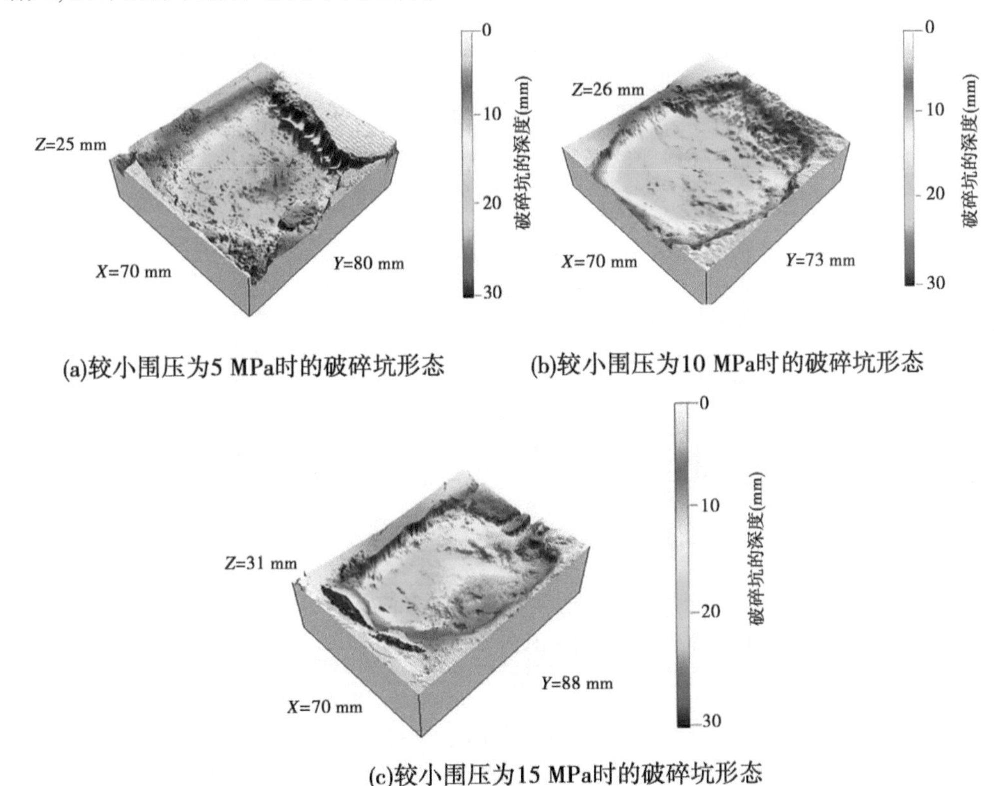

(a)较小围压为5 MPa时的破碎坑形态

(b)较小围压为10 MPa时的破碎坑形态

(c)较小围压为15 MPa时的破碎坑形态

图 3-28 较大围压为 25 MPa 时,破碎坑形态随较小围压增大的变化趋势

3.5.3 TBM 滚刀依次侵入花岗岩试样后的岩体裂纹发育

由于相似滚刀侵入过程中破碎体的形成由岩样表面裂纹向深部的发育与岩体内部源自于塑性区的裂纹发育共同决定,因此本节对不同围压水平下的表面裂纹发育与岩体内部裂纹发育进行了相应研究。

3.5.3.1 不同围压水平下岩体表面裂纹发育情况

(1)典型表面裂纹发育。

以围压水平为 5~10 MPa 为例,图 3-29 为典型的两次侵入后花岗岩表面裂纹的发育。如图 3-29 所示,根据表面裂纹位置不同,可将表面裂纹分为两类,第一类为两切槽间的表面裂纹,此处将其命名为 A 型表面裂纹,其产生于两次侵入之后,通常情况下,其起始于一条切槽边缘,向另一条切槽发育,由于围压水平的差异,A 型表面裂纹的数目与发育路径、程度有所不同。由前所述可知,其发育程度与滚刀间岩体破碎直接相关,因此关于其发育程度与路径的研究至关重要;如图 3-29 所示,除 A 型表面裂纹外,试样表面存在另一种表面裂纹,在此命名为 B 型表面裂纹,通常情况下,B 型表面裂纹起始于某一切槽边缘而向试样边缘发育。最后,为研究不同围压水平下表面裂纹的发育路径,在岩样中心建立 x、y 平面,定义表面裂纹起始点-终点连线与 x 方向夹角的绝对值为裂纹偏转角 β。

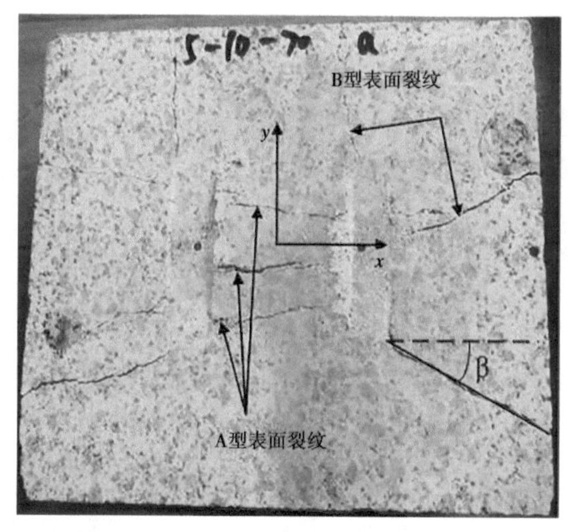

图 3-29 典型花岗岩表面裂纹发育情况

(2)较小围压一定,表面裂纹随较大围压增大的变化趋势。

为研究不同较大围压水平下表面裂纹发育情况,如图 3-30 所示,以较小围压为 5 MPa 为例,将近切槽部分岩体表面照片进行放大,重点研究切槽间的 A 型表面裂纹的发育情况,同时,由于 B 型表面裂纹均起裂于切槽边缘,因此对进切槽部分岩体表面照片的放大也不会影响对 B 型表面裂纹的研究,图中红色实线表示 A 型表面裂纹的发育轨迹线,而绿色实线表示 B 型表面裂纹的发育轨迹线。

如图 3-30(a)所示,当较大围压为 5 MPa 时,切槽间出现了 5 条 A 型表面裂纹,其中有两条裂纹通过相互贯通而连通两切槽,而另外 3 条均未直接贯通切槽间的岩体表面,其最大裂纹偏转角达到了 36°,平均偏转角为 19. 1°。而通过对此种围压水平下 B 型表面裂纹的统计得到,其平均偏转角为 40. 6°,统计得出所有表面裂纹的平均偏转角为 32. 3°,从图中不难看出切槽间岩体破碎程度不高;如图 3-30(b)所示,当较大围压增大至 10 MPa 时,在切槽间同样出现了 5 条 A 型表面裂纹,其中有 3 条近似平行的 A 型表面裂纹连通两切槽,且这3条表面裂纹相对较为集中,通过统计,此围压水平下A型表面裂纹的平均偏转角低至11.2°,最大偏转角也仅为22°,同时此围压水平下B型表面裂纹的平均偏转角为47.0°,统计得出所有表面裂纹的平均偏转角为32.1°;如图3-30(c)所示,当较大围压增加至15 MPa时,在切槽间仅产生了3条A型裂纹,但这3条A型裂纹全部贯通两相邻切槽,且其分布相对较远,其平均偏转角仅为10.0°,最大的偏转角也仅为14.1°,同时在此种围压水平下,B型表面裂纹的偏转角也急剧下降,最大偏转角仅为32.9°,而平均偏转角仅为22.1°,同时统计得出所有表面裂纹的平均偏转角为18.1°;当围压继续增大至20 MPa时,如图3-30(d)所示,切槽间形成了4条贯通两切槽的A型表面裂纹,其平均偏转角较较大围压为10 MPa时稍稍增大至10.2°,最大偏转角也仅为21.7°,对应B型表面裂纹的平均偏转角为17.3°,此种围压水平下,表面裂纹的平均偏转角下降至13.3°;如图3-30(e)所示,围压增大至25 MPa时,切槽间岩体破碎剧烈,形成4条贯通切槽的A型表面裂纹,虽然A型表面裂纹最大偏转角达到了32°,但其平均值仅为10.8°,而此种围压水平下的B型表面裂纹偏转角更低,其最大值仅为28.6°,平均值低至8.4°,而对应的全体表面裂纹平均偏转角也下降至9.6°,同时,从图3-30中不难得出,由于A型表面裂纹发育充分,切槽间的岩体破碎较为充分。从切槽间岩体破碎情况来看,当较小围压为5 MPa时,随着较大围压的增大,两切槽间的岩体在两次侵入后的破碎程度是逐渐增加的。

(3)较大围压一定,表面裂纹随较小围压增大的变化趋势。

为研究不同较大围压水平下表面裂纹发育情况,如图3-31所示,以较大围压为20 MPa为例,将近切槽部分岩体表面照片进行放大,重点研究切槽间的A型表面裂纹的发育情况。图3-31(a)所示表面裂纹发育形态所对应的围压水平为5~20 MPa,从上述可知,其切槽间A型表面裂纹发育较为明显,且刀间破碎体几近拱起,而起裂于切槽边缘的B型表面裂纹数量较少,但其偏转角较小;当较小围压增大至10 MPa时,如图3-31(b)所示,切槽间的A型表面裂纹减少至4条,但其破碎体并未有拱起的趋势,说明其破碎程度有所下降,而且其中只有两条贯通两切槽,其平均偏转角为11.8°,而在切槽外缘的B型表面裂纹增多,达到了8条,且其裂纹偏转角差异较大,最大偏转角达到了52°,最小仅为1°,平均值增大到18.4°,整体而言,此种围压水平下,表面裂纹的偏转角平均值较5~20 MPa的围压水平稍有增大,其值为16.4°;如图3-31(c)所示,当较小围压增大至15 MPa时,切槽间A型表面裂纹发育程度大大降低,导致岩体破碎程度也随之急剧下降,切槽间岩体局部表面破碎,在切槽间仅产生两条A型表面裂纹,而且其平均偏转角达到了31.5°,同时此种围压水平下的B型表面裂纹偏转角也较大,平均值达到了22.8°,整体表面裂纹平均偏转角也达到了25.3°。从切槽间岩体破碎情况来看,较大围压一定,较小围压的增大会一定程度上抑制切槽间岩体的A型表面裂纹发育。

3.5.3.2　不同围压水平下岩体内部裂纹发育情况

(1)典型岩体内部破碎及裂纹发育。

以围压水平为10~15 MPa为例,图3-32为典型的两次侵入后花岗岩岩体内部裂纹发育情况。典型岩体内部破碎如图3-32(a)所示,其主要由三部分组成,第一部分为刀具侵入下方的塑性区,其典型形态如图3-32(a)所示,近似呈倒三角状;如图3-32所示,两塑性区之间黄色虚线代表两次侵入后所形成的破碎坑轮廓;第三部分为由被染成蓝色的内

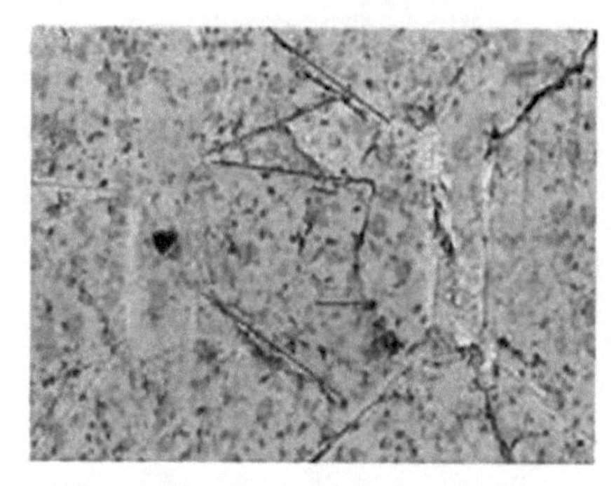
(a)较大围压为5 MPa的表面裂纹分布

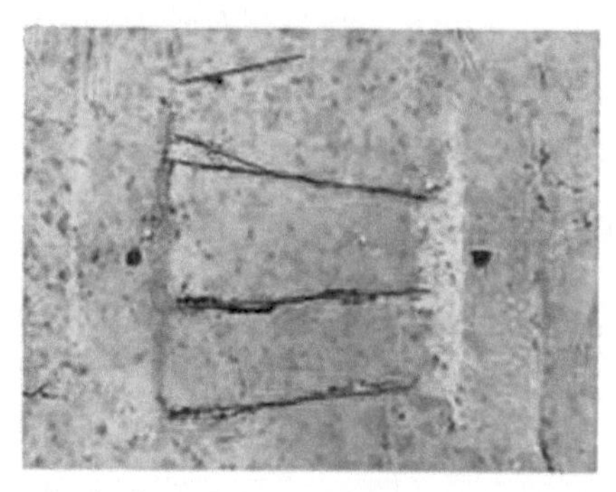
(b)较大围压为10 MPa的表面裂纹分布

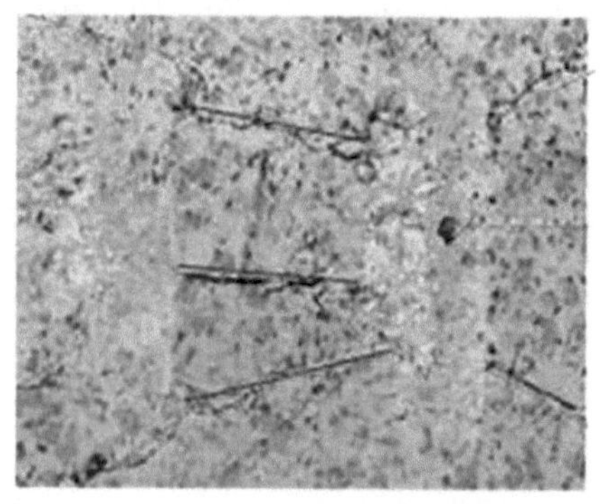
(c)较大围压为15 MPa的表面裂纹分布

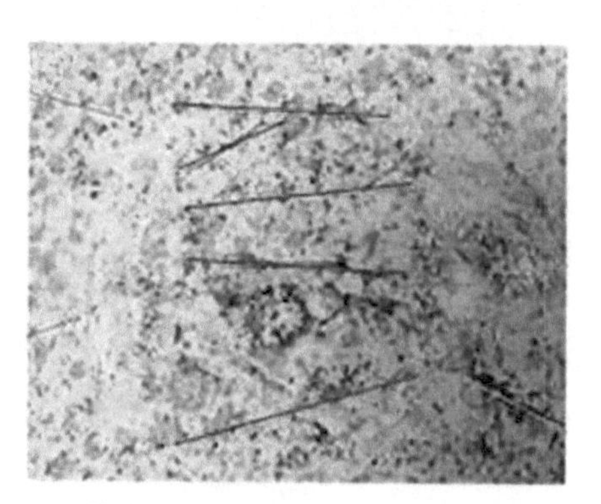
(d)较大围压为20 MPa的表面裂纹分布

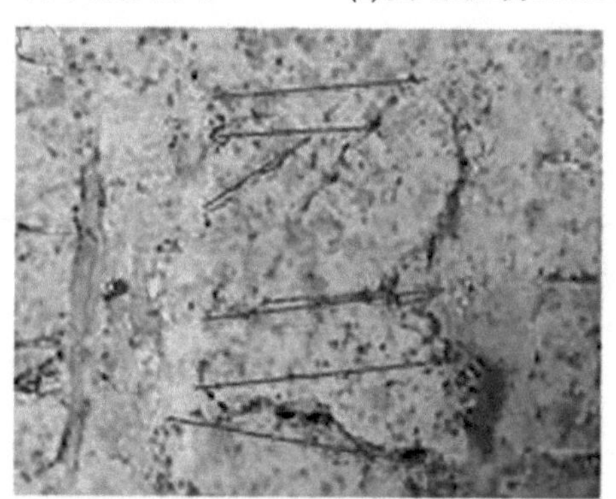
(e)较大围压为25 MPa的表面裂纹分布

图 3-30 较小围压为 5 MPa 时，表面裂纹随较大围压增大的变化趋势

部裂纹所分割的相对完整岩体。联系前述表面裂纹发育情况，从典型的破坏与裂纹发育剖面图中不难看出，切槽间岩体经过起裂于相邻塑性区的岩体内部裂纹之间相互贯通后，若再经表面裂纹的切割，则可形成完整的刀间破碎体，因此刀间破碎坑的轮廓应该由表面裂纹与岩体内部裂纹的发育共同决定。因此，如图 3-32(a)所示，在剖面内建立 X-Z 平面，定义裂纹起点与滚刀与岩体初始接触面重点的连线与 Z 轴的夹角为内部裂纹的起裂角 α，而裂纹起点与终点连线与 Z 方向的夹角为内部裂纹的偏转角。

(2)较小围压一定，剖面内部裂纹发育随较大围压增大的变化趋势。

如图 3-33(a)所示，当围压水平为 5~5 MPa 时，从图中可以看出，在两塑性区之间剖

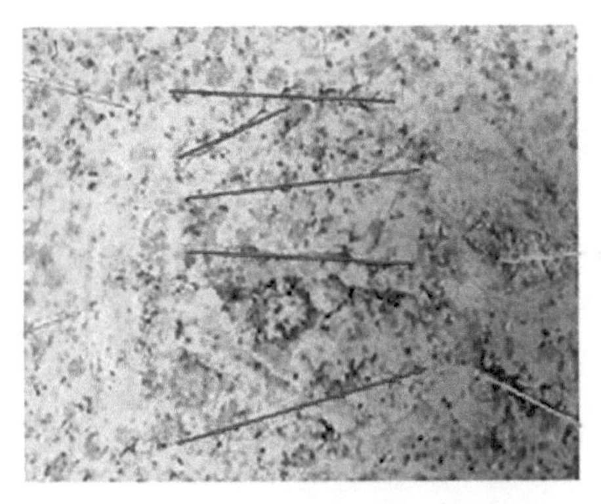

(a)较小围压为5 MPa时的破碎坑形态

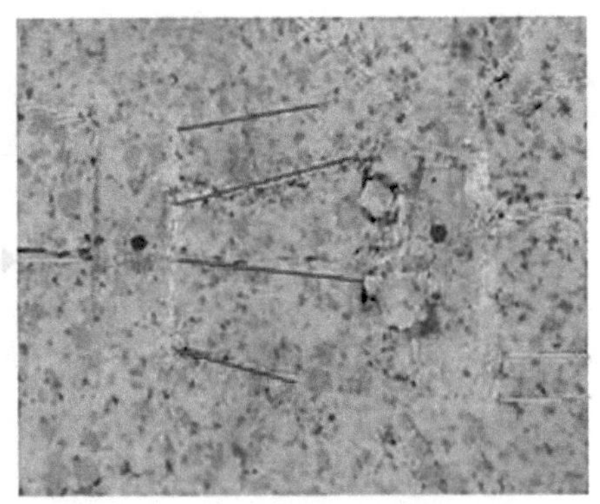

(b)较小围压为10 MPa时的破碎坑形态

(c)较小围压为15 MPa时的破碎坑形态

图 3-31　较大围压为 20 MPa 时,破碎坑形态随较小围压增大的变化趋势

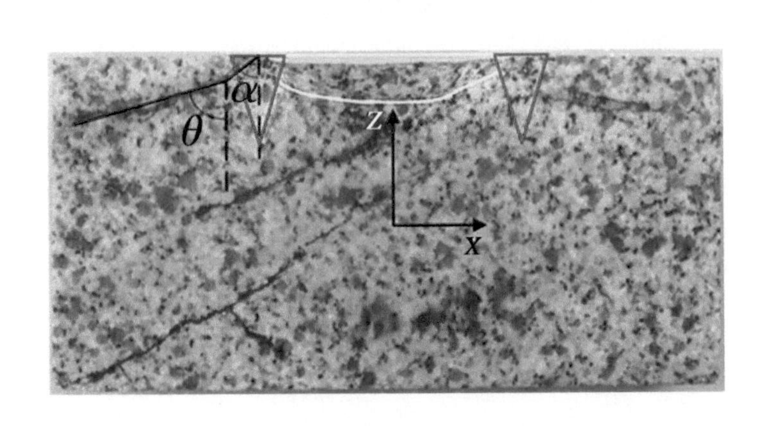

(a)剖面典型破碎与裂纹发育情况

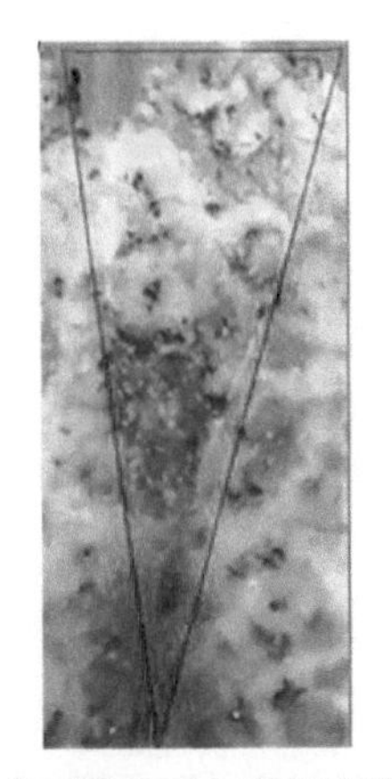

(b)典型滚刀下方密实核形态

图 3-32　典型的两次侵入后花岗岩岩体内部破碎与裂纹的发育情况

面内裂纹发育不明显,导致破碎坑近似呈三角状,其破裂面平直,参见前人研究与上述有关表面裂纹发育的描述,此破碎坑推断认为是剪切破坏与表面张拉裂纹共同作用的结果,同时在每个塑性区下方均出现一条有一定偏转角度的裂纹,其平均起裂角较小,为 9.5°,

而其平均偏转角为 35. 4°,整体而言滚刀间破岩面积较小;当较大围压增加至 10 MPa 时,如图 3-33(b)所示,破碎坑形态有所变化,其转变为近“半月形”,但从其深度来看,明显呈现一头高、一头低的形态,同时比较大围压为 5 MPa 时所产生的破碎坑深度稍有增大,在其下方岩体内,一条起裂于某一塑性区的裂纹发育至另一塑性区,形成塑性区间裂纹贯通,但此时通过对破碎坑形成的原因分析不难推出,此时破碎坑的深度由 A 型表面裂纹发育深度所决定,此围压水平下的裂纹平均起裂角和偏转角分别为 18. 5°和 37. 2°;当较大围压继续增大至 15 MPa 时,破碎坑深度稍有增大,而且其裂纹的起裂角稍有下降而偏转角急剧增大,其对应的值分别为 13. 2°与 52. 3°,从破碎坑剖面形状来看,其近似呈中间低、两边高的形态,且其轮廓线凹凸不平,根据前人有关研究与文中所述的表面裂纹发育,此时的破碎坑由内部张拉裂纹与 A 型表面裂纹贯通而形成;当较大围压继续增大至 20 MPa 时,如图 3-33(d)所示,此时刀间破碎坑形态与围压水平为 5~10 MPa 时所产生的破碎坑形态相类似,也近似呈现中间低、两端高的形态,同理可知,其破碎坑极有可能也是由内部张拉裂纹与 A 型表面裂纹贯通而形成,同时从图中可以看出,此时剖面内裂纹发育水平较低,除滚刀间形成破碎坑的裂纹外,仅有两条其他内部裂纹,且这两条内部裂纹的偏转角与起裂角均处于较高值,此种围压水平下对应的平均起裂角与偏转角分别为 18. 7°与 57. 9°; 当较大围压增大至 25 MPa 时,如图 3-33(e)所示,破碎坑形态与前两种围压水平下破碎坑形态相似,但仔细观察,发现其破碎坑深度较大,起裂于塑性区的裂纹发育不明显,但其起裂角与偏转角持续增大,其平均值高达 29. 3°与 58. 8°,同时如图 3-33(e)所示,在剖面内发现另外一种裂纹,它们均未起裂于刀头下方的塑性区,而是随机分布在岩体内部,长短不一,这类裂纹在前人的研究中有所报道,此类裂纹的出现往往有利于滚刀破岩。

(3)较大围压一定,剖面内部裂纹发育随较小围压增大的变化趋势。

当较大围压为 20 MPa 时,剖面裂纹发育随较小围压增大的变化趋势如图 3-34 所示。当较小围压仅为 5 MPa 时,破碎坑剖面近似呈中间低、两端高的形态,且其下方未出现贯通两个塑性区的内部裂纹;而当较小围压增大至 10 MPa 时,如图 3-34(b)所示,破碎坑形态也近似呈现中间低、两端高的形态,虽然其最深点较前者大,但其破碎坑剖面轮廓线起伏较围压水平为 5~20 MPa 时所产生的破碎坑深度要大,而且在破碎坑下方出现明显几乎贯通两塑性区的内部裂纹,因此联系前节中关于破碎坑体积的分析,前述刀间破碎体形成机制以及有关 A 型表面裂纹发育可知,围压水平为 10~20 MPa 时,破碎坑深度与体积的减小,应归因于 A 型表面裂纹发育程度不高;如图 3-34(c)所示,当较小围压增大至 15 MPa 时,其剖面内的裂纹发育程度较围压水平为 10~20 MPa 时明显有所下降,同时,其刀间破碎坑有了明显变化,其近似呈中间高、两端低的形态,而且在其正下方出现明显的贯通内部裂纹,因此结合前述有关破碎坑形态与表面裂纹发育情况可知,此时的破碎坑深度应该由 A 型表面裂纹发育程度所决定,而较小围压的增大,抑制了 A 型表面裂纹的发育,导致其破碎坑深度随较小围压的增大而逐渐减小,也就是说,较小围压的增大使得刀间岩体破碎由深部向浅部发育。

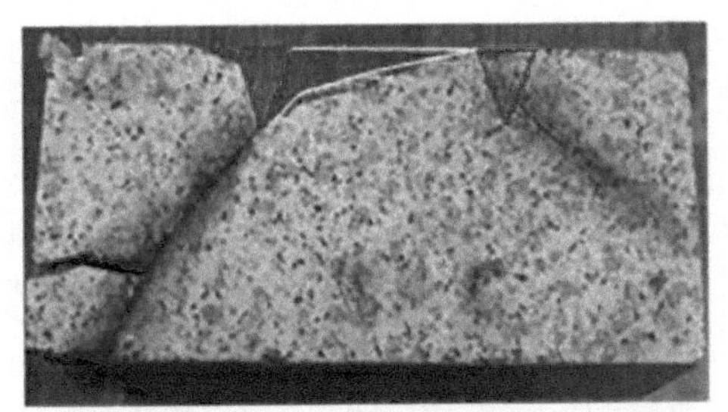

(a)较大围压为5 MPa时裂纹的发育情况

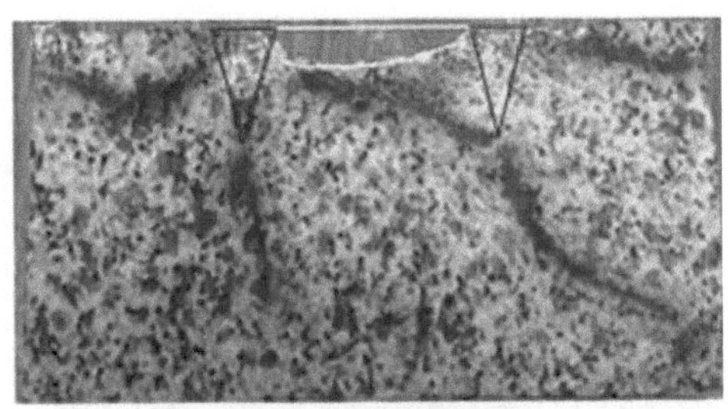

(b)较大围压为10 MPa时裂纹的发育情况

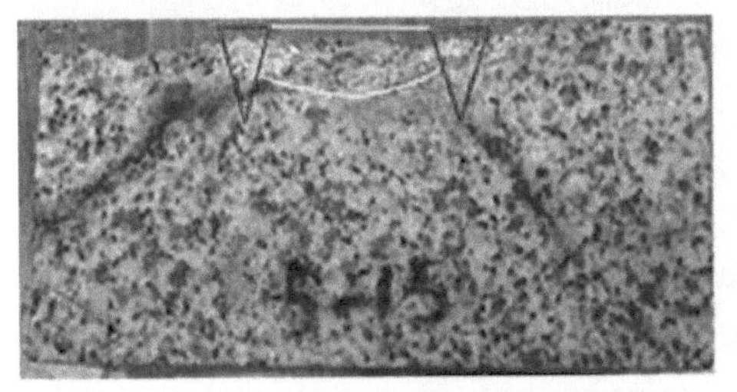

(c)较大围压为15 MPa时裂纹的发育情况

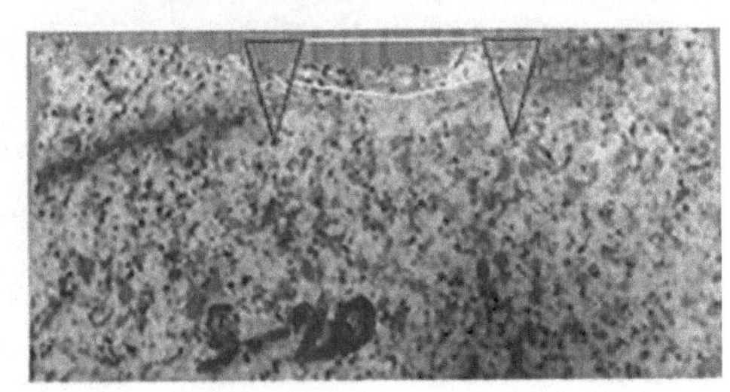

(d)较大围压为20 MPa时裂纹的发育情况

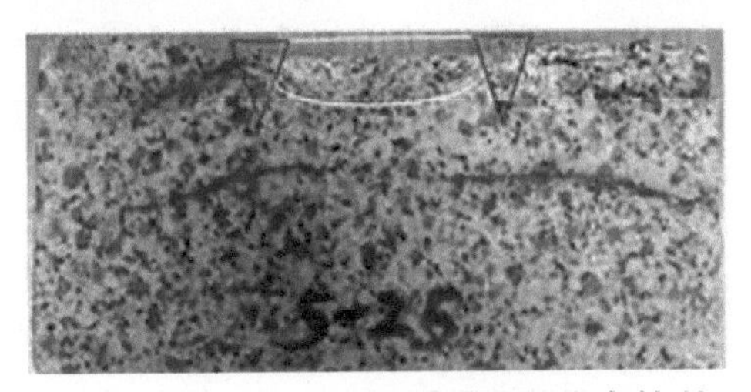

(e)较大围压为25 MPa时裂纹的发育情况

图3-33　较小围压为5 MPa时，剖面内裂纹发育随较大围压增大的变化趋势

3.6　TBM相似滚刀侵入砂岩试样动态特征

3.6.1　TBM滚刀侵入砂岩试样的侵入力变化与声发射现象

TBM相似滚刀侵入砂岩过程中侵入力的变化与声发射现象与前述侵入花岗岩试样相似，其典型侵入力曲线与声发射现象在此不予赘述。在此，主要叙述侵入力曲线与声发射现象随较大围压与较小围压变化的变化趋势。

3.6.1.1　较小围压一定，较大围压变化时垂直侵入力与单位时间内累计声发射数量随侵入深度变化情况

以较小围压为5 MPa时为例，5种较大围压下的侵入力曲线与侵入过程中的声发射情况如图3-35～图3-39所示。如图3-35所示，当围压水平为5～5 MPa时，第一次侵入过程中的关键侵入深度达到了1.5 mm左右，在关键侵入深度后，声发射现象一直维持在一较高水平，垂直侵入力峰值为485 kN，其对应的侵入深度为4.91 mm，在侵入力达到峰值之后，其出现如图3-13及图3-14所示的明显间跃式发展，近似成小幅波浪式下降，当侵入

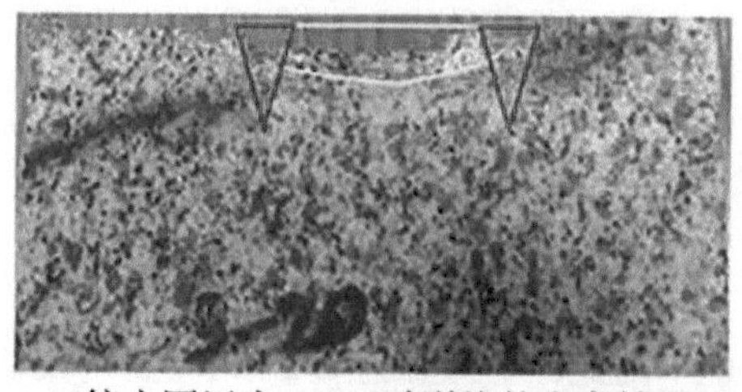

(a)较小围压为5 MPa时裂纹的发育情况

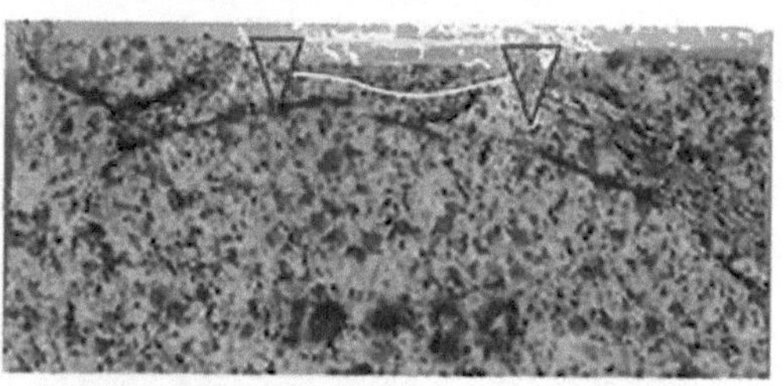

(b)较小围压为10 MPa时裂纹的发育情况

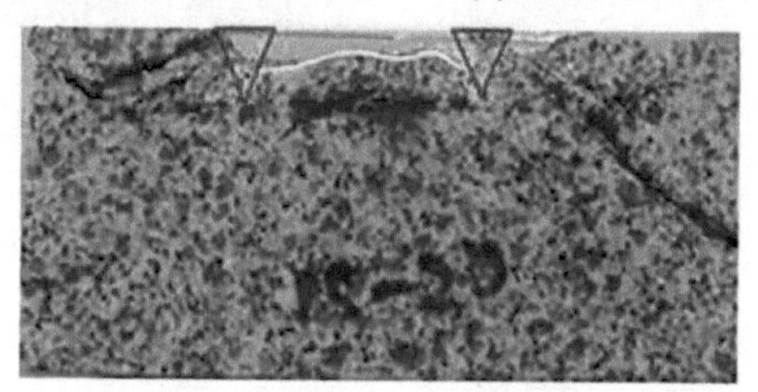

(c)较小围压为15 MPa时裂纹的发育情况

图 3-34　较大围压为 20 MPa 时,剖面内裂纹发育随较小围压增大的变化趋势

深度达到 6 mm 时,其对应的垂直侵入力仅为 387 kN;第二次侵入过程中的侵入力在侵入深度达到 4.53 mm 时达到了第一个峰值,其值为 445 kN,在此侵入深度之前其出现小幅波动,然后其经历了短暂的下降,在侵入深度为 4.92 mm 时达到第一个最小值,随后侵入力在 400 kN 左右波动,当侵入深度为 6 mm 时,侵入力升至 422 kN。在第二次侵入过程中,其声发射现象与图 3-14 相类似,均保持在一较高水平,说明在第二次侵入过程中,岩体中的裂纹持续发育。

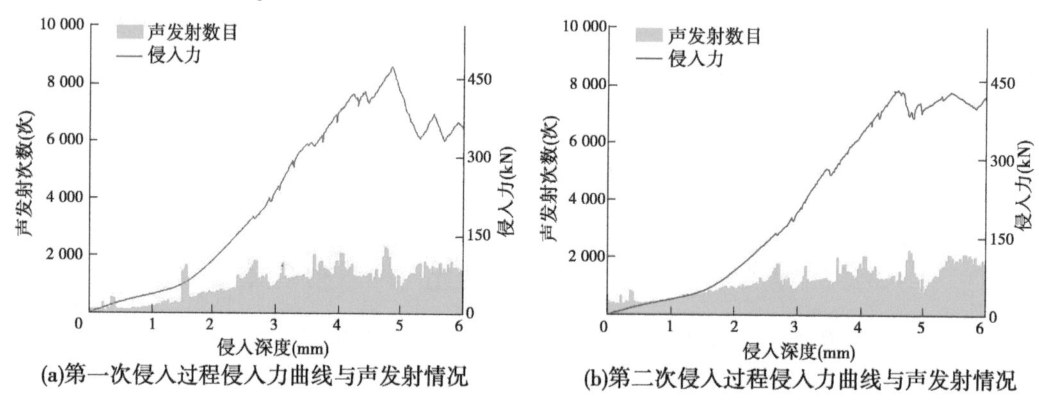

(a)第一次侵入过程侵入力曲线与声发射情况

(b)第二次侵入过程侵入力曲线与声发射情况

图 3-35　围压为 5~5 MPa 时侵入力曲线与声发射情况

当较大围压增大至 7.5 MPa 时,其侵入力曲线与侵入过程中的声发射情况如图 3-36 所示,第一次侵入过程中,其垂直侵入力随侵入深度增大的变化趋势与较大围压为 5 MPa 情况相似,其对应的关键侵入深度为 1.45 mm,其侵入力峰值增大至 512 kN,对应的侵入深度增大至 5.53 mm,峰值之后,侵入力随侵入深度的增大持续减小,最终当侵入深度达到 6 mm 时,其侵入力减小至 448 kN;第二次侵入过程中,当侵入深度小于 1.5 mm 时,侵入力随着侵入深度的增大而缓慢增大,当侵入深度大于 1.5 mm 且小于 5.8 mm 时,侵入

力随侵入深度增大而增加的趋势增大，且在此过程中出现小幅波动，当侵入深度达到5.8 mm 时，侵入力达到第一个峰值，其值近似为600 kN，随后侵入力经历小幅回落后，最终达到567 kN，第二次侵入过程中的声发射现象与前述相似，整个侵入过程中均保持在较高水平。

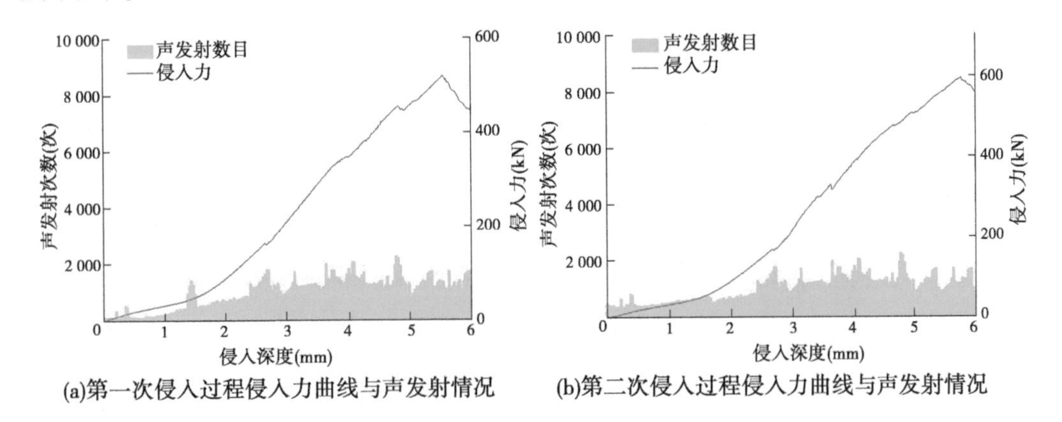

(a)第一次侵入过程侵入力曲线与声发射情况　(b)第二次侵入过程侵入力曲线与声发射情况

图 3-36　围压为 5~7.5 MPa 时侵入力曲线与声发射情况

当较大围压增大至10 MPa 时，第一次侵入过程如图3-37(a)所示，从整体来看，整个过程中的声发射现象较前两种围压水平有所降低，其对应的关键侵入深度稍有增大，其值为1.6 mm，随着侵入深度的增大，其侵入力出现小幅波动，在侵入力达到4.1 mm 时，侵入力出现突降，此时对应的声发射现象明显，随后经历短暂下降后，其侵入力迅速增大，在侵入深度达到5.5 mm 时，侵入力达到另外一个峰值，其大小为647 kN，随后其侵入力急剧下降，最终当侵入深度达到6 mm 时，侵入力下降至419 kN。此围压水平下的第二次侵入过程中的侵入力与声发射现象如图3-37(b)所示，整个过程中声发射虽然有所波动但其整体水平均保持在较高水平，侵入力在侵入深度为3 mm 左右出现波动，此时对应的声发射现象也较为明显，当侵入深度增大至4.4 mm 时，侵入力达到另外一个波峰，此时对应的声发射现象也较为明显，之后侵入力经历短暂升高，当侵入深度达到5 mm 时，侵入力在510 kN 左右波动，在整个波动过程中，声发射水平较高。

如图3-38所示，当较大围压增大至12.5 MPa 时，第一次侵入过程中对应的关键侵入深度为1.5 mm，在关键侵入深度后，声发射现象水平均维持在较高水平，垂直侵入力在侵入过程中出现多次波动，其侵入力波动点所对应的侵入深度处的声发射水平均较高，说明此时裂纹发育明显，当侵入深度达到5.45 mm 时，侵入力达到最大值640 kN，此时对应明显的声发射现象，此侵入深度后，侵入力迅速下降，当侵入深度为5.55 mm 时达到最低，随后经历迅速增大与小幅下降后，当侵入深度达到6 mm 时，侵入力定格在612 kN；在第二次侵入过程中，声发射水平均处于较高水平，在侵入后期，侵入深度达到4.85 mm 之后，随着侵入力的波动，声发射水平也发生明显波动，此过程中的侵入力峰值为600 kN 左右。

当围压水平为5~15 MPa 时，在第一次侵入过程中，其关键侵入深度达到了2.3 mm，在关键侵入深度后，声发射现象明显，侵入力在达到峰值前出现小幅波动，波动时也会对应声发射现象的加剧，当侵入深度达到5.5 mm 时，侵入力达到峰值，其对应峰值为810 kN，

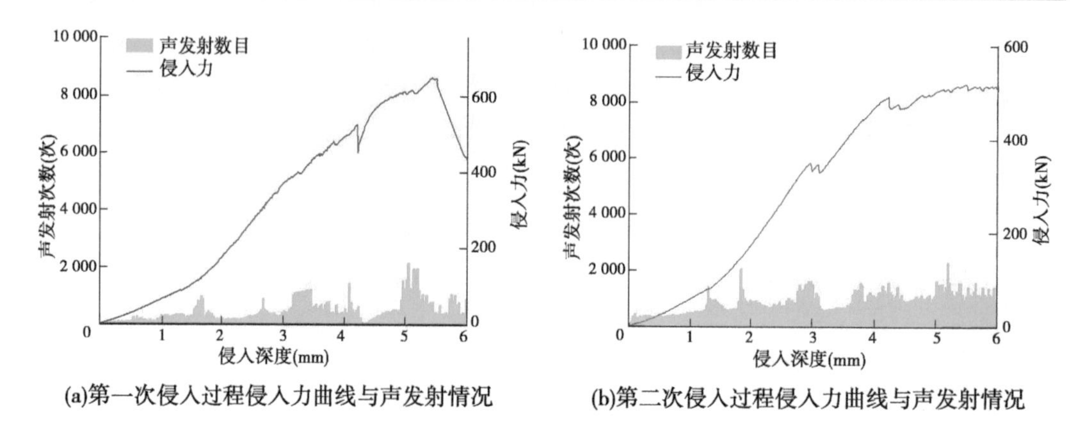

(a)第一次侵入过程侵入力曲线与声发射情况　　(b)第二次侵入过程侵入力曲线与声发射情况

图 3-37　围压为 5~10 MPa 时侵入力曲线与声发射情况

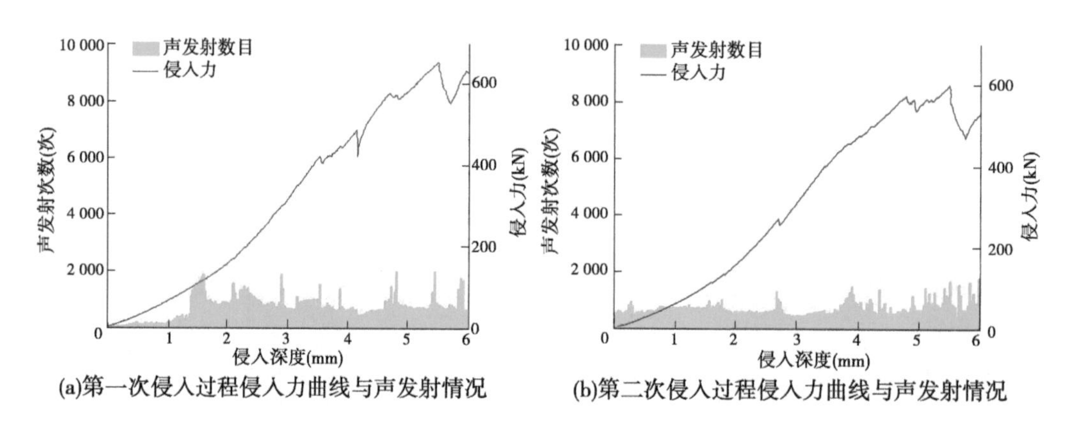

(a)第一次侵入过程侵入力曲线与声发射情况　　(b)第二次侵入过程侵入力曲线与声发射情况

图 3-38　围压为 5~12.5 MPa 时侵入力曲线与声发射情况

峰值之后侵入力经历缓慢下降后,又缓慢上升,当侵入深度为 6 mm 时,侵入力达到 808 kN;第二次侵入过程的侵入力变化与声发射现象如图 3-39(b)所示,整个过程声发射现象明显,在侵入深度为 4 mm 时达到侵入力第一个峰值,其对应大小为 513 kN,在此之后,侵入力呈现明显的跃进式发展,每次侵入力的下降均对应着声发射现象的加剧。

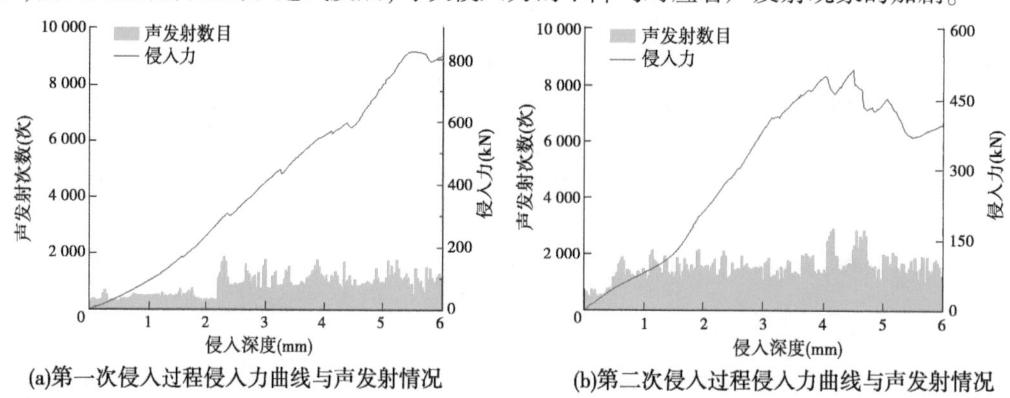

(a)第一次侵入过程侵入力曲线与声发射情况　　(b)第二次侵入过程侵入力曲线与声发射情况

图 3-39　围压为 5~15 MPa 时侵入力曲线与声发射情况

3.6.1.2　较大围压一定,较小围压变化时垂直侵入力与单位时间内累计声发射数量随侵入深度变化情况

以较大围压为 15 MPa 为例,较小围压为 5 MPa、7.5 MPa 以及 10 MPa 时,两次侵入过程中的侵入力曲线与声发射现象如图 3-39、图 3-40 以及图 3-41 所示。如图 3-40(a)所示,当较小围压从 5 MPa 增大至 7.5 MPa 时,其关键侵入深度从 2.3 mm 增大到了 2.8 mm,当侵入深度为 2.8 mm 时,侵入力出现第一次起伏,此时声发射现象加剧,然后在侵入深度为 3.5 mm、4.2 mm、5.1 mm 时分别出现 3 次波动,而且这 3 次波动都伴随着加剧的声发射现象。当侵入深度达到 5.5 mm 时,侵入力达到峰值,其对应峰值为 798 kN,随后侵入力经历迅速下降与上升后在侵入深度为 5.6 mm 时达到另一个峰值,峰值大小为 803 kN,随后侵入力迅速下降,当侵入深度达到 6 mm 时,侵入力定格在 744 kN;此围压水平下,第二次侵入过程的侵入力变化与声发射现象如图 3-40(b)所示,虽然声发射现象随侵入深度增大的变化较大,但其总体维持在一个较高水平,而侵入力随侵入深度变化趋势与前述情况稍有区别,其在整个侵入过程中有多次波动,而且或多或少伴随着加剧的声发射现象,当侵入深度达到 5.9 mm 时,侵入力达到最大值,其对应大小为 614 kN,随后侵入力稍有下降,当侵入深度为 6 mm 时,侵入力为 600 kN 左右。

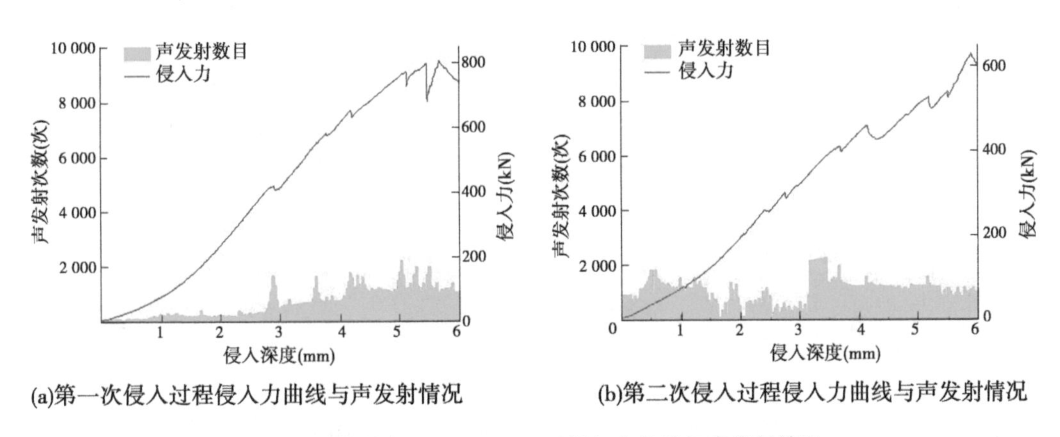

图 3-40　围压为 7.5~15 MPa 时侵入力曲线与声发射情况

如图 3-41 所示,当较小围压增大至 10 MPa 时,从其声发射现象可以看出,第一次侵入过程中的关键侵入深度为 3.1 mm,在此之后,声发射现象一直处于较为活跃状态,当侵入深度为 3.9 mm 时,侵入力出现第一次比较明显的波动,而且伴随着剧烈的声发射现象,当侵入深度进一步增大至 4.6 mm 时,此时侵入力达到了 902 kN,随后侵入力急剧下降至 825 kN,并伴随着明显的声发射现象,随后侵入力又发生两次起伏,并伴随着明显的声发射现象,当侵入深度达到 6 mm 时,侵入力下降至 812 kN;从图 3-41(b)不难看出,在第二次侵入过程中,声发射现象一直处于很高水平,单位时间内的声发射数量将近 2 000 次,而垂直侵入力近似随侵入深度的增大而逐渐增加,在侵入深度达到 4.1 mm 时,侵入力出现小范围波动,在此之后侵入力持续增加,当侵入深度达到 6 mm 时,侵入力达到了 477 kN。

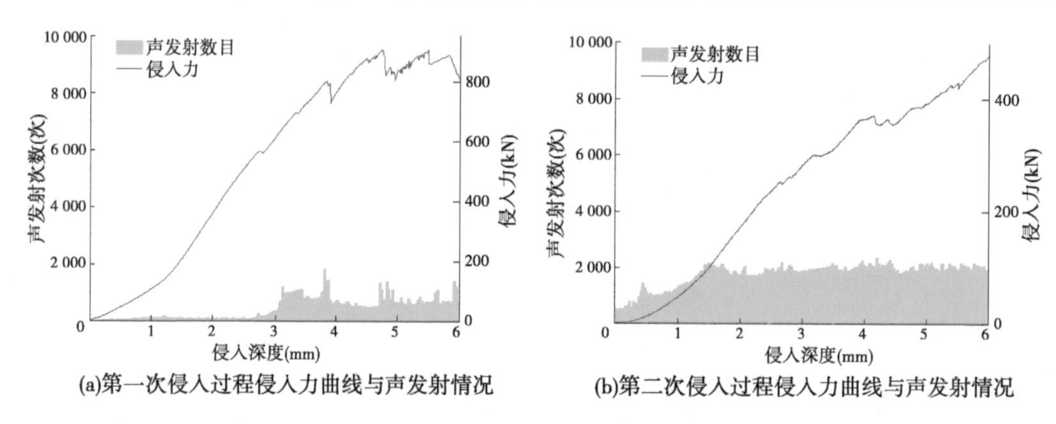

(a)第一次侵入过程侵入力曲线与声发射情况　(b)第二次侵入过程侵入力曲线与声发射情况

图 3-41　围压为 10~15 MPa 时侵入力曲线与声发射情况

3.6.2　TBM 滚刀侵入砂岩试样的 TBM 滚刀间破碎坑形态

TBM 相似滚刀侵入砂岩后所形成的破碎坑与前述侵入花岗岩试样相似,其典型破碎坑形态在此不予赘述。同理,在此对于破碎坑形态及大小随围压变化的演变趋势进行了相应的描述。

3.6.2.1　较小围压一定,破碎坑形态随较大围压增大的变化趋势

(1)较小围压为 5 MPa 时,破碎坑形态随较大围压增大的变化趋势。

图 3-42 为较小围压为 5 MPa 时,两次侵入后刀间破碎坑形态随较大围压增大而产生的破碎坑形态。如图 3-42(a)所示,当较大围压为 5 MPa 时,TBM 滚刀依次侵入后,滚刀间岩体破碎很少,没有形成连通的破碎坑,仅在靠近滚刀与岩体作用处产生两个很浅的小型破碎坑,两破碎坑最深处不超过 10 mm,从其形态来得出,这两个破碎坑是由浅部的剪切破坏与表面裂纹贯通而形成的,通过 Talysurf CLI 2000 内置软件的计算得到,其破碎坑体积仅为 5 385 mm^3;当较大围压增大至 7.5 MPa 时,如图 3-42(b)所示,在滚刀间形成了一个较大破碎坑,但其最大深度也不超过 10 mm,而且沿 X 方向,呈现明显的一端高、一端低的形态,其破碎坑底部起伏很小,呈现明显的剪切破坏状,因此同样可以得出,此围压水平下,破碎坑也是由浅部的剪切破坏与表面裂纹贯通而形成的,此时的破碎坑体积增大到 14 287 mm^3。破碎坑体积的增加说明较大围压从 5 MPa 增大至 7.5 MPa 时,滚刀间的破碎效果更加明显;当较大围压继续增大至 10 MPa 时,如图 3-42(c)所示,在两次侵入后,滚刀间形成较大破碎坑,破碎坑深度激增,最大深度超过 20 mm,在破碎坑中形成两个近似平行于 X 轴的棱状岛屿,而非岛屿处的破碎坑底部近似呈现两端高、中间低的形态,此时破碎坑体积增大到 37 492 mm^3;当较大围压增加至 12.5 MPa 时,滚刀间破碎坑面积增大,其最大深度达到 26.8 mm,破碎坑的体积增加到 75 434 mm^3;当较大围压继续增大至 15 MPa 时,如图 3-42(e)所示,破碎坑呈现典型的中间低、四周逐渐增高的趋势,其最大深度稍有减小,其对应最大深度为 25.1 mm,但其 Y 方向破碎范围增大至 99 mm,但其体积稍稍下降至 68 259 mm^3,从其破碎坑形态以及破碎坑体积可知,当较小围压为 5 MPa,较大围压的增大有利于滚刀间岩体向深部发展,也就是说围压差的增大有利于滚刀间岩体的破碎。同时,基于破碎坑形态随围压差增大的变化趋势,也能从一定程度上反映破岩模

式随围压差增大的变化。

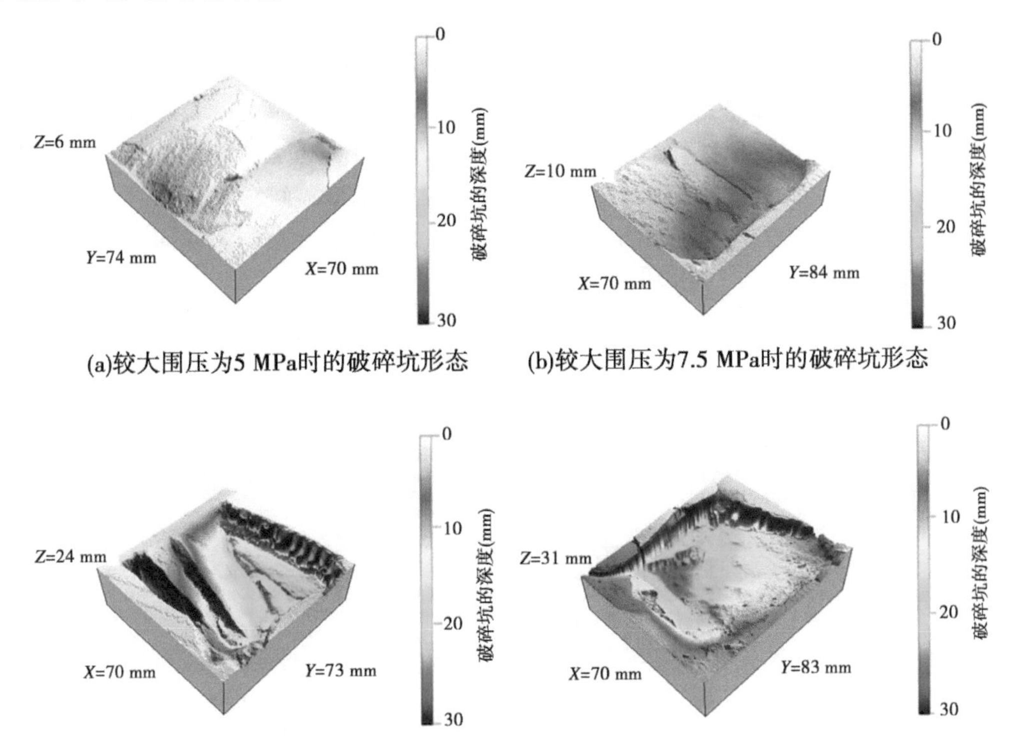

(a)较大围压为5 MPa时的破碎坑形态　(b)较大围压为7.5 MPa时的破碎坑形态

(c)较大围压为10 MPa时的破碎坑形态　(d)较大围压为12.5 MPa时的破碎坑形态

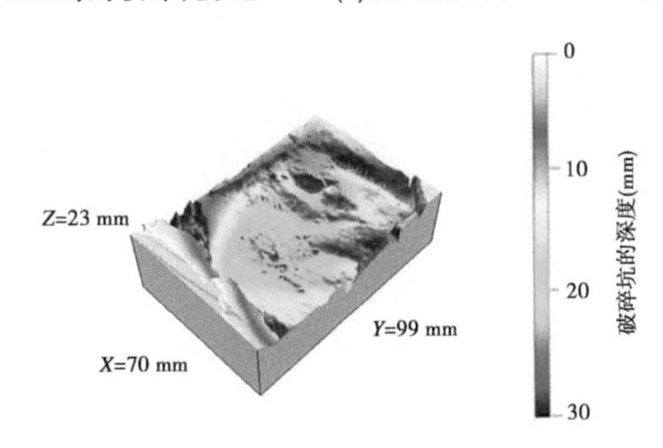

(e)较大围压为15 MPa时的破碎坑形态

图 3-42　较小围压为 5 MPa 时,破碎坑形态随较大围压增大的变化趋势

(2)较小围压为 7.5 MPa 时,破碎坑形态随较大围压增大的变化趋势。

当较小与较大围压均为 7.5 MPa 时,两次侵入后产生的破碎坑如图 3-43(a)所示,两次侵入后形成的破碎坑在 Y 方向不连续,在其中部形成大面积含原岩体表面的岛屿,其最大深度为 18 mm 左右,破碎坑体积为 32 343 mm^3;当较大围压增大至 10 MPa 时,滚刀间岩体破碎程度较前述围压水平所对应的破碎程度有所增大,但在其沿 Y 方向的中部仍出现岛屿,岛屿顶部离原表面距离小于 10 mm,而且岛屿面积较之前者有明显的减小,破碎坑的最大深度变化不大,但破碎坑沿 Y 方向的范围增大,导致破碎坑体积增大至

40 114 mm³；如图 3-43(c)所示，当围压水平为 7.5~12.5 MPa 时，滚刀间所形成的破碎坑整体形态与前述围压水平为 7.5~10 MPa 所对应的破碎坑形态相似，但其最大深度增加至 20 mm 左右，同时其孤岛顶点离原表面距离达 11 mm，此种围压水平下的破碎坑体积也增大至 46 835 mm³；如图 3-43(d)所示，当较大围压增大至 15 MPa 时，在两次侵入后，滚刀间形成较大破碎坑，该破碎坑最大深度达到 24 mm，其整体呈现中间低、两端高的形态，其沿 Y 方向的破碎范围增加至 91 mm，破碎体积也迅速增大至 58 169 mm³。从以上破碎坑形态与体积变化趋势也可以得出较大围压的增大有利于滚刀间岩体向深部发展，也就是说围压差的增大有利于滚刀间岩体的破碎。

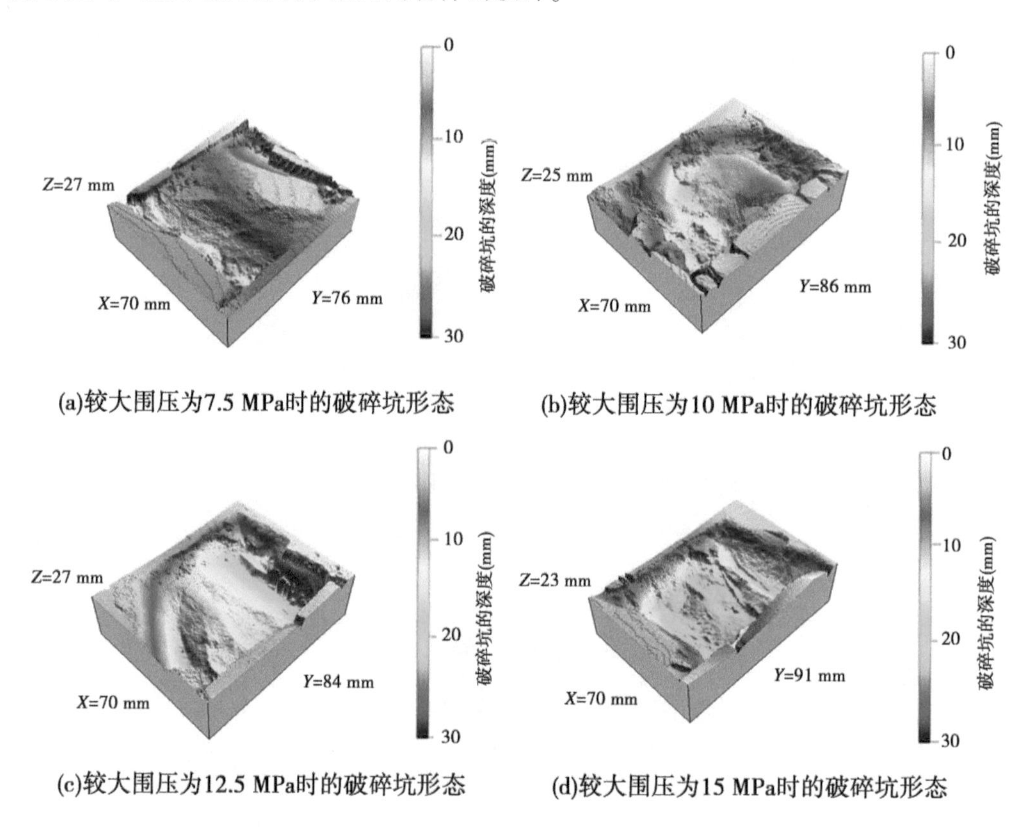

(a)较大围压为7.5 MPa时的破碎坑形态

(b)较大围压为10 MPa时的破碎坑形态

(c)较大围压为12.5 MPa时的破碎坑形态

(d)较大围压为15 MPa时的破碎坑形态

图 3-43　较小围压为 7.5 MPa 时，破碎坑形态随较大围压增大的变化趋势

(3)较小围压为 10 MPa 时，破碎坑形态随较大围压增大的变化趋势。

较小围压为 10 MPa 时，破碎坑形态随较大围压增大的变化趋势如图 3-44 所示。当较大围压为 10 MPa 时，如图 3-44(a)所示，在侵入后形成了较为明显的刀间破碎坑，该破碎坑最大深度为 15 mm 左右，近似呈现一端高、一端低的形态，其沿 Y 方向的破碎范围仅为 66 mm，其对应的破碎坑体积仅为 21 262 mm³；当较大围压增大至 12.5 MPa 时，破碎坑沿 Y 方向的破碎范围迅速增大至 88 mm，其最大破碎坑深度也达到 22 mm，从其破碎坑底部形态来看，该破碎坑与前述围压水平所形成的破碎坑形态相似，仍近似呈现一端高、一端低的形态，但是该破碎坑深度大于 14 mm 的部分较之前者有明显提高，再加上 Y 方向破碎范围的增大，导致该破碎坑体积增大至 40 412 mm³；当较大围压增加至 15 MPa 时，如图 3-44(c)所示,滚刀间的破碎坑沿 Y 方向的破碎范围持续增大,而且该破碎坑呈现明显的中间低、两端高的形态,最大深度达到了 26 mm,破碎坑体积也激增到 62 163 mm^3。从以上分析不难看出,当较大围压从 10 MPa 增大至 15 MPa 时,滚刀间的破碎明显由浅部破碎向深部破碎发展,而且刀间破碎坑体积从 21 262 mm^3 增大至 62 163 mm^3,因此可以得出与前述相类似的结论。

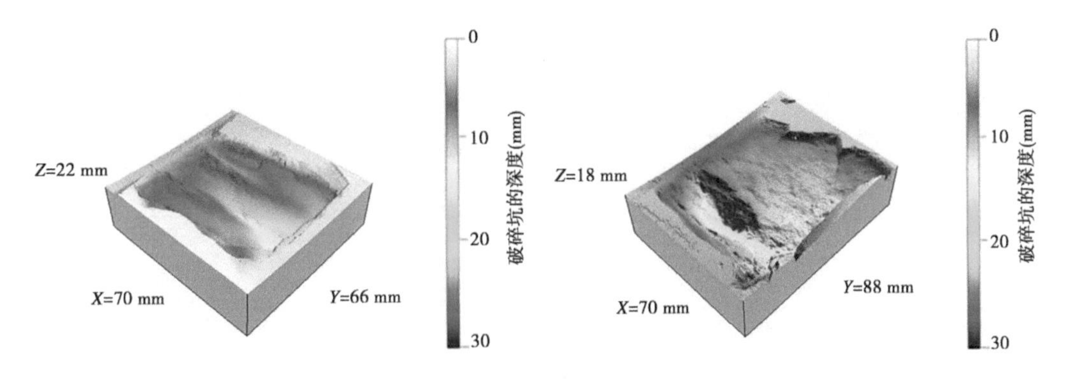

(a)较大围压为10 MPa时的破碎坑形态　　(b)较大围压为12.5 MPa时的破碎坑形态

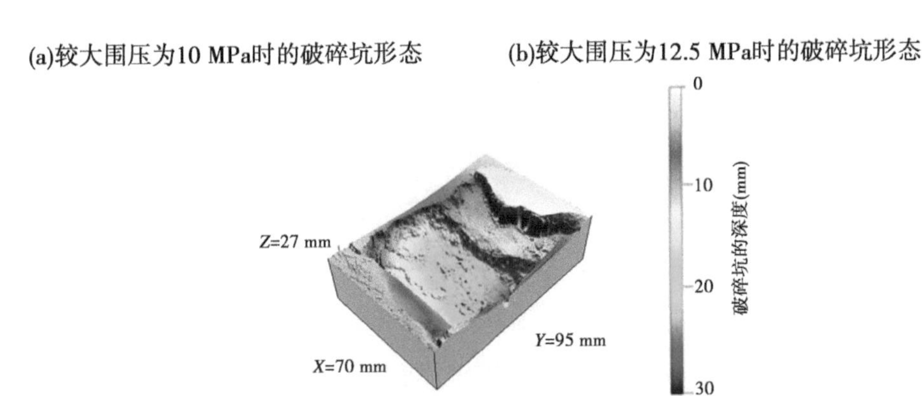

(c)较大围压为15 MPa时的破碎坑形态

图 3-44　较小围压为 10 MPa 时,破碎坑形态随较大围压增大的变化趋势

3.6.2.2　较大围压一定,破碎坑形态随较小围压增大的变化趋势

(1)较大围压为 10 MPa 时,破碎坑形态随较小围压的变化趋势。

当较大围压为 10 MPa 时,破碎坑形态随较小围压的变化趋势如图 3-45 所示。当较小围压为 5 MPa 时,虽然在破碎坑中形成两个近似沿 X 方向的棱形岛屿,但岛屿所占破碎坑面积较小,同时,破碎坑其余部分深度较大,最大深度达到了 21 mm,该围压水平下对应的破碎坑体积达到了 37 492 mm^3;当较小围压增大,至 7.5 MPa 时,如图 3-45(b)所示,虽然其破碎坑深度减小明显,但其深度在 13 mm 以上的破碎坑部分所占比例不低,而且破碎坑沿 Y 方向的范围增大明显,因此其破碎坑体积稍稍增大至 40 114 mm^3;随着较小围压的继续增大,如图 3-45(c)所示,破碎坑近似呈现一端低、一端高的形态,而且最大深度不超过 16 mm,在破碎坑中部近似形成两个平行 Y 方向的棱状岛屿,而且其沿 Y 方向的破碎范围减小至 66 mm,因此其破碎坑体积也随之减小至 21 262 mm^3。从以上描述不难看出,随着较小围压的增大滚刀间岩体破碎程度有所下降,同时,岩体破碎整体呈现由深部破碎向浅部破碎的趋势。

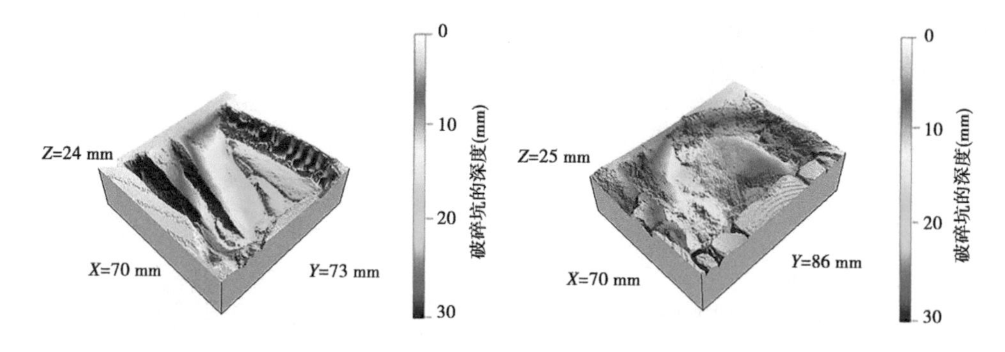

(a)较小围压为5 MPa时的破碎坑形态　　(b)较小围压为7.5 MPa时的破碎坑形态

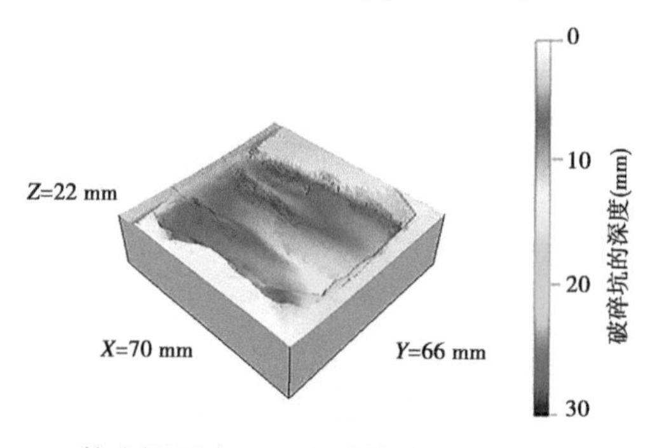

(c)较小围压为10 MPa时的破碎坑形态

图 3-45　较大围压为 10 MPa 时,破碎坑形态随较小围压增大的变化趋势

(2)较大围压为 12. 5 MPa 时,破碎坑形态随较小围压的变化趋势。

如图 3-46(a)所示,当围压水平为 5～12. 5 MPa 时,滚刀间破碎坑最大深度达到了 26. 8 mm,而且其深度在 15 mm 下的破碎坑所占比例较大,破碎坑体积达到了 75 434 mm^3;当较小围压增加至 10 MPa 时,破碎坑中部出现大面积岛屿,但岛屿最高点距岩样原表面达到了 10 mm 以上,最大深度为 20 mm,破碎坑体积较前一围压水平有所下降,其对应值为 46 835 mm^3;如图 3-46(c)所示,当围压水平达到 12. 5～12. 5 MPa 时,破碎坑呈现明显的一端高、一端低的形态,最大深度虽然保持在 22 mm 左右,而且其 Y 方向破碎范围也达到了 88 mm,但相比前一围压水平所产生的破碎坑其整体深度有所减小,因此其破碎坑体积稍稍下降,至 40 412 mm^3。从以上叙述可知,随着较小围压的增大,滚刀间岩体破碎程度有所下降,同时,岩体破碎整体呈现由深部破碎向浅部破碎的趋势。

(3)较大围压为 15 MPa 时,破碎坑形态随较小围压的变化趋势。

如图 3-47 所示,当较大围压达到 15 MPa 时,各个较小围压水平下所产生的破碎坑均呈现中间低、四周高的形态,其最大深度也相差较小,其 X、Y、Z 方向的破碎范围也相差较小,其对应的破碎坑体积按较小围压增大的顺序分别为 68 259 mm^3、58 169 mm^3 与 62 163 mm^3,其差别相比其他较大围压水平下的差异较小,其原因在于,较大围压为 15 MPa,

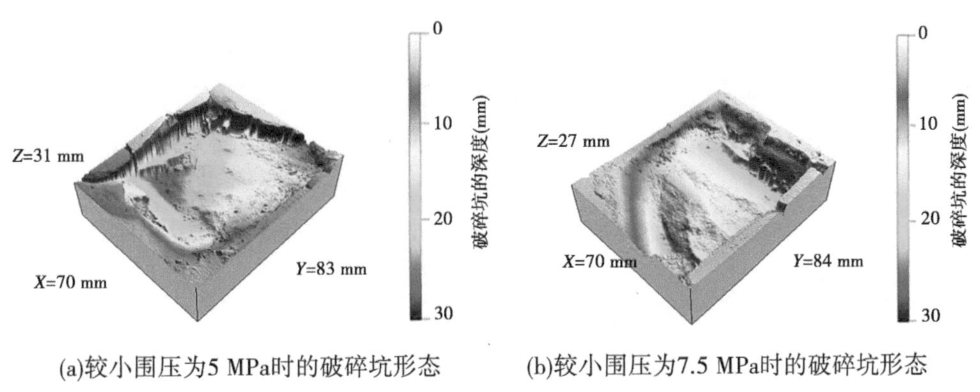

(a)较小围压为5 MPa时的破碎坑形态　(b)较小围压为7.5 MPa时的破碎坑形态

(c)较小围压为10 MPa时的破碎坑形态

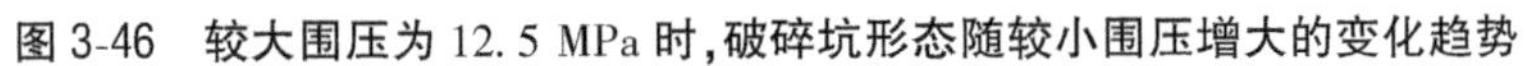

图 3-46　较大围压为 12.5 MPa 时,破碎坑形态随较小围压增大的变化趋势

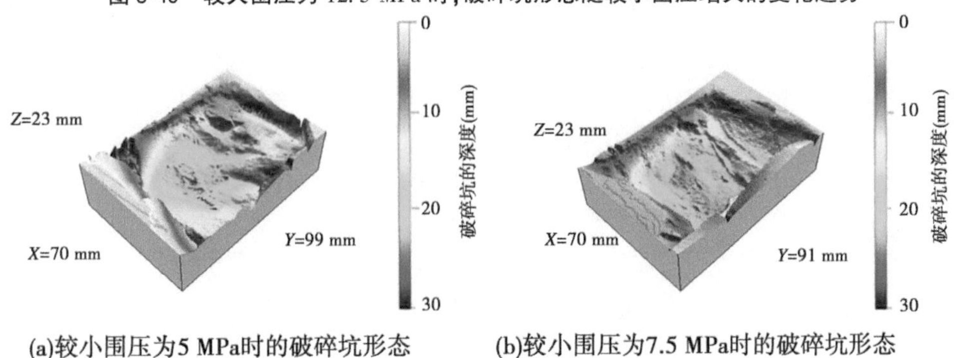

(a)较小围压为5 MPa时的破碎坑形态　(b)较小围压为7.5 MPa时的破碎坑形态

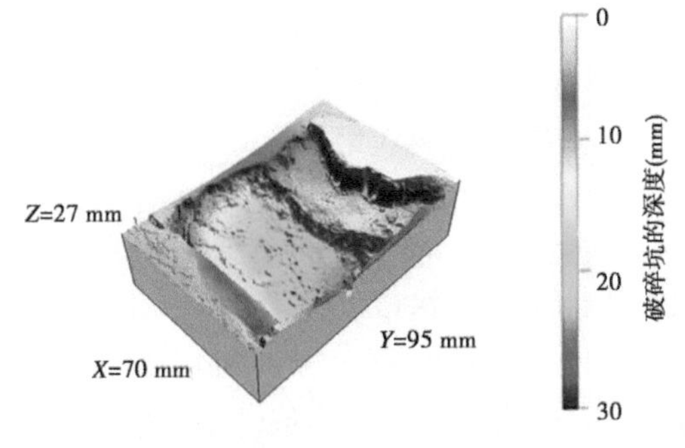

(c)较小围压为10 MPa时的破碎坑形态

图 3-47　较大围压为 15 MPa 时,破碎坑形态随较小围压增大的变化趋势

导致A型表面裂纹与内部裂纹发育水平较高，进而形成刀间充分破碎。

3.6.3 TBM滚刀依次侵入砂岩试样后的岩体裂纹发育

侵入试验后由于砂岩试样所产生的表面裂纹与内部裂纹发育情况和前述花岗岩试样所产生的对应裂纹发育情况类似，在此，对于两次侵入后所产生的典型裂纹发育与破坏形态不再予以赘述。与前节相似，主要研究不同围压水平下，表面裂纹与内部裂纹的发育情况。

3.6.3.1 不同围压水平下岩体表面裂纹发育情况

（1）表面裂纹随较大围压增大的变化趋势。

以较小围压为5 MPa为例，研究不同较大围压水平下表面裂纹发育的变化情况。如图3-48(a)所示，当较大与较小围压均为5 MPa时，两次侵入后，刀间岩体破碎不明显，仅仅在滚刀附近出现小范围的表面破坏，在之后的分析中不难发现，此种表面破坏为典型的剪切破坏，刀间仅仅出现两条相互贯通的A型表面裂纹，其平均偏转角高达33.1°，而其余的B型表面裂纹的平均偏转角更高达42.5°；当较大围压增大至7.5 MPa时，如图3-48(b)所示，在刀间出现了3条A型表面裂纹，其中有一条直接贯通连接两切槽，而且其平均偏转角降低至15.6°，从岩体破碎情况来看，其破碎程度仍然不高，此种围压水平下B型表面裂纹的平均偏转角为30.2°，而整体表面裂纹的平均偏转角为25.9°；当较大围压增大至10 MPa时，如图3-48(c)所示，形成多条相互贯通的A型表面裂纹，虽然其平均偏转角稍有增大，至21.4°，但从图中不难看出，其刀间岩体破碎明显，其B型表面裂纹的平均偏转角为33.2°左右，而总体表面裂纹的偏转角稍稍增大至27.2°；当围压水平达到5~12.5 MPa时，如图3-48(d)所示，滚刀侵入后，槽间岩体出现5条直接贯通切槽的表面裂纹，而且其近似与X方向平行，其平均偏转角急剧下降至7.8°，其对应的B型表面裂纹也近似与X方向平行，其平均偏转角为8.3°；最后当较大围压增加至15 MPa时，如图3-48(e)所示，虽然其只出现4条直接贯通切槽的A型表面裂纹，但切槽间的A型表面裂纹较前者仍有所增加，因此其切槽间的岩体破碎程度较高，其A型表面裂纹的平均偏转角也保持在一个较低水平，其对应值为8.7°，其余表面裂纹的平均偏转角也保持在15°左右。从以上围压水平下产生的表面裂纹发育情况来看，较小围压一定，随着较大围压的增大，A型表面裂纹的数量随之增加，而且其对应的平均偏转角随之减小，B型表面裂纹的平均偏转角也有减小的趋势，从槽间岩体破碎来看，侵入深度与刀间距一定的情况下，较大围压的增加有利于槽间岩体的破碎。

（2）表面裂纹随较小围压增大的变化趋势。

以较大围压为12.5 MPa为例，表面裂纹随较小围压增大的发育情况如图3-49所示。当较小围压为5 MPa时，槽间岩体的A型表面裂纹发育明显，共出现5条直接贯通切槽的A型表面裂纹，其对应的平均偏转角仅为7.8°，而且其B型表面裂纹也近似与X方向平行，其对应的平均偏转角也仅为8.3°；当较小围压增大至7.5 MPa时，槽间岩体中的A型表面裂纹发育程度明显降低，而且其平均偏转角也增大至26.3°，此围压水平下的B型表面裂纹偏转角也较大，平均达到了41.2°；随着较小围压的继续增大，如图3-49(c)所示，槽间岩体破碎程度继续减小，其A型表面裂纹的偏转角持续增大，其平均值增加至

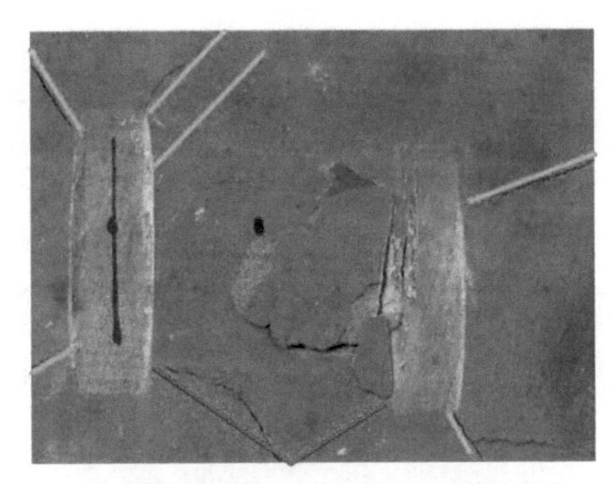

(a)较大围压为5 MPa时的表面裂纹分布

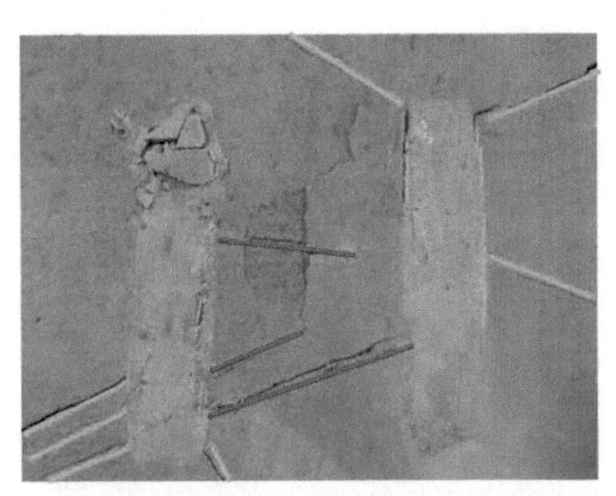

(b)较大围压为7.5 MPa时的表面裂纹分布

(c)较大围压为10 MPa时的表面裂纹分布

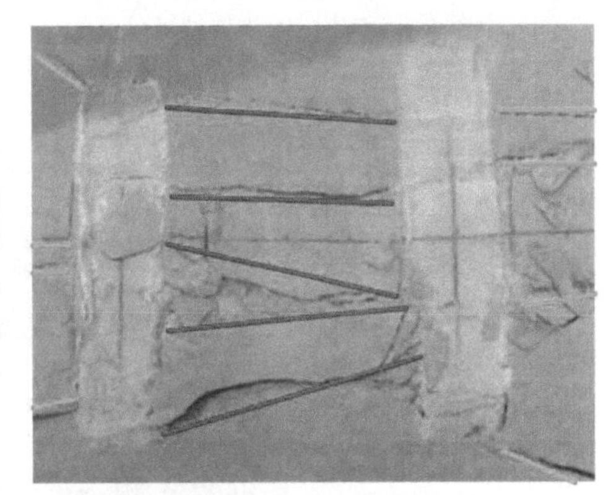

(d)较大围压为12.5 MPa时的表面裂纹分布

(e)较大围压为15 MPa时的表面裂纹分布

图 3-48　较小围压为 5 MPa 时,表面裂纹随较大围压增大的变化趋势

32.4°,而且其整体表面裂纹的偏转角平均值达到了 37.1°。从以上描述不难看出,随着较小围压的增大,表面裂纹的偏转角有持续增大的趋势,然而其槽间破碎程度有降低的趋势。

3.6.3.2　不同围压水平下岩体内部裂纹发育情况

(1)内部裂纹随较大围压增大的变化趋势。

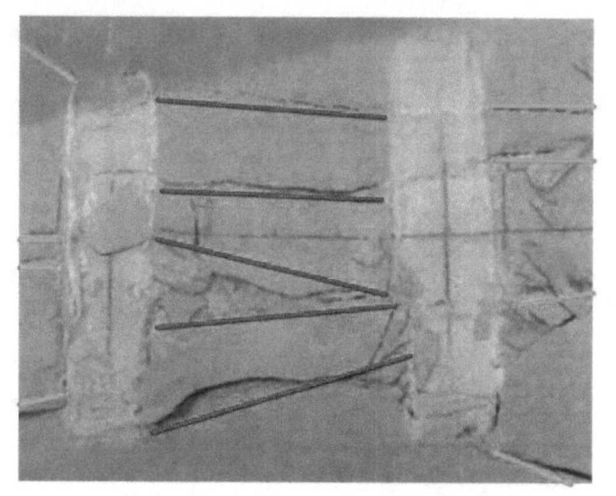

(a)较小围压为5 MPa时的表面裂纹分布

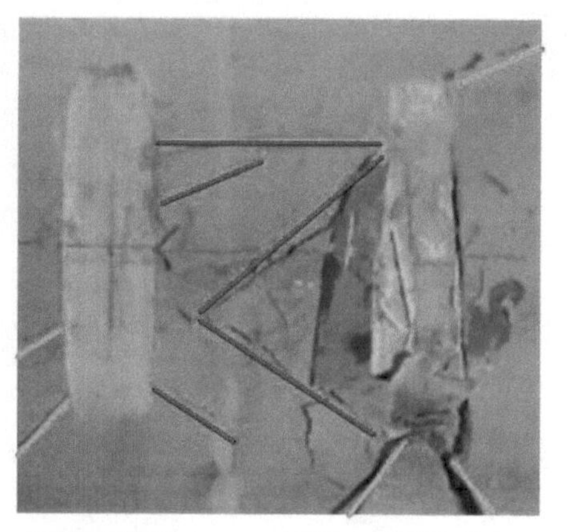

(b)较小围压为7.5 MPa时的表面裂纹分布

(c)较小围压为10 MPa时的表面裂纹分布

图 3-49　较大围压为 12.5 MPa 时,破碎坑形态随较小围压增大的变化趋势

由于砂岩剖面内裂纹,破碎坑剖面以及滚刀前方破碎坑清晰可见,在此对应轮廓及裂纹不予以标记和染色。以较小围压为 5 MPa 为例,随着较大围压的增大,岩体内部裂纹发育如图 3-50 所示。当较小围压与较大围压均为 5 MPa 时,如图 3-50(a)所示,滚刀下方的塑性区剖面近似与前述花岗岩试样内形成塑性区类似,均为三角状,从其破碎坑剖面形态来看,其近似呈现中部高、两端低的形态,且破碎坑轮廓较为平直,结合后面的刀间破碎体形态分析不难得出,此破碎坑应为 A 型表面裂纹发育与浅部的剪切破坏共同作用的结果,此时岩体内部裂纹以中间主裂纹为主,塑性区之间未形成贯通裂纹;随着较大围压增大至 7.5 MPa,此时破碎坑呈现一端高、一端低的形态,且其破碎坑剖面底部轮廓较为平直,同理结合后面破碎体分析可知,破碎坑的形成原因与前一围压水平相类似,此围压水平下,虽然在塑性区下方仍出现中间主裂纹,但如图 3-50(b)所示,在塑性区之间出现明显的裂纹贯通,此围压水平下,若 A 型表面裂纹发育深度足够,那么必将形成大型破碎坑;当围压水平达到 5~10 MPa 时,如图 3-50(c)所示,破碎坑形态仍与前述形态相似,且破碎坑形成原因也与前述相似,但它与部分其下方的张拉裂纹形成贯通,导致其深度增大;当较大围压增加至 12.5 MPa 时,如图 3-50(d)所示,中间主裂纹消失,且破碎坑的形态发生明显变化,虽然其整体仍呈现一端高、一端低的形态,但其破碎坑底部轮廓线呈现明显的起伏,结合后面的破碎体形态分析,不难得出,该破碎坑形成的主要原因是 A 型表面裂纹与槽间内部张拉裂纹的贯通,从图中还可以观察到另一条位于破碎坑下部的张拉

裂纹;最后当较大围压增加至 15 MPa 时,如图 3-50(e)所示,此围压水平下,张拉中间裂纹小时,破碎坑呈现明显的中间低、两端高的形态,从其破碎坑剖面不难看出,其底部轮廓由切槽间内部张拉裂纹所决定。从以上描述中不难得出,随着较大围压的增大,破碎坑最大深度逐渐增大,刀间破碎逐渐由浅部向深部发育,同时,较大围压的增大,不利于中间主裂纹的发育。

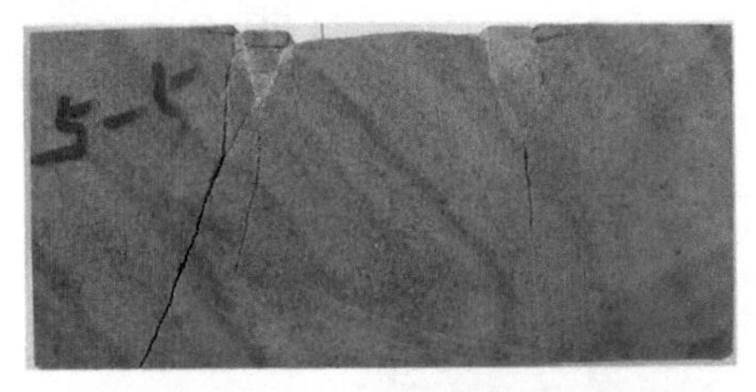

(a)较大围压为5 MPa时的表面裂纹分布

(b)较大围压为7.5 MPa时的表面裂纹分布

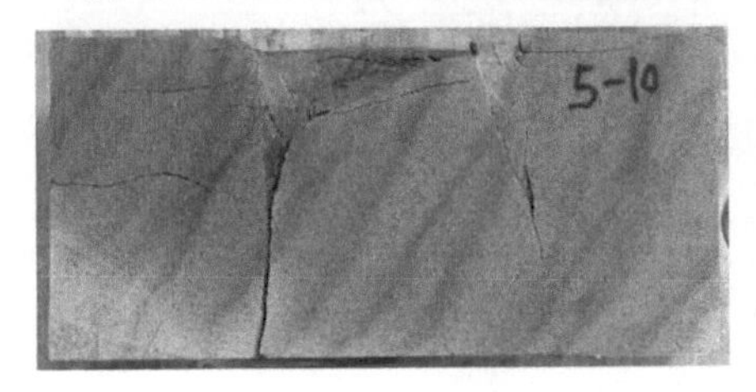

(c)较大围压为10 MPa时的表面裂纹分布

(d)较大围压为12.5 MPa时的表面裂纹分布

(e)较大围压为15 MPa时的表面裂纹分布

图 3-50　较小围压为 5 MPa 时,内部裂纹随较大围压增大的变化趋势

(2)内部裂纹随较小围压增大的变化趋势。

如图 3-51(a)所示,当围压水平为 5~10 MPa 时,破碎坑虽然呈现一端高、一端低的形态,同时其破碎坑底部轮廓线呈现典型的剪切破坏形式,但槽间破碎坑与其下方的槽间张拉裂纹部分接触,因此其深度较大,形成的破碎坑也较大,此时破碎坑的形成应该为 A 型表面裂纹与剪切破坏共同作用的结果;当较小围压增加至 7.5 MPa 时,破碎坑轮廓线表明其也呈现一端高、一端低的形态,且在其下方也有未贯通的槽间张拉裂纹,但其深度较前一围压水平有所降低;当较小围压持续增大至 10 MPa 时,如图 3-51(c)所示,槽间破碎坑深度进一步减小,而且其形态与前述相似,在其下方出现明显贯通塑性区的张拉裂纹,从图中不难看出其张拉裂纹与破碎坑底部的距离较大。从以上描述中不难看出,随着较小围压的持续增大,破碎坑底部呈现明显的剪切破坏形式,但其深度也持续减小,联系破碎坑形成的原因不难得出,A 型表面裂纹的发育受到了较小围压增大的影响,进而导致刀间破碎程度的下降。因此,可以得出,较小围压的增大,不利于刀间岩体的破碎。

(a)较小围压为5 MPa时的破碎坑形态

(b)较小围压为7.5 MPa时的破碎坑形态

(c)较小围压为10 MPa时的破碎坑形态

图 3-51　较大围压为 10 MPa 时,破碎坑形态随较小围压增大的变化趋势

第 4 章　节理类岩试件 TBM 盘形滚刀破岩试验结果分析

本章在改装的新 SANS 微机控制电液伺服刚性试验机滚刀破岩平台上完成节理类岩体滚刀侵入-破岩试验，基于滚刀侵入力-侵入深度关系曲线、节理类岩体破坏模式、声发射数据等分析并研究节理倾角和间距对滚刀破岩机制的影响规律。

4.1　节理对 TBM 滚刀侵入-破岩力学特征的影响分析

4.1.1　节理间距影响的滚刀侵入力-侵入深度关系曲线

图 4-1 为不同节理间距影响的滚刀侵入试件过程中侵入力-侵入深度关系曲线。

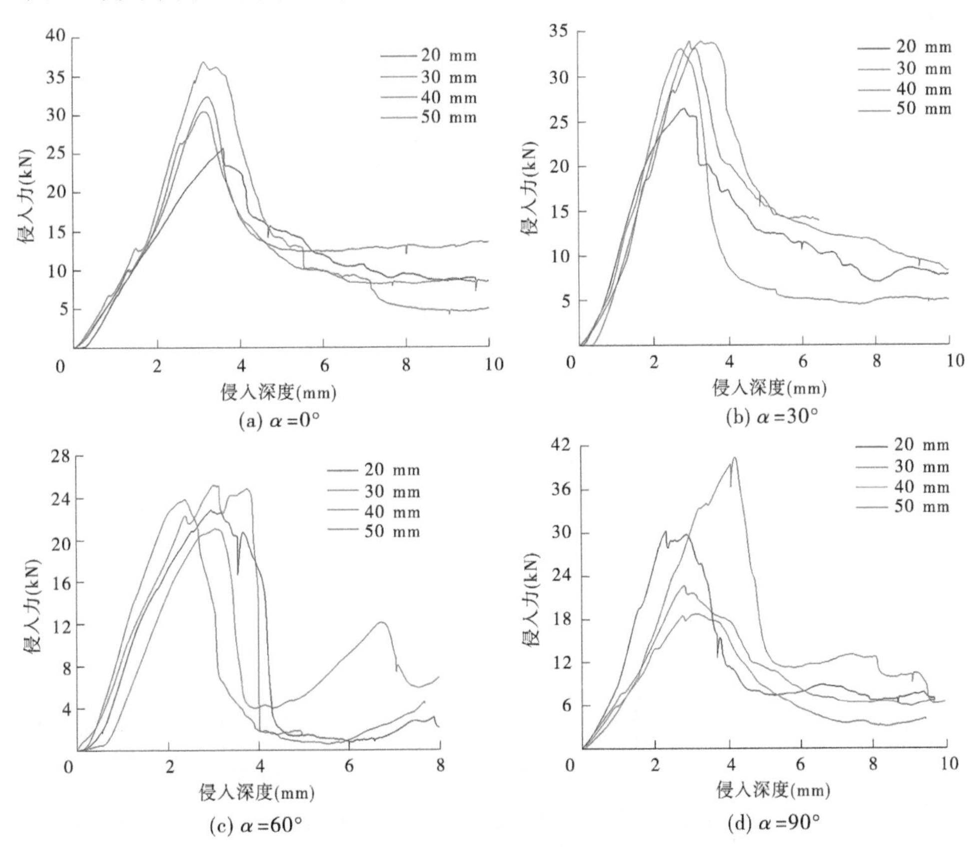

图 4-1　节理类砂岩试件峰值侵入力-侵入深度关系曲线

与岩石试件的单轴压缩应力-应变关系曲线特征相似:加载初期,存在“初始压密”变形阶段,曲线呈现非线性增长特征,但是侵入试验中的“初始压密”阶段很短,然后侵入力随侵深的增加而呈线性增长,直到峰值点,峰值前的塑性屈服阶段同样很短,表明在侵入-破岩过程中,节理岩体呈现出明显的弹脆性破坏特征。

进一步对比可以发现:90°倾角外,在节理倾角相同时,间距对滚刀侵入、破岩的侵入力、侵入深度三个方面不会产生明显的影响;另外,同样倾角的节理试件存在着相差不大的侵入力-侵入位移关系曲线。

4.1.2 节理倾角影响的滚刀侵入力-侵入深度关系曲线

图 4-2 为不同节理倾角影响的滚刀侵入试件过程中侵入力-侵入深度关系曲线。

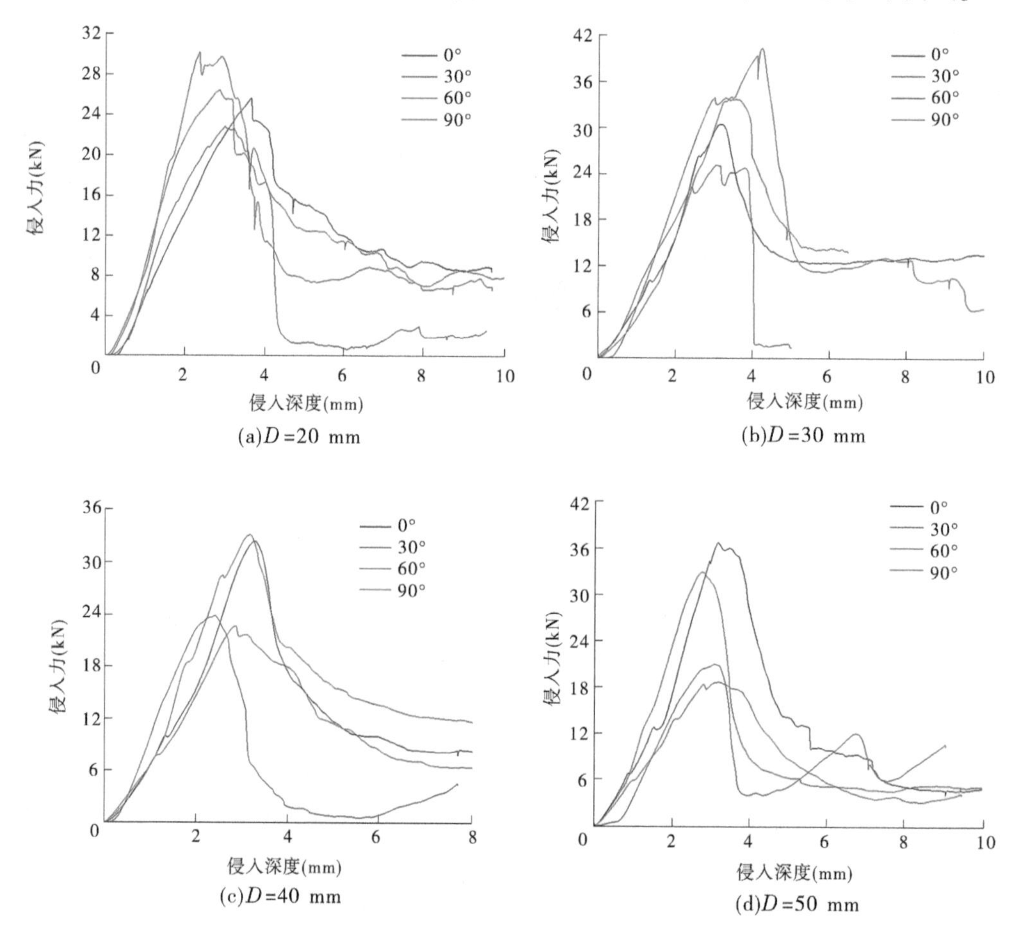

图 4-2 节理类砂岩试件峰值侵入力-侵入深度关系曲线

节理间距相同时,节理试件的侵入力-侵入深度曲线差异性较大,表明节理倾角对滚刀侵入破岩的影响程度大于节理间距。

4.1.3　节理影响的滚刀破岩峰值侵入力和侵入位移规律曲线

4.1.3.1　滚刀破岩峰值侵入力变化规律曲线

图 4-3 为双刃滚刀(滚刀间距 70 mm)侵入节理试件的峰值侵入力变化规律曲线。其中,图 4-3(a)为节理间距影响的滚刀峰值侵入力变化规律曲线,从图 4-3 中可以看出:节理倾角相同情况下,除 90°倾角外,节理间距对峰值侵入力影响并不显著,这与图 4-1 显示的规律一致;图 4-3(b)为节理倾角影响的滚刀峰值侵入力变化规律曲线,从图中可以看出:节理间距相同时,节理倾角对滚刀峰值侵入力影响显著,在节理倾角为 60°时,峰值侵入力几乎达到最小值。

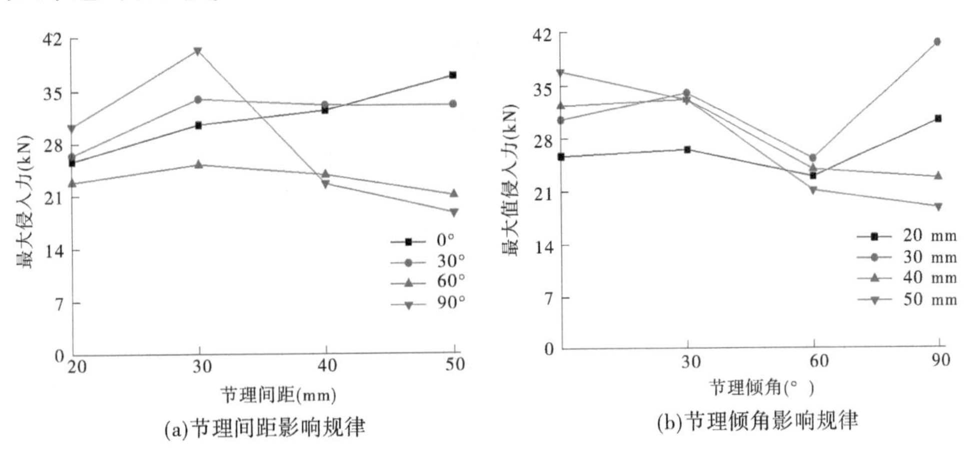

图 4-3　滚刀破岩峰值侵入力变化规律曲线

4.1.3.2　滚刀破岩峰值侵入力对应位移变化规律曲线

图 4-4 为滚刀侵入节理试件的峰值侵入力对应位移变化规律曲线。

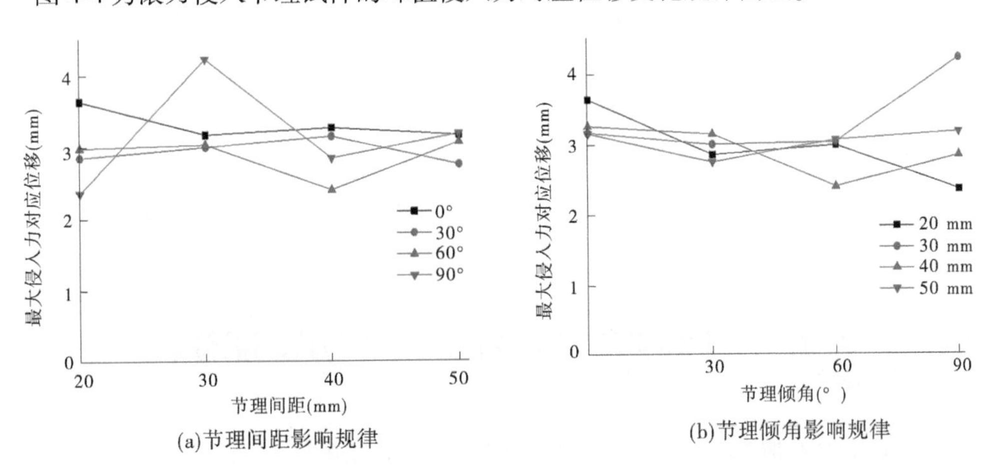

图 4-4　滚刀破岩峰值侵入力对应位移变化规律曲线

从图 4-4 中可以看出，节理倾角与节理间距对滚刀破岩峰值侵入力时的侵入位移影响不显著。节理的存在，对于岩体完整性有显著的影响，但是试验条件下滚刀破岩时，滚刀仅仅是侵入节理试件的某一部分，因此导致试验结果呈现出节理对峰值力对应侵入深度影响不显著的特征。对于节理岩体中滚刀滚动破岩的试验特征还需进一步的开展相关研究工作进行验证，但是受限于试验条件，本书没有开展这方面的试验研究工作。

4.1.4 节理影响的岩体抗侵入系数规律曲线

如上文分析：节理的存在，将会削弱试件的抗侵入刚度。有学者引入抗侵入系数 K 来表征材料的抗侵入能力，本书同样引入抗侵入系数来分析节理倾角及间距对岩体抗滚刀侵入能力的影响特征规律。

根据文献[164]，岩体抗侵入系数 K 为滚刀侵入岩体内单位距离所需要的荷载。如式(4-1)所示：

$$K = F/S \tag{4-1}$$

式中：F 为峰值侵入力，kN；S 为峰值侵入力所对应的侵入深度，mm。

根据式(4-1)对试验数据进行处理后，得到如图 4-5 所示的节理倾角与节理间距影响的节理试件抗侵入系数变化规律曲线。

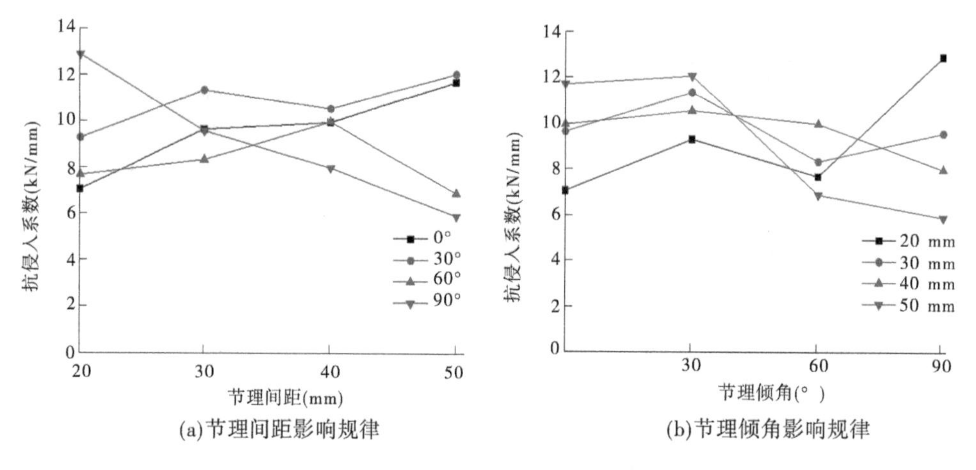

(a)节理间距影响规律　　(b)节理倾角影响规律

图 4-5 节理试件抗侵入系数变化规律曲线

由图 4-5 可知，除 90°倾角外，节理试件抗侵入系数基本呈现出随节理间距增大而增大的变化趋势。节理间距相同时，除个别数据外，在 60°倾角时节理试件的抗侵入系数最低。

4.2 节理对滚刀破岩模式影响特征分析

4.2.1 滚刀侵入破岩过程中节理试件破坏与裂纹扩展规律

图 4-6~图 4-9 展示了倾角为 0°、30°、60°、90°的节理试件破坏与裂纹扩展情况。

如图 4-6 所示，当 $\alpha = 0°$时，节理试件破坏始于滚刀作用点，作用点周边微裂纹发育较

(a)D=20 mm　(b)D=30 mm

(c)D=40 mm　(d)D=50 mm

图 4-6　$\alpha=0°$节理试件破坏与裂纹扩展模式图

少,而是以局部屈服的形式向节理面所处方向扩展。节理间距较小时,如 D=20 mm,D=30 mm,滚刀侵入时,在侵入点处形成的破碎区向节理方向扩展时形成部分可见微裂纹,并与节理面贯通,滚刀侵入挤压作用下导致节理间岩块侧向位移,从而在节理端部诱发水平向裂纹扩展,两节理间的岩块沿着节理面滑动脱离;但是由于节理间距过小,裂纹无法在邻近 2 个节理相互间的岩石中进行扩展。当节理间距相隔比较宽时,如间距等于 50 mm,裂纹则会在节理间的岩块内部进行扩展,并随滚刀侵入深度的增大而诱导扩展裂纹尖端出现水平向拉伸裂纹,最终形成块状岩体破坏。

如图 4-7 所示,当节理倾角为 30°时,滚刀作用点处同样出现较为集中的挤压破碎区,但是由于节理面的存在,破碎区基本不会跨过节理面至另一侧完整岩块区域,相当于节理屏阻隔了滚刀侵入破岩时破碎区的自由扩展。随着滚刀的进一步侵入,虽然破碎区不会扩展至相邻节理间岩体,但是将会在相邻岩块中部及下部诱发拉伸裂纹。

当节理间距较小时,节理尖端将发育连通相邻节理的水平向微裂纹,从而形成整体破坏特征;当节理间距逐渐增大,相邻节理尖端的微裂纹贯通现象越来越不明显,特别是在间距为 50 mm 时,几乎没有肉眼可见的微裂纹发育,节理试件的破坏均为滚刀下材料的侵入破岩而形成局部破碎区所致。

如图 4-8 所示,当节理倾角为 60°时,滚刀侵入点位处节理试件呈现块状破坏模式,破裂区范围之外没有明显微裂纹发育。相比完整岩块,节理面强度极低,滚刀侵入过程中,

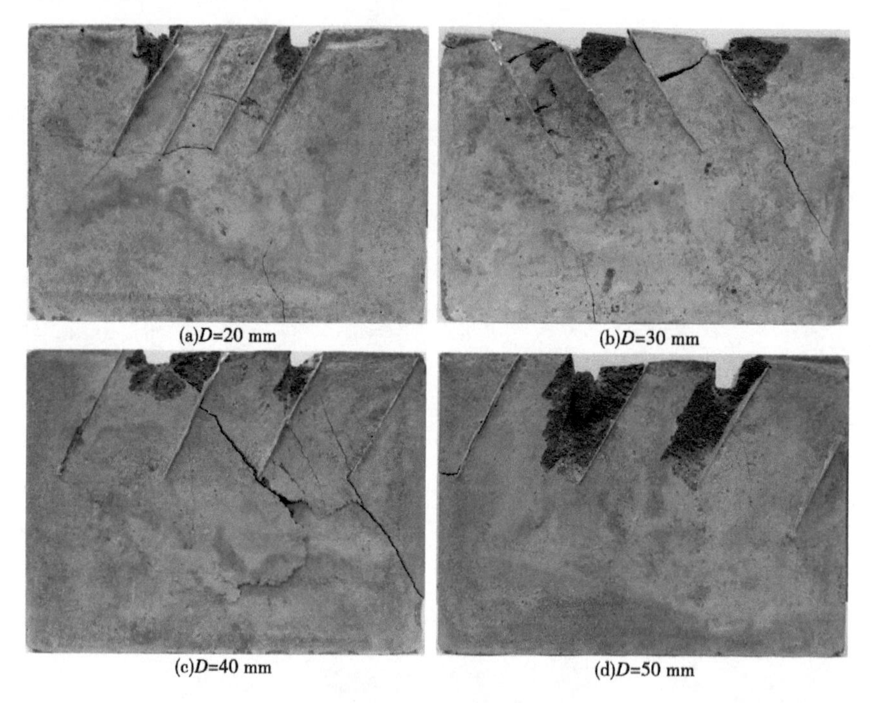

(a)D=20 mm (b)D=30 mm

(c)D=40 mm (d)D=50 mm

图 4-7 $\alpha=30°$节理试件破坏与裂纹扩展模式图

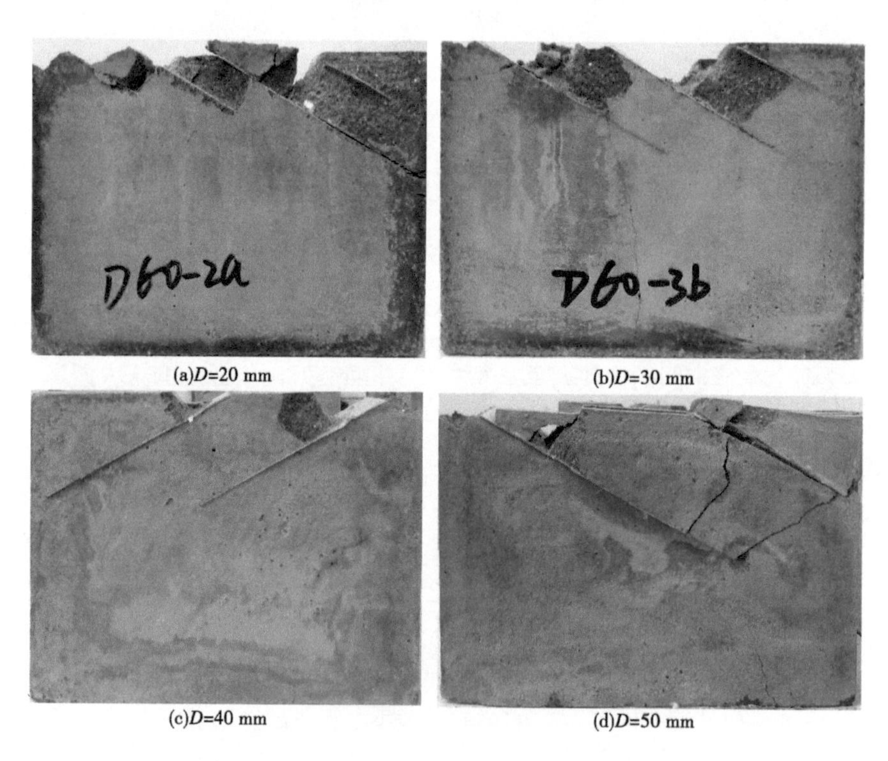

(a)D=20 mm (b)D=30 mm

(c)D=40 mm (d)D=50 mm

图 4-8 $\alpha=60°$节理试件破坏与裂纹扩展模式图

岩块沿节理面错动现象显著,特别是在节理间距较小的试件中;当节理间距较大时,下层节理面埋置位置较深,沿节理面滑动位移较小,在节理间的岩块上出现了穿透微裂纹。

如图 4-9 所示,当节理倾角为 90°时,滚刀侵入点附近有明显压裂破碎区,并以滚刀侵入点为起点向岩体内部发育微裂纹,至节理面层停止。层状节理面的存在,对于下部岩体是一种保护。

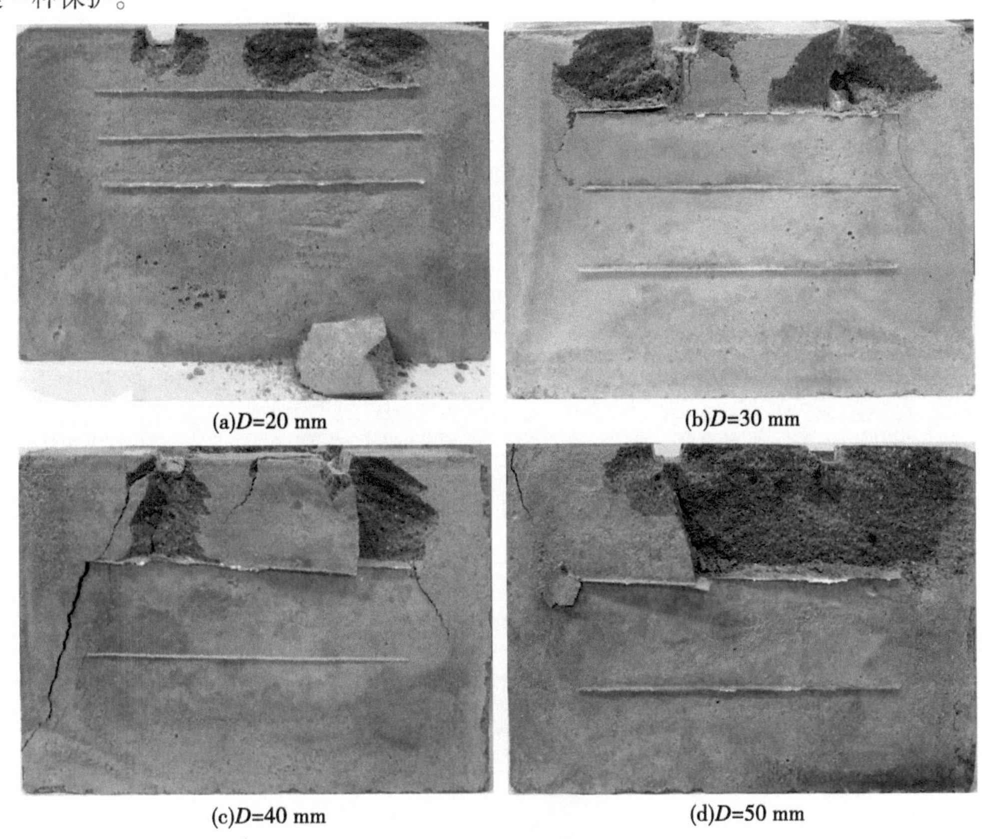

图 4-9　$\alpha=90°$节理试件破坏与裂纹扩展模式图

图 4-6~图 4-9 所示的滚刀侵入过程中的节理试件破坏模式表明,节理倾角为 60°和 30°时,节理岩体发生侵入破坏时裂纹发育更充分,当节理倾角为 90°时,浅层岩体破坏更均匀。

4.2.2　不同节理倾角与节理间距对破岩效率影响

由于侵入力的快速下降与破岩时破裂区影响区域的拓宽具有相关性,故而引进破碎功 W 来表征能量释放与滚刀侵入破岩之间的关系,并按式(4-2)计算节理试件屈服后的破碎功:

$$W=\int F(u)\,\mathrm{d}u\approx\sum_{i=1}^{n}F_i\Delta u_i \tag{4-2}$$

式中:F_i 为第 i 加载步对应的侵入力,N;u_i 为第 i 加载步的侵入深度,m。

依据式(4-2)对试验测试侵入力-侵入深度关系曲线处理后,得到如图 4-10 所示的节理倾角与节理间距影响的滚刀侵入破岩过程中破碎功的变化规律。

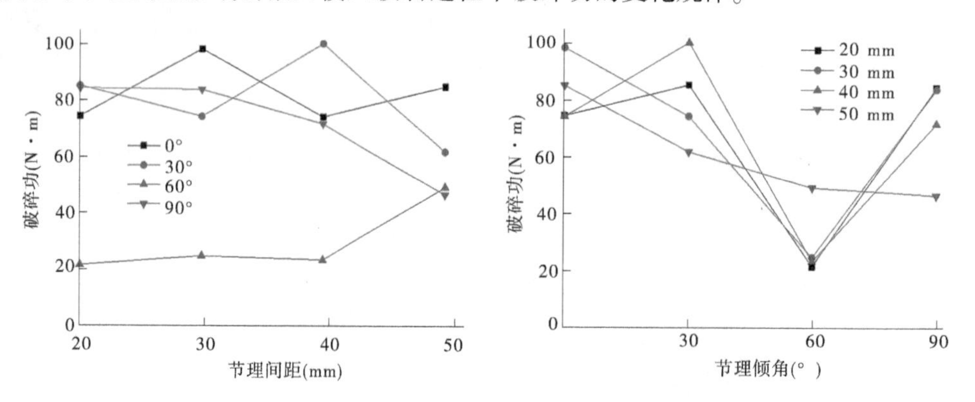

图 4-10　节理倾角与间距对滚刀侵入破岩过程中破碎功的影响规律

如图 4-10 所示,节理间距会给试件破碎功带来一定的影响,但这种影响是不具有规律性的;当倾角为 60°时,节理试件破坏后,破碎功最小,表明 60°倾角节理试件峰值后抵抗强度最低,侵入破岩过程中耗能最小,即破碎单位体积岩体所需能量最小;其他倾角下,破碎功基本相当,维持在较高水平。在节理间距相同时,破碎功在 60°时达到最小,向两侧增大(或减小)时破碎功均显著增大。

破碎功是衡量滚刀破岩时的能量消耗程度,但是并不能反映滚刀破岩效率。为衡量滚刀侵入破岩效率,引入比能耗(*SE*)的定义:单位体积岩体的彻底破碎所必需消耗的能量。通过这一指标能够准确地评估出 TBM 的掘进效率。若在破岩时,破碎相同体积岩石所需要做的功越多,那么就表示 TBM 在掘进时效率越低,与之相反则掘进效率越高。SE 方程可用式(4-3)表示:

$$SE = \frac{W}{V} \tag{4-3}$$

式中:W 为破碎功,N;V 为破碎岩体体积,mm^3。

试件破碎体体积可反映滚刀侵入岩体后的破岩量,通过收集刀具侵入后产生的破碎体,利用电子秤称量破碎体质量,破碎岩体体积按式(4-4)计算获得:

$$V = \frac{m}{\rho} \tag{4-4}$$

式中:m 为破碎体质量,g;ρ 为岩石密度,g/cm^3。

结合前文破碎功数据及试验所得破碎岩体体积,得到如图 4-11 所示的节理倾角与节理间距影响的滚刀侵入破岩过程中比能耗的变化规律。

如图 4-11 所示,节理试件在滚刀侵入时,比能耗基本随节理间距的增大而增大,但当倾角为 60°时,节理间距为 40 mm 时比能耗达到最低;在节理间距相同时,倾角为 60°时滚刀侵入破坏的比能耗最低,对应破岩效率最高,倾角增大(或减小)时滚刀破岩效率都将下降。

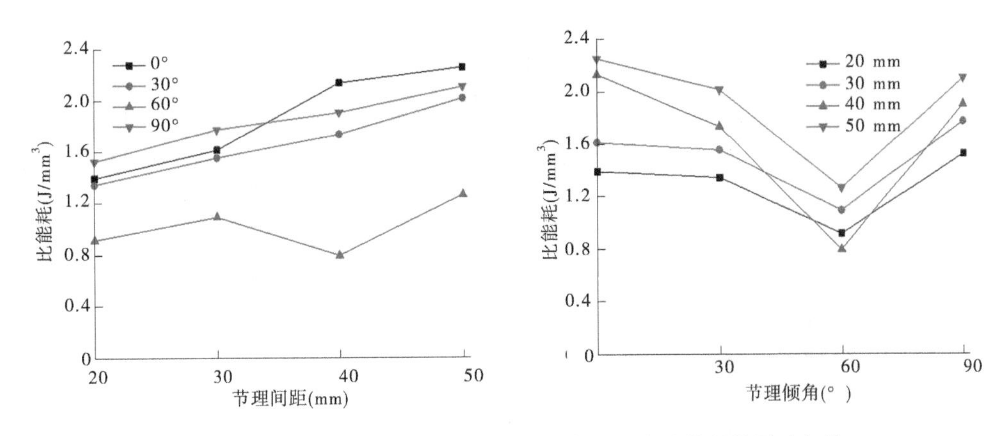

图4-11　节理倾角与间距对滚刀侵入破岩过程中比能耗的影响规律

4.3　TBM滚刀侵入-破岩过程的声发射现象

图4-12~图4-15为节理间距为30 mm试件侵入力、侵入深度与AE参数间的对应关系，声发射参数包括：撞击数、峰值能量率及累计能量值。为探索节理试件破裂过程的AE撞击数、幅值、时间之间的关系，在声发射信号采集软件中同时导出AE撞击数、幅值、时间的三维图。

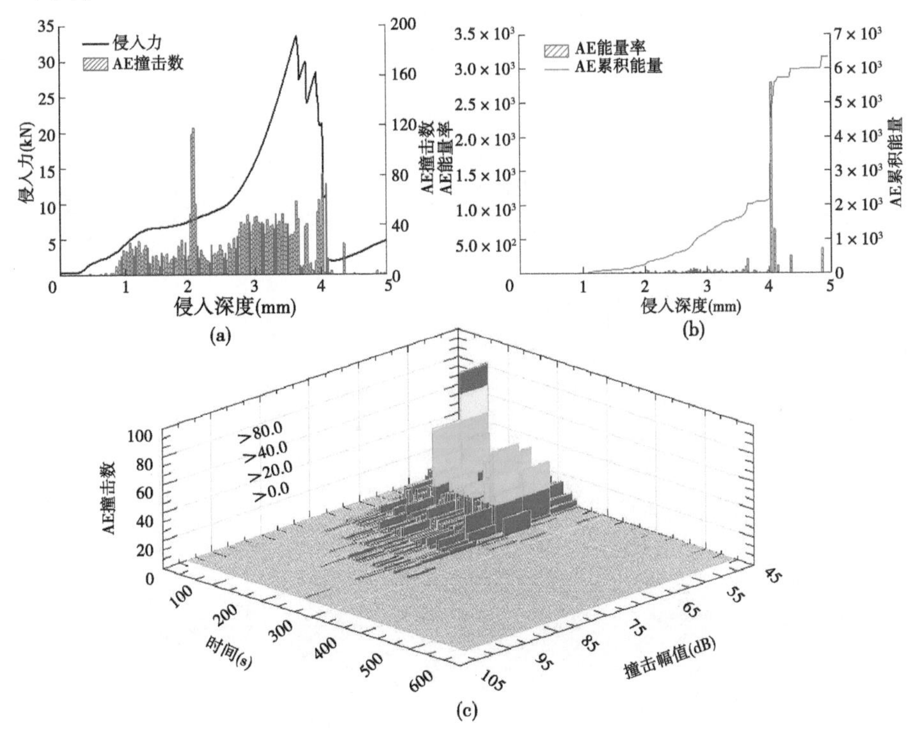

图4-12　节理倾角为0°时滚刀侵入破岩过程声发射规律

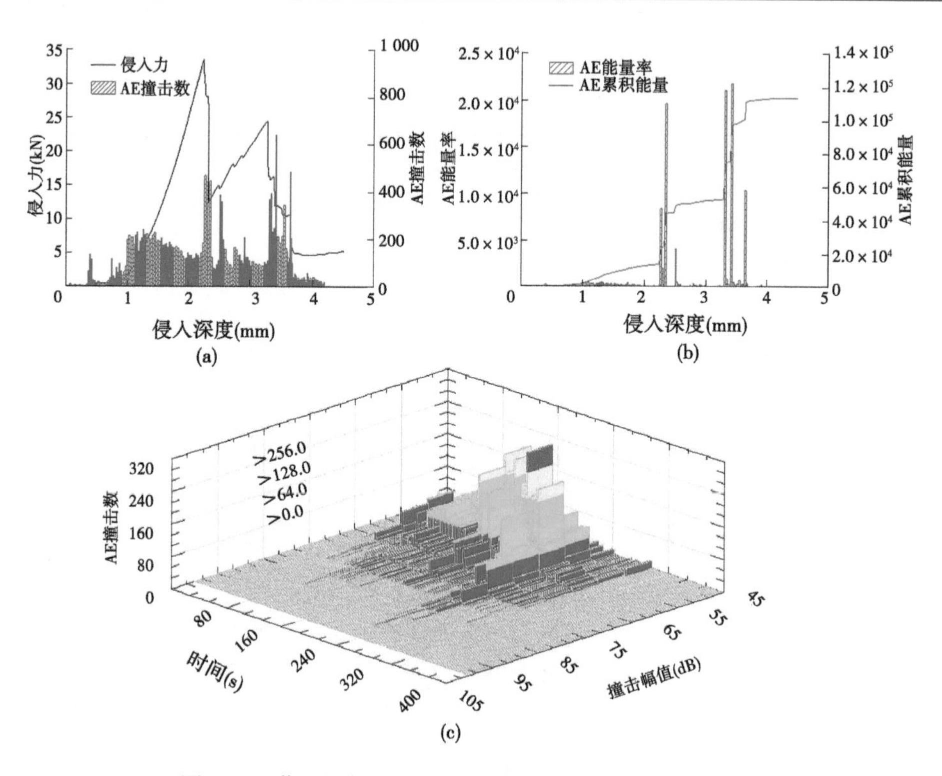

图 4-13 节理倾角为 30°时滚刀侵入破岩过程声发射规律

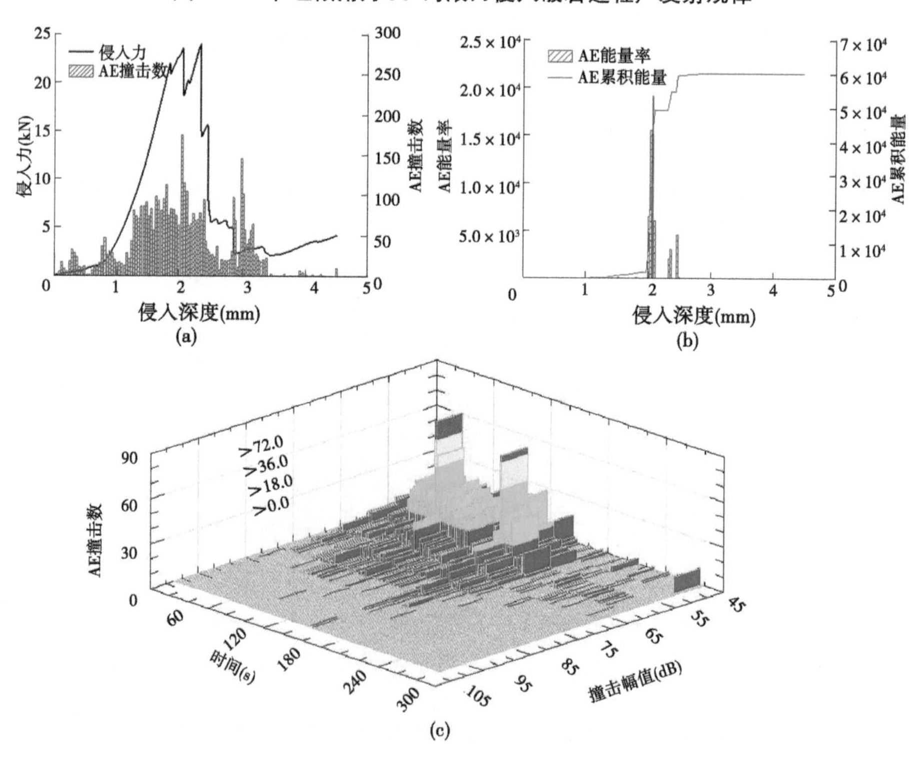

图 4-14 节理倾角为 60°时滚刀侵入破岩过程声发射规律

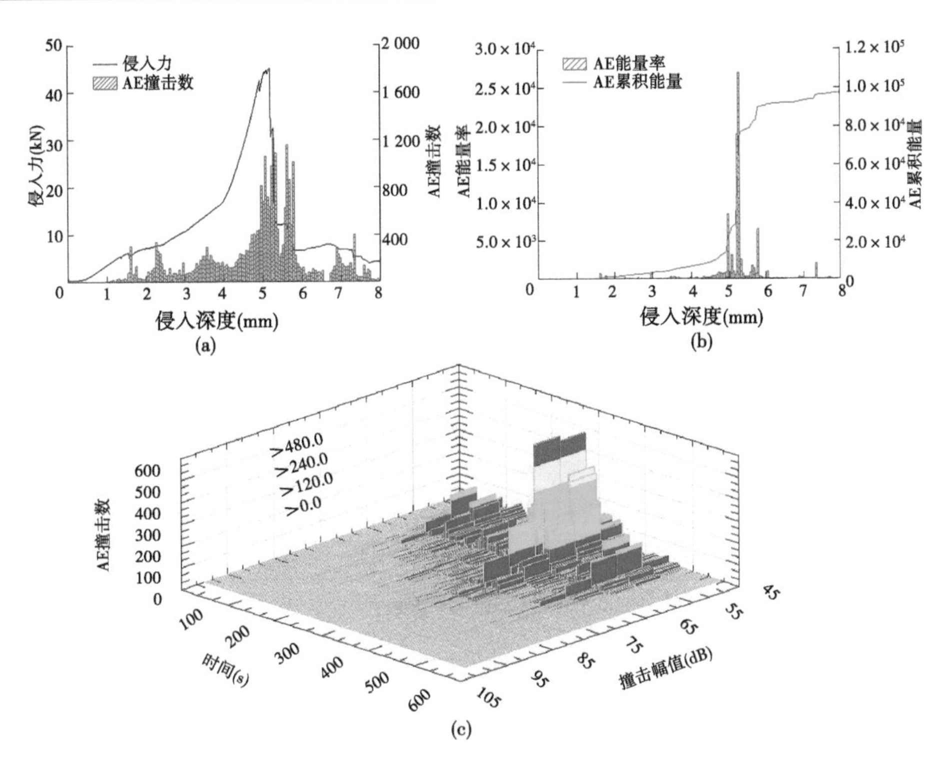

图 4-15　节理倾角为 90°时滚刀侵入破岩过程声发射规律

如图 4-12 所示，当节理倾角为 0°时，侵入深度小于 0.9 mm 时，试件内部撞击数几乎为零，表明此时节理试件内部并无破坏现象发生；在侵入深度由 0.9 mm 向 2 mm 发展时，撞击数开始出现，在接近 2 mm 时，节理试件内部撞击数显著上升，表明此时滚刀侵入点处开始出现大量破损区域，但是累积能量仍然处于低值状态，直至侵入深度达 4 mm 左右时，声发射累积能量率突然增大，但是对应撞击数在此时并未出现陡升，对应侵入力-侵入深度曲线，此时侵入力达到峰值；在侵入深度由 2 mm 向 4 mm 发展过程中，撞击数也未出现陡升现象；侵入力峰值后，声发射未监测到微破裂信号，累积能量有少量增大。对应撞击数-撞击幅值-时间三维图上，在不足 200 s 时出现第一个峰值，此时侵入力-侵入位移曲线并未达到峰值，而在峰值点处的 400 s 处，并未监测到撞击幅值信号。

如图 4-13 所示，当节理倾角为 30°时，侵入深度小于 0.4 mm 时，试件内部撞击数几乎为零，表明此时节理试件内部并无破坏现象发生；当侵入深度接近 1 mm 时，节理试件内部撞击数显著上升，表明此时滚刀侵入点处开始出现大量破损区域，但是累积能量仍然处于低值状态，直至侵入深度达 2.25 mm 左右时，声发射累积能量率突然增大，对应撞击数也在此时出现陡升，对应侵入力-侵入深度曲线，此时侵入力达到峰值；侵入深度在 3.3~3.6 mm 时，侵入力出现第二个峰值，对应撞击数也出现增大现象，AE 累积能量率也出现陡增。对应撞击数-撞击幅值-时间三维图上，在 100 s 时出现第一个峰值，在 240 s 前出现第二个峰值。

如图 4-14 所示，当节理倾角为 60°时，侵入深度小于 1.0 mm 时，试件内部撞击数相对较小，累积能量也较低；此阶段的撞击数更多是滚刀侵入导致完整岩块损伤所致；当侵入深度继续发展至 2 mm 时,侵入力达到第一个峰值,此阶段节理试件内撞击数较大,在 2 mm 处时累积能量及能量率都有陡升现象;随着滚刀的继续侵入,侵入力稍有下降,但是试件内声发射撞击数达到最高值;侵入力稍作调整后,即进入第二个峰值,侵入力在第二个峰值附近时,节理试件内部撞击数仍然维持较高水平,但是累积能量及能量率上升不明显;在 3 mm 附近试件内有短时较多的撞击数发生,但是累积能量无显现,能量率也无明显变化。对应撞击数-撞击幅值-时间三维图上,在 80 s 和 120 s 附近出现两个撞击峰值。

当节理倾角为 90°时,如图 4-15 所示,90°节理试件声发射撞击数整体维持较高水准,并在侵入深度达到 5 mm 时侵入力达到最大值,此时撞击数也很大,能量率也出现陡升现象;在侵入力进入峰后阶段时(侵入深度为 5. 5~6. 0 mm),撞击数又出现第二个陡升阶段,但是能量率增大不是很显著。

对比图 4-12~图 4-15 声发射现象,可以发现:试件中节理的存在,对于能量的吸收和耗散有显著干扰,60°倾角时,节理试件吸能效果最好;90°倾角试件由于节理的存在,表现出与完整岩块的弹塑性相似的变形特征。

第 5 章　节理岩体 TBM 滚刀破岩数值仿真试验

如前文所述，由于天然岩体中结构面产状及分布特征难以精确控制，为研究分析节理倾角及节理间距对滚刀侵入破岩机制的影响规律，试验条件下，选择水泥砂浆材料制备类砂岩试件，通过试件中预置云母片的形式模拟岩体中的结构面，从而开展双刃滚刀侵入节理岩体试验。试验过程中，若试件厚度远大于滚刀侵入影响范围，则无法观测到滚刀侵入过程中节理对试件破坏模式的影响，仅能获得侵入力-侵入位移曲线；若试件厚度与滚刀侵入影响范围相当，虽然能够获得滚刀侵入破岩过程中的破坏模式，但是边界尺寸对试验测试结果的影响不可忽略。

为弥补试验测试条件的不足，本节基于 PFC3D 数值仿真平台，开展节理倾角及间距影响的滚刀侵入破岩数值仿真试验，借助数值仿真技术，分析并研究节理倾角及间距对滚刀侵入破岩机制的影响规律。

5.1　PFC3D 数值仿真平台

5.1.1　PFC 软件简介

颗粒体离散元（particle flow code，简称 PFC）理论将岩体视为颗粒单元的黏结体，是基于两大定律的，第一是力-位移定律，第二是牛顿第二定律，对模型中颗粒间的接触、运动和相互作用关系进行模拟。该法不仅能够对圆形颗粒之间的运动以及相互作用进行模拟，也能够通过随意取得的一个颗粒和与之邻近的颗粒连接在一起而得到的形状不固定的组合体对块体结构问题进行模拟。对于该法中颗粒单元而言，直径的大小既可以是一定的，又可以是服从高斯分布的，以描述好的单元分布规律为依据，单元生成器能够完成单元的自动统计以及自动生成工作。对颗粒单元的直径大小进行调整能够达到对孔隙率进行调节的目的，通过定义能够对岩体内包括节理等在内的软弱面进行模拟。

5.1.1.1　计算假设条件

牛顿运动定律是对颗粒的运动与导致其运动的力之间存在何种关系进行描述的。力系是能够处在静力平衡状态的，此时是不存在运动的，不然颗粒就会出现流动现象。在此假设：第一，颗粒视同为刚性颗粒；第二，仅仅只在极小的区域才会出现接触，以点接触为例；第三，就接触点而言，其作用行为属于软接触之一，刚性颗粒之间可以在该处发生搭接；第四，搭接量的大小会遵循力-位移关系，与接触力相关联，相较于颗粒的大小而言，搭接量是一个极小量；第五，颗粒与颗粒之间的接触处存在黏结；第六，颗粒的形状全部是球形，但由块理论可知，超级颗粒的形状是不受限制的，若干个颗粒通过搭接而形成不同的块，对于这些块来说，其行为好比刚性体，其边界是能够变形的。

5.1.1.2 计算循环过程

PFC 法是基于两大定律为基础的，一是力-位移定律，二是牛顿第二定律，采用循环往复计算的模型。该法对循环过程进行计算时，选用的是显式时步循环运算规则，在颗粒中对运动定律进行多次应用，在接触上对力-位移定律进行多次应用，同时持续对墙体位置进行更新。无论是颗粒和墙的接触，还是颗粒和颗粒之间的接触，计算时会自动形成，亦或自动破坏。图 5-1 为整个循环过程示意图。

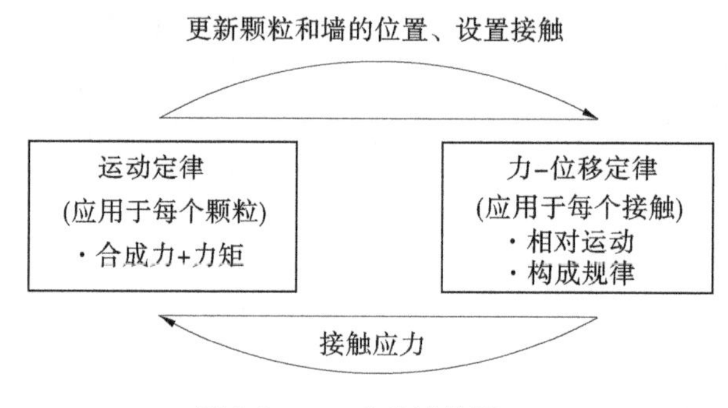

图 5-1 PFC 中的计算循环

5.1.1.3 力-位移定律

该定律认为，颗粒与颗粒接触时，作用于其上的接触力会和接触处发生的相对位移相联系的。力-位移定律会在接触处产生，可通过接触点 $x_i^{[c]}$ 来描述，该点在接触平面中，对其定义可通过单位法向量 n_i 来实现。接触点是在两个颗粒搭接而得到的体积中的。如果颗粒接触的是颗粒，那么法向量是以它们中心的连线为指向的；如果颗粒是与墙体相接触的，那么法向量是以颗粒中心和墙之间的距离最短的连线为指向的。接触应力可以分解为两个分量，一个是沿法线方向法向向量；另一个是作用于接触平面内的切向分量，是以接触面为作用对象的。在接触处存在的切向刚度以及法向刚度的作用下，该定律让法向与切向这两个相对位移分量以及法向与切向这两个分量相互关联在一起。

就颗粒和颗粒之间的接触而言，有关方程可通过球形颗粒 A、B 来举例论证，详见图 5-2。就颗粒和墙体之间的接触而言，有关方程可通过颗粒 b 与墙 W 来举例论证，详见图 5-2。在图 5-2 中，U^n 代表的是交迭。

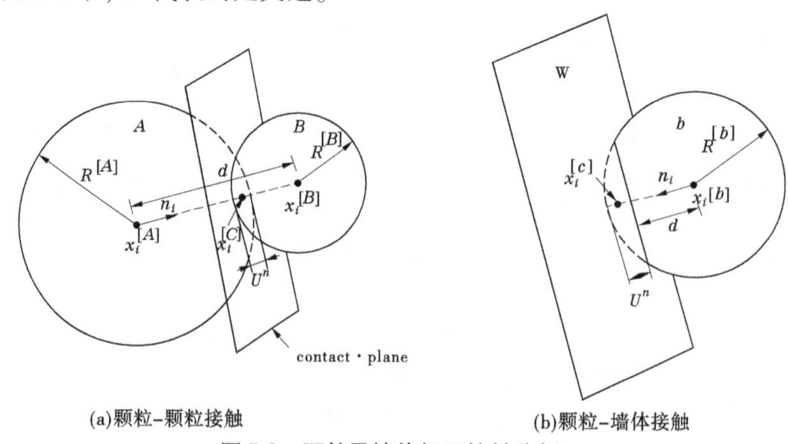

(a)颗粒-颗粒接触　(b)颗粒-墙体接触

图 5-2 颗粒及墙体相互接触分析

对于颗粒-墙体接触，n_i 是以球中心与面的最短距离 d 之间的连线方向为指向的。图 5-3 中 $\bar{AB}$ 和 $\bar{BC}$ 这两条直线形成的二维空间面可对该法进行描述。对面的法线进行延长处理，使之到达组成这一平面的直线的端点位置，这样在该面激活侧的全部空间就可被划分成五个区域。假使球的中心是在 2 或 4 这两个区，沿长度方向必然会接触面，n_i 便是一些面的法线。假使球的中心是在 1、3 或者是 5 这三个区，端点处必然会接触面，n_i 便会以球中心与端点之间的连线的方向为指向。

就 U^n 交叠而言，由法向的相对接触位移对其作出定义，具体见下式：

$$U^n = \begin{cases} R^{[A]} + R^{[B]} - d & (\text{球} - \text{球}) \\ R^{[b]} - d & (\text{球} - \text{墙}) \end{cases} \tag{5-1}$$

式中：$R^{[\Phi]}$ 为球 Φ 的半径。

接触点的位置通过式(5-2)求出：

$$x_i^{[C]} = \begin{cases} x_i^{[A]} + (R^{[A]} - \dfrac{1}{2}U^n)n_i & (\text{球} - \text{球}) \\ x_i^{[b]} + (R^{[b]} - \dfrac{1}{2}U^n)n_i & (\text{球} - \text{墙}) \end{cases} \tag{5-2}$$

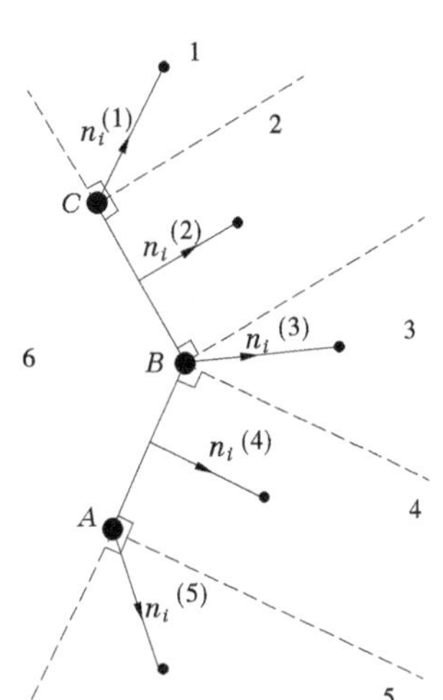

图 5-3　颗粒-墙体接触法向量的确定

接触力向量 F_i 根据接触平面被分解为法向分量和切向分量：

$$F_i = F_i^n + F_i^s \tag{5-3}$$

式中：F_i^n、F_i^s 为法向和切向应力分量。其中，F_i^n 可以通过式(5-4)计算得到：

$$F^n = K^n U^n \tag{5-4}$$

式中：K^n 为接触处法向刚度，取决于现行的接触刚度模型。

切向接触应力可以通过增量方式求解得出。在形成接触时，应对总切向接触应力进行初始化处理，对其赋值为零，之后相对切线位移带来的弹性切向接触力会逐步累加并等于现值。这时就需将接触的运动考虑在内，这种运动可采取对各时步的 n_i 与 $x_i^{[C]}$ 进行更新处理的方式而说明。对于接触处而言，可通过下式来确定接触速度 V_i：

$$\begin{aligned} V_i &= (\dot{x}_i^{[C]})_{\Phi^2} - (\dot{x}_i^{[C]})_{\Phi^1} \\ &= \left[\dot{x}_i^{[\Phi^2]} + e_{ijk}\omega_j^{[\Phi^2]}(x_k^{[C]} - (x_k^{[\Phi^2]})\right] - \left[\dot{x}_i^{[\Phi^1]} + e_{ijk}\omega_j^{[\Phi^1]}(x_k^{[C]} - x_k^{[\Phi^1]})\right] \end{aligned} \tag{5-5}$$

式中：$\dot{x}_i^{[\Phi^j]}$ 为实体 Φ^j 的线速度(需要注意，$\omega_i^{[w]}$ 表示的是相对于墙的转动中心 $x_i^{[w]}$ 的墙的转动速度)，可通过下式求解 Φ^j：

$$\{\Phi^1, \Phi^2\} = \begin{cases} \{A, B\} & (\text{球} - \text{球}) \\ \{b, w\} & (\text{球} - \text{墙}) \end{cases} \tag{5-6}$$

接触速度也可分解成两个量，其中一个是法向速度分量，另一个是切向速度分量，可以表示为 V_i^n、V_i^s。用式(5-7)来表征剪切接触速度分量：

$$V_i^s = V_i - V_i^n = V_i - V_j n_j n_i \tag{5-7}$$

所有时步 Δt 都会形成接触位移增量，通过式(5-8)可求解出其切向分量：

$$\Delta U_i^s = V_i^s \Delta t \tag{5-8}$$

并用此来计算剪切弹性力的增量：

$$\Delta F_i^s = - k^s \Delta U_i^s \tag{5-9}$$

式中：k^s 代表的是接触处的剪切刚度，取决于当前接触刚度模型。

由于剪切弹性应力增量的存在，对时步(出现旋转就代表着接触平面出现了运动)新的剪切接触应力开始的时候从基于统计旧的剪切应力中得到。通过下式可以计算出剪切弹性应力增量：

$$F_i^s = \{F_i^s\}_{\mathrm{rot.2}} + \Delta F_i^s \tag{5-10}$$

式(5-4)能计算出接触正应力，式(5-10)能计算出接触剪应力，对其进行调整可让接触结构关系得到满足。而且进行调整之后，从接触处来看，式(5-11)可以计算出最终接触应力在两实体上产生作用的合成应力与力矩：

$$\left.\begin{aligned} F_i^{[\Phi^1]} &\leftarrow F_i^{[\Phi^1]} - F_i \\ F_i^{[\Phi^2]} &\leftarrow F_i^{[\Phi^2]} + F_i \\ M_i^{[\Phi^1]} &\leftarrow M_i^{[\Phi^1]} - e_{ijk}(x_j^{[C]} - x_j^{[\Phi^1]}) F_K \\ M_i^{[\Phi^2]} &\leftarrow M_i^{[\Phi^2]} - e_{ijk}(x_j^{[C]} - x_j^{[\Phi^2]}) F_K \end{aligned}\right\} \tag{5-11}$$

式中：作用于实体 Φ^j 的合力以及合力矩分别用 $F_i^{[\Phi^j]}$、$M_i^{[\Phi^j]}$ 来表示，通过式(5-3)能够求解出 F_i。

5.1.1.4 运动定律

对于单个刚性颗粒而言，其运动是由对作用于其上的合力以及合力矩决定的，且通过任意颗粒出现的转动及其出现的平动来对其做出描述。对于颗粒而言，其转动通过角速度 ω_i 和角加速度 $\dot{\omega}_i$ 可以得到描述，其平动通过质心的位置 x_i、加速度 $\ddot{x}_i$ 以及质心的速度 $\dot{x}_i$ 可以得到描述。

运动方程可通过下述向量方程来表征：其一为关于合力的平动，其二为关于合力矩的转动。平动方程可通过下式来表示：

$$F_i = m(\ddot{x}_i - g_i) \quad (\text{平动}) \tag{5-12}$$

式中：F_i 为合力；m 为总质量；g_i 为体力加速度。

转动方程能够通过向量形式进行表达，具体为

$$M_i = \dot{H}_i \quad (\text{转动}) \tag{5-13}$$

式中：M_i 为作用于颗粒之上的合力矩；$\dot{H}_i$ 为颗粒角动量。

式(5-13)和质心所处局部坐标系存在较大的关联，假使这一坐标系是以颗粒的惯性主轴为指向的，那么就可对式(5-13)进行简化处理，得到下式：

$$
\left.\begin{aligned}
M_1 &= I_1\dot{\omega}_1 + (I_3 - I_2)\omega_3\omega_2 \\
M_2 &= I_2\dot{\omega}_2 + (I_1 - I_3)\omega_1\omega_3 \\
M_3 &= I_3\dot{\omega}_3 + (I_2 - I_1)\omega_2\omega_1
\end{aligned}\right\} \tag{5-14}
$$

式中：I_i 为颗粒主惯性矩；$\dot{\omega}_i$ 为与主轴相对应的角加速度；M_i 为各个主轴上的力矩。

对半径大小等于 R 的呈球状分布的颗粒而言，其质量在体积内是均匀分布的，质心与球心重合，在颗粒形心上的任意局部坐标系构成了主坐标系，主惯性矩 $I_1=I_2=I_3$。因而，就球状颗粒而言，在球坐标系内可对式(5-14)进行简化处理，如下式：

$$
M_i = I\dot{\omega}_i = \left(\frac{2}{5}mR^2\right)\dot{\omega}_i \quad (转动) \tag{5-15}
$$

根据式(5-12)及式(5-15)得到的运动方程，通过中心有限差分法可对一个时步 Δt 完成积分计算，在 $t\pm n\Delta t/2$ 处算出 $\dot{x}_i$ 与 ω_i，同时在 $t\pm n\Delta t$ 处算出 x_i、$\ddot{x}_i$、$\dot{\omega}_i$、F_i。

从时步$(t\pm n\Delta t/2)$的 1/2 处通过的速度可对 t 时的转动与平动加速度进行描述，并得出下述结果：

$$
\left.\begin{aligned}
\ddot{x}_i^{(t)} &= \frac{1}{\Delta t}\left[\dot{x}_i^{(t+\Delta t/2)} - \dot{x}_i^{(t-\Delta t/2)}\right] \\
\dot{\omega}_i^{(t)} &= \frac{1}{\Delta t}\left[\omega_i^{(t+\Delta t/2)} - \omega_i^{(t-\Delta t/2)}\right]
\end{aligned}\right\} \tag{5-16}
$$

将式(5-16)代入式(5-12)和式(5-15)，求解 $t+\Delta t/2$ 时的速度：

$$
\left.\begin{aligned}
\dot{x}_i^{(t+\Delta t/2)} &= \dot{x}_i^{(t-\Delta t/2)} + \left[\frac{F_i^{(t)}}{m} + g_i\right]\Delta t \\
\omega_i^{(t+\Delta t/2)} &= \omega_i^{(t-\Delta t/2)} + \left[\frac{M_i^{(t)}}{I}\right]\Delta t
\end{aligned}\right\} \tag{5-17}
$$

最后，利用式(5-17)的速度对颗粒中心所处的位置进行更新：

$$
x_i^{(t+\Delta t)} = x_i^{(t)} + \dot{x}_i^{(t+\Delta t/2)}\Delta t \tag{5-18}
$$

对于运动定律而言，可将计算周期概括为：$\dot{x}_i^{(t-\Delta t/2)}$、$\omega_i^{(t-\Delta t/2)}$、$x_i^{(t)}$、$F_i^{(t)}$、$M_i^{(t)}$，用方程(5-17)来计算获得 $\dot{x}_i^{(t+\Delta t/2)}$ 和 $\omega_i^{(t+\Delta t/2)}$ 的值，然后再用式(5-18)来计算获得 $x_i^{(t+\Delta t)}$。应用力-位移定律获得的 $F_i^{(t+\Delta t)}$、$M_i^{(t+\Delta t)}$ 的值，可在下一周期的计算过程中应用。

5.1.1.5　接触本构模型

在 PFC 中对材料内的全部本构特性而言，在简单的本构模型的基础上与接触联合就能对其进行模拟。对特别接触产生作用的本构模型由下述三部分组成：第一，刚度模型，是以相对位移与接触力存在的弹性关系为提供对象的；第二，滑动模型，是以接触剪应力与接触正应力存在的关系为提供对象的，这样在两接触颗粒中，一个颗粒相对另一颗粒而言就会出现滑动现象；第三，黏结模型，对总的接触正应力以及总的接触剪应力做出了限制，接触能够对黏结强度限制予以实现。在对复杂程度更高的接触情况进行模拟时，则需要应用到交替接触模型。

(1)刚度模型。

在式(5-19)以及式(5-20)的作用下,接触刚度使得法向、切向这两种接触力能够相对位移联系在一起。作为一种割线刚度,法向刚度为

$$F_i^n = k^n U^n n_i \tag{5-19}$$

通过式(5-19)可使得总法向位移与总法向力之间建立联系。作为切线刚度中的一种,剪切刚度为

$$\Delta F_i^s = - k^s \Delta U_i^s \tag{5-20}$$

式(5-20)让剪切位移与剪切应力这两种增量得到了联系。

以上方程使用了取值大小不同的接触刚度,而这是由所用到的接触刚度模型决定的。PFC提供了线性和简单化赫兹两种接触刚度模型,这两种模型之间不允许出现接触。因为赫兹模型并未定义拉力,所以其和所有黏结都会表现出不协调的现象。

(2)滑动模型。

该模型能表现出两个接触实体(球和墙或者是球和球)的固有性质,然而无法提供法向抗拉强度,但是在剪切应力受限的情况下,滑动的发生是被允许的。

该模型的定义可通过接触处不存在量纲的摩擦系数μ进行,取值为两个接触颗粒之间的摩擦系数中的最小值。先要算出允许剪切接触应力的最大值,而后对滑动条件进行校核。

$$F_{\max}^s = \mu |F_i^n| \tag{5-21}$$

在$|F_i^s| > F_{\max}^s$的情况下,下一计算周期就可在设置F_i^s和$F_{\max}^s$相等的前提条件下利用式(5-22)来让滑动得以发生。

$$F_i^s \leftarrow F_i^s (F_{\max}^s / |F_i^s|) \tag{5-22}$$

(3)黏结模型。

PFC认为接触处颗粒是可以出现黏结现象的,对下述接触模型也是支持的:其一是接触黏结模型,其二是并联黏结模型。可将这两类黏结视同为两颗粒进行黏结而得到的胶结物。接触黏结可看作对接触处产生作用的剪切刚度以及法向刚度均是常值的两个弹簧,它们的法向强度是能够拉伸的,剪切也是指定的;并联黏结则是颗粒与颗粒形成的横截面发生作用的有限尺寸胶中的一种。接触黏结只会对力进行传递,但是并联黏结不仅传递力还传递力矩,具体可见图5-4。除上述两种模型外,PFC还提供了更多可对复杂程度更高的接触行为进行模拟的接触模型,如位移-软化模型、黏弹性模型以及延性模型等。

5.1.2 数值模型接触本构关系

本书的研究是以规则分布不同倾角和间距节理的矩形试件为研究对象,旨在分析滚刀侵入破岩过程中节理试件内损伤演化规律和细观损伤特征。PFC无法通过直接的方式来让宏观力学参数得到赋值,只有持续对颗粒之间存在的细观接触参数进行调整来让其得到表征,因此以水泥砂浆材料的室内常规物理力学参数试验得到的物理力学参数只是作为参照基准,进行相关的数值模拟试验以完成模型有关细观参数的标定。

由于平行黏结模型能够很好地反映软硬材料夹杂的刚度变化趋势,并与室内试验数据及现象吻合,在对岩体材料的数值模拟试验研究中,平行黏结模型被广泛使用。本书在模拟计算滚刀侵入节理试件试验中选择平行黏结模型来定义颗粒间的接触本构关系,该模型所需的主要细观参数包括:颗粒最小半径及半径比、平行黏结模量、颗粒密度、黏结刚

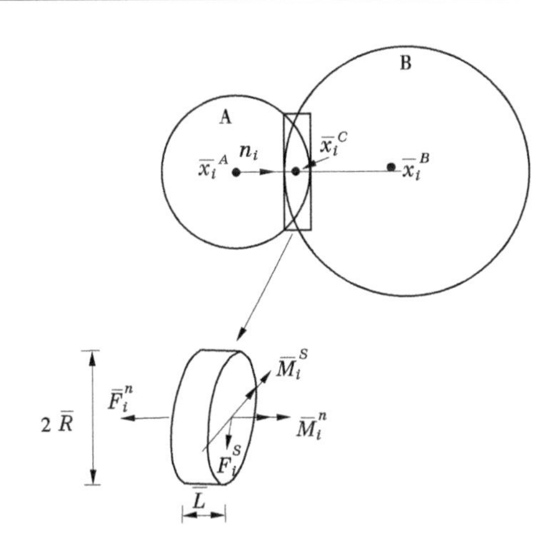

图 5-4　平行连接模型

度比、颗粒接触模量、法向黏结强度均值、颗粒接触刚度比、切向黏结强度均值、切向黏结强度标准差与法向黏结强度标准差。

平行黏结模型中包含线性键和平行键，平行键的存在为颗粒之间提供了模拟岩石材料力学行为的可能，在接触位置，线性键与平行键起到的作用都会得到发挥。平行键能够视同为一组切向刚度以及法定刚度都是恒定值的弹簧，均匀地分布在颗粒之间的接触面上，平行键和线性键的弹簧平行作用。在接触键创建之后，当接触点发生相对运动时，接触中产生力和力矩，力和力矩反作用在相互接触的颗粒上，力与力矩的大小与键的参数和作用于键的最大法向应力和剪应力有关，如果这两种力超过了所对应键的强度，则对应键断裂，并将接触键中伴随的力、力矩和刚度移除。

平行黏结模型中并存两个组件的力学行为，第一组件即线性模型组件，在颗粒之间的接触界面上，带有线性弹簧和摩擦元件，能够携带一个力和一个有限的位移，在线性弹簧和黏结面上带有力和力矩（见图 5-5）；线性模型能够发生相对旋转，而产生滑移的条件是施加的剪力超过其极限。第二组件则是黏结模型，它与第一组件平行发挥作用，当第二组件黏结时，它能够抵抗相对旋转，其行为是线弹性的，直到超过其强度极限，黏结断裂，第二组件失效，平行黏结模型退化为只有第一组件作用的线性模型。

一旦施加了比材料黏结强度大的应力，黏结就会出现断裂的情况，其法向和切向对应的黏结断裂部位分别产生拉裂纹和剪裂纹，平行黏结在单轴压缩条件下的破坏包络线见图 5-6。

$$\left.\begin{aligned}\bar{\sigma} &= \frac{F_n}{A} + \frac{|M|R}{I} \\ \bar{\tau} &= \frac{F_s}{A} + \frac{|M_t|R}{J}\end{aligned}\right\} \tag{5-23}$$

式中：$\bar{\sigma}$、$\bar{\tau}$ 为作用于平行键之上的平均法向应力与切向应力；F_n、F_s 为作用于颗粒之上的法向应力与切向应力；M、M_t 为作用在黏结位置的力矩与扭矩；I、J 为黏结位置惯性矩与转动惯量；A 为平行键面积；R 为颗粒半径。

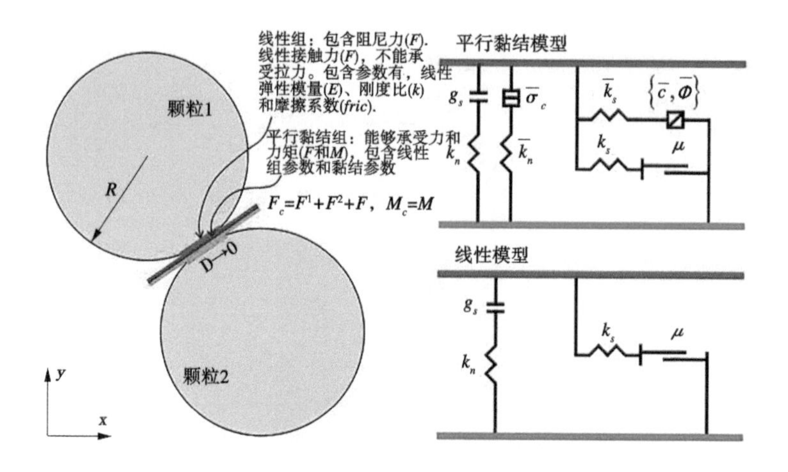

图 5-5　平行黏结模型组成力学元件及行为原理图

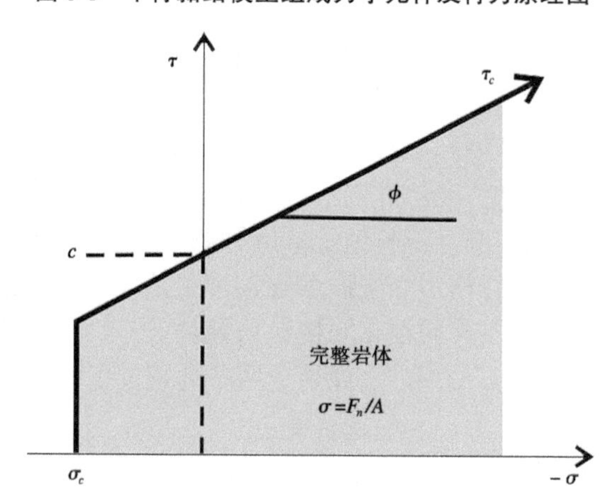

图 5-6　模型在压缩条件下的破坏包络线

5.1.3　数值模拟实现过程

5.1.3.1　颗粒流细观参数标定

如前文所述:PFC 无法通过直接的方式来让宏观力学参数得到赋值,只有持续对颗粒之间存在的细观接触参数进行调整来让其得到表征。目前对于 PFC 细观参数调试理论还不够完善,现在还存在着经验和尝试的成分:不断输入假定的细观参数,建立 PFC 数值模型后进行数值模拟试验,然后比对数值模拟结果与室内试验(或原位试验)数据,当数值模拟结果取得了和室内试验(或原位试验)完全相同的结果,那么所对应的细观参数就是针对该次研究所需的 PFC 细观参数;如果不一致,则继续修改细观参数,直至数值模拟结果与室内试验(或原位试验)结果一致。

在数值模拟结果与室内试验(或原位试验)结果不一致时,如何调整数值模型细观参数,取决于调试者的经验,以及对数值模拟试验平台计算原理的掌握程度,具有很大的随机性与不确定性。

5.1.3.2　边界条件以及初始条件

通常而言,在颗粒流上,施加的可以是墙的运动荷载,也可以是重力。对各个墙而言,无论是转动速度还是平动速度都是能够制定的,但对其施加作用的力无法指定,通过下述参数能够指定墙的速度:①平移速度 $\dot{x}_i^{[w]}$;②转动速度 $\omega_3^{[w]}$;③旋转中心 $x_i^{[w]}$。对点的位置进行更新能够让墙的运动得到确定。通过下式可以求解出 P 点在 $x_i^{[p]}$ 处的速度 $\dot{x}_i^{[p]}$:

$$t_{\mathrm{cri}} = \begin{cases} \sqrt{m/k^{tran}} \\ \sqrt{I/k^{rot}} \end{cases} \tag{5-24}$$

5.1.3.3　确定时步

在进行离散元动态模拟时,只有非常小的时间步长可供选择,所以位于单个时间步长内时,任意颗粒出现的扰动现象均只可向最邻近的颗粒进行传播,无法实现更远的传播,而且假定在单个时间步长内提出了颗粒运动有着固定不发生改变的速度以及加速度,此为离散单元法遵循的基本思想。由上述假设可知,对任意一个颗粒上受到的合力作用均只能通过和其接触的颗粒之间存在的相互作用确定。

在对运动方程积分的过程中,离散单元法模型运用的是显示中心差分法,据此得到颗粒的位移以及速度。在时间步长不大于关键时间步长的情况下,显示中心差分法才能够算出稳定性较好的解。但是关键时步又和体系的最小特征区间存在关联,但 PFC 体系本身就处于不断变化之中,特征值分析也是无法进行的。因而需引入一种简化法,每开始一次循环就对关键时间步长进行一次确定。

为让关键时间步长的求解得到简化,可对一维质点-弹簧体系加以考量,具体见图 5-7,分别用 m 和 k 来表示质点质量和弹簧刚度,通过 $-kx=m\ddot{x}$ 来控制质点运动,对这一方程二阶有限差分公式进行求解,由此能够确定关键时步:

$$\left.\begin{aligned} t_{crit} &= T/\pi \\ T &= 2\pi\sqrt{m/k} \end{aligned}\right\} \tag{5-25}$$

式中:T 为系统周期。

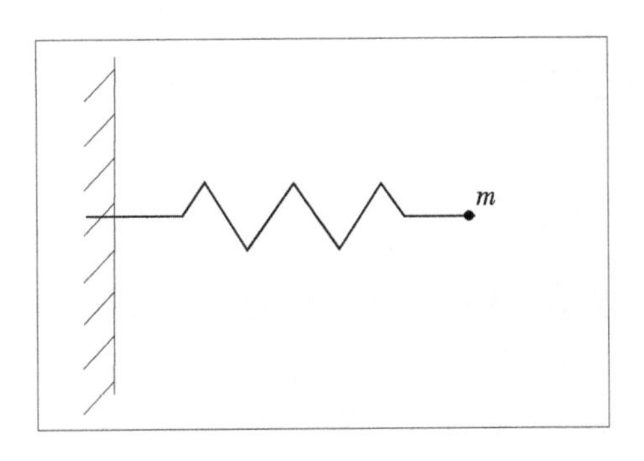

图 5-7　一维质点-弹簧体系

在对无限序列的质点-弹簧体系加以考量时,具体可见图 5-8,一旦体系中的质点出

现了同步相对运动,那么就会有最小周期形成,这时弹簧中心将不会再出现运动。对该体系而言,关键时步如下:

$$t_{cri} = 2\sqrt{m/(4k)} = \sqrt{m/k} \tag{5-26}$$

式中:k 为各个弹簧的刚度。

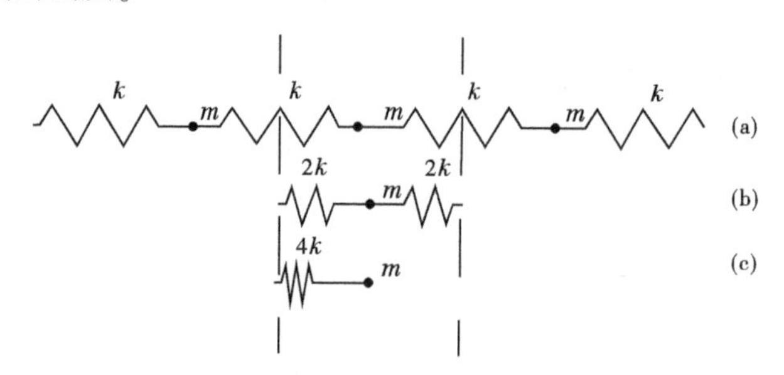

图 5-8 无限序列的质点-弹簧体系

前文针对的是线性运动。如果是旋转运动,用惯性矩 I 来取代质量 m,用选择刚度来取代刚度。故而,就广义复合质点弹簧体系而言,可用下式来表示关键时步:

$$t_{cri} = \begin{cases} \sqrt{m/k^{tran}} \\ \sqrt{I/k^{rot}} \end{cases} \tag{5-27}$$

式中:k^{tran}、k^{rot} 为线性与旋转的刚度。

5.1.3.4 模拟步骤

颗粒流法用于数值模拟的主要步骤如下:第一步,对模拟对象进行定义。以模拟意图为依据构造一个较为粗略的模型,该模型只需要让待解释的机制得到体现即可;第二步,构造力学模型的基本概念;第三步,构造简化模型并让其进行运行。实际工程模型构造前,先要对多个简化模型进行构造并让其得到运行,这样就能够更为深入地理解力学系统的有关概念,当然在对模型结果进行分析之后有时还需要对第二步实施修改;第四步,对问题进行模拟的数据资料进行补充;第五,做好模拟运行的准备工作;第六步,对计算模型进行运行;第七步,输出模拟计算结果。

5.2 节理试件数值仿真模型与细观力学参数赋值

5.2.1 水泥砂浆试件细观参数标定

如前文表 3-2 所示,基于常规物理力学参数测试试验获得细粒红砂岩与本书选用材料配比下水泥砂浆材料的物理力学参数数据。

使用 PFC 数值模拟单轴压缩试验与巴西劈裂试验,对节理和砂岩参数进行标定,最终确定数值模型细观参数如表 5-1 所示。

表 5-1　水泥砂浆材料数值分析模型细观参数列表

微观属性	描述	参数值
R_{max}/R_{min}	颗粒半径比,均匀分布	1.66
R_{min}	颗粒最小半径(mm)	1.0
gap	黏结激活间隙	0
Kratio	刚度比	4.8
E	线性有效模量(GPa)	11.2
$\bar{E}$	平行黏结有效模量(GPa)	14.0
Pb_ten	平行黏结抗拉强度(MPa)	10.0
Pb_coh	平行黏结黏聚力(MPa)	15.0
Pb_fa	平行黏结内摩擦角(°)	41.46
Fric	摩擦系数	0.88

采用表 5-1 所给定参数确定数值计算模型细观参数,并完成标准圆柱形试件的单轴压缩及巴西圆盘的劈裂试验,获得数值模拟计算结果与试验测试数据及破坏形态如图 5-9 与图 5-10 所示。

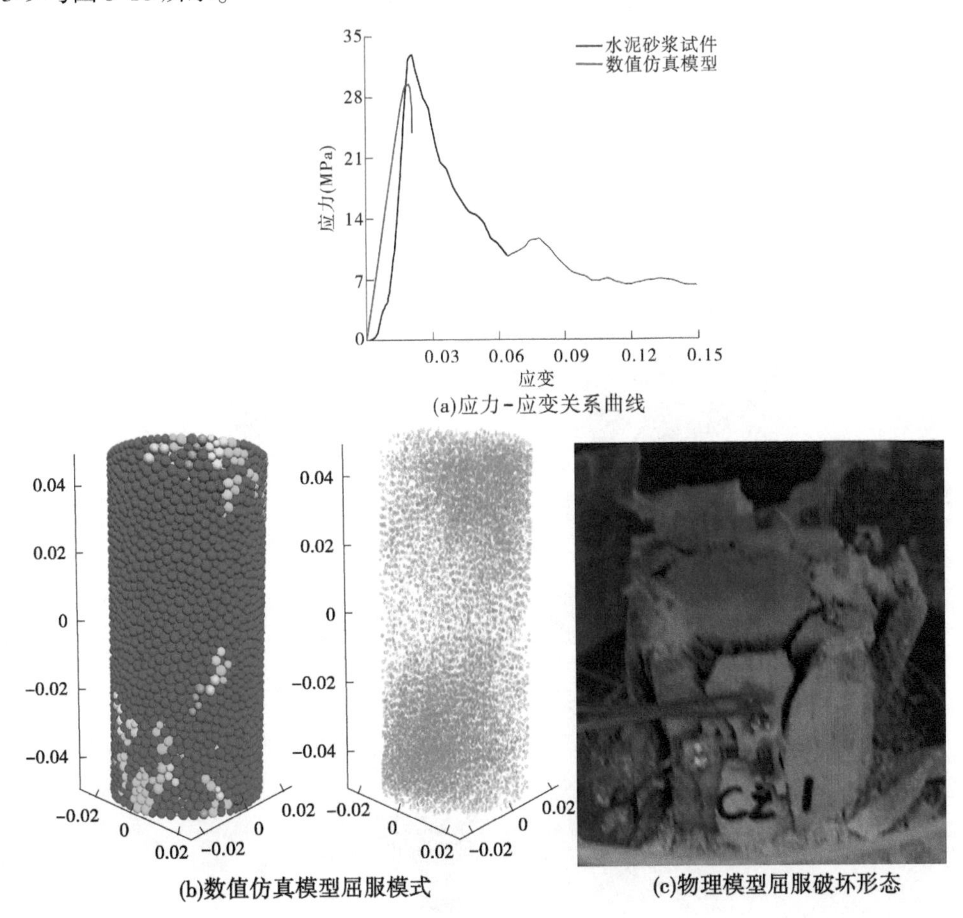

图 5-9　水泥砂浆材料与数值仿真模型单轴压缩试验应力-应变关系曲线及屈服破坏形态对比

图 5-9 为水泥砂浆物理模型单轴压缩试验曲线及表 5-1 细观参数下的数值仿真模型单轴压缩试验曲线及破坏形态,需要说明的是:如图 5-9(a)所示,由于数值模型中颗粒体

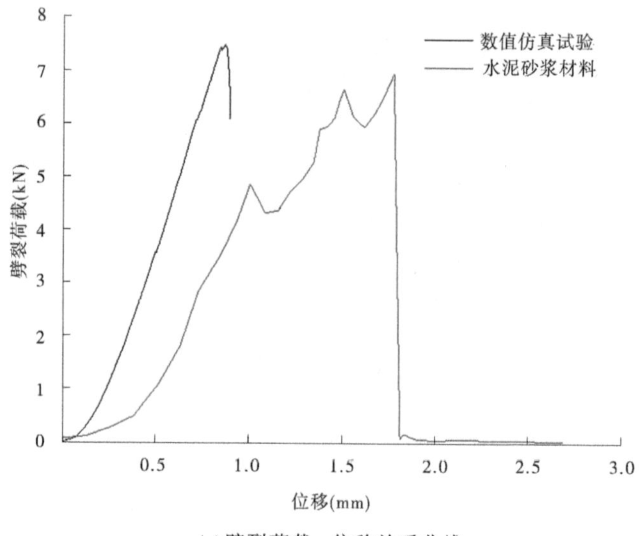

(a)劈裂荷载-位移关系曲线

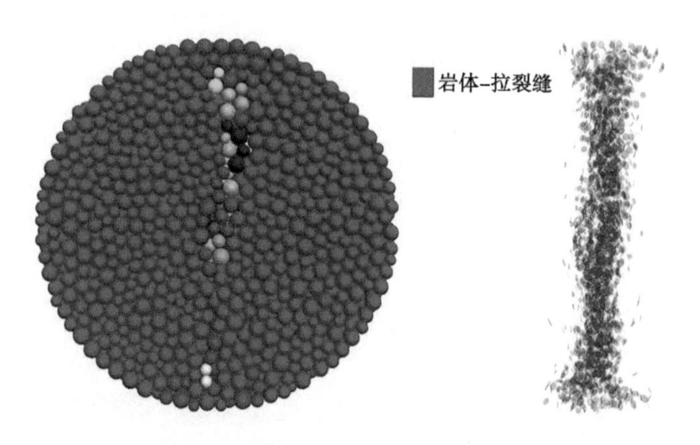

(b)数值仿真模型屈服模式

(c)物理模型破坏形态

图 5-10　水泥砂浆材料与数值仿真模型巴西劈裂试验应力-应变关系曲线及屈服形态对比

为刚性结构单元,加载时不存在初始压密及塑形变形特征,因此在水泥砂浆材料与数值模型之间的应力-应变关系曲线上存在一定的差异。由图 5-9(a)所示的数据可以得到:数值仿真模型的弹性模量为 1.76 GPa,水泥砂浆试件的弹性模量为 2.76 GPa,两者弹性模量基本相近;图 5-9(b)与图 5-9(c)所示分别为数值仿真模型及物理模型屈服破坏形态。

图 5-10 为水泥砂浆物理模型巴西试验曲线及表 5-1 细观参数下的数值仿真模型巴西劈裂试验曲线及破坏形态,需要说明的是:与单轴压缩数值仿真试验应力-应变关系曲线特征相似,如图 5-10(a)所示,由于数值模型中颗粒体为刚性结构单元,加载时不存在初始压密特征,因此在水泥砂浆材料与数值模型之间的应力-应变关系曲线上存在一定的差异。由图 5-10(a)所示曲线可以得到:基于表 5-1 所得到的数值仿真模型抗拉强度特征与水泥砂浆材料基本相似。

通过图 5-9、图 5-10 对比,总体上看,表 5-1 所示数值仿真模型细观参数能够用于本次试验的数值模拟分析工作,所得结果能够用于分析节理倾角与间距对滚刀侵入破岩规律的影响机制。

5.2.2　滚刀模型

如前文所述,限于试验周期与工作量,试验过程中仅进行了双刃滚刀的侵入试验,且双刃滚刀间距设置为 70 mm,为补充试验测试参数覆盖范围的不足,在数值模拟工作中,对不同节理倾角和间距的数值模型进行了单刃滚刀侵入破岩过程模拟,并将双刃滚刀间距范围设置为 3 组:50 mm、60 mm 和 70 mm,同时基于单刃滚刀及不同间距双刃滚刀进行完整数值模型的侵入试验。

图 5-11 为数值仿真模拟试验中所用到的滚刀模型。

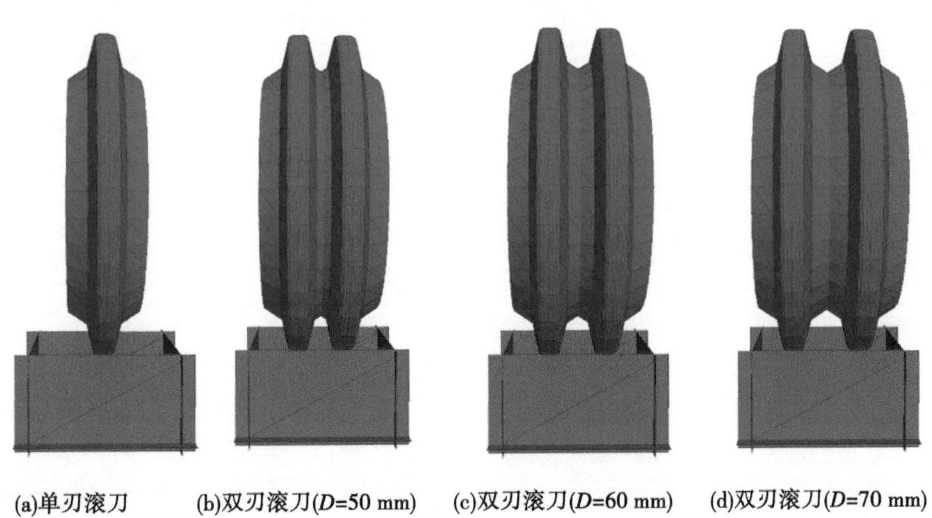

图 5-11　单刃及不同间距双刃滚刀模型

5.2.3　节理模型

如前文第 3 章节理岩体滚刀破岩试验内容所述,物理模型试验中,所制作节理模型试件外形尺寸为 200 mm×140 mm×30 mm，节理分布在 200 mm×140 mm 的平面上，穿透于 30 mm 厚节理试件。试验中设计水泥砂浆节理试件厚度为 30 mm，是为了能够在滚刀侵入破岩过程中，拍摄记录滚刀侵入时节理试件中的力学响应特征与裂纹扩展模式（如图 4-6~图 4-9 所示）。但是在数值仿真试验中，不存在这方面的需求，因此在数值仿真试验中，将节理试件外形尺寸设计为 200 mm×150 mm×100 mm。

根据前文图 3-6~图 3-9 节理岩体试件中节理展布形态，借助于 PFC 数值仿真平台生成节理岩体数值仿真模型如图 5-12 所示，限于篇幅，此处仅列出其中一个模型三维视图，图中绿色颗粒代表倾角 30°、间距 30 mm 的节理单元，其他部分为完整岩块。

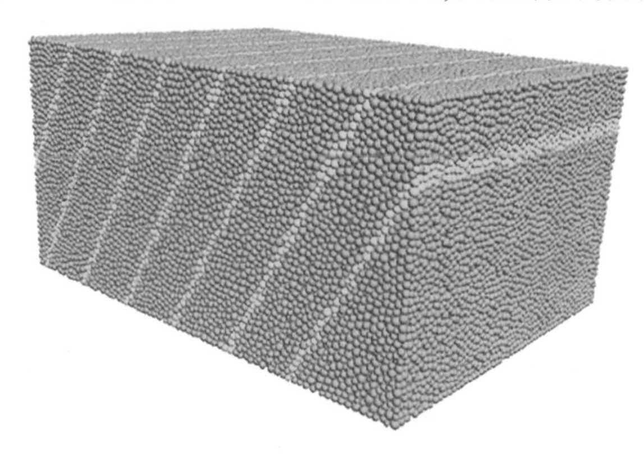

图 5-12　节理试件数值计算模型示意图（间距 30 mm，倾角 30°）

节理岩体数值模型中，节理单元展布形态如图 5-13 所示。

由于前文试验中并未对节理岩体中的充填材料强度参数进行测试，没有节理材料的强度参数及测试数据，在数值模拟试验中，通过对节理试件数值分析模型的节理单元参数弱化 10 倍来实现节理单元赋值，表 5-2 为数值分析模型中节理单元的习惯参数列表。

表 5-2　数值分析模型节理单元细观参数列表

微观属性	描述	参数值
R_{max}/R_{min}	颗粒半径比，均匀分布	1.66
R_{min}	颗粒最小半径(mm)	1.0
gap	黏结激活间隙	0
Kratio	刚度比	5.0
E	线性有效模量(GPa)	9.6
$\bar{E}$	平行黏结有效模量(GPa)	12
Pb_ten	平行黏结抗拉强度(MPa)	1.2
Pb_coh	平行黏结黏聚力(MPa)	1.5
Pb_fa	平行黏结内摩擦角(°)	30
Fric	摩擦系数	0.6

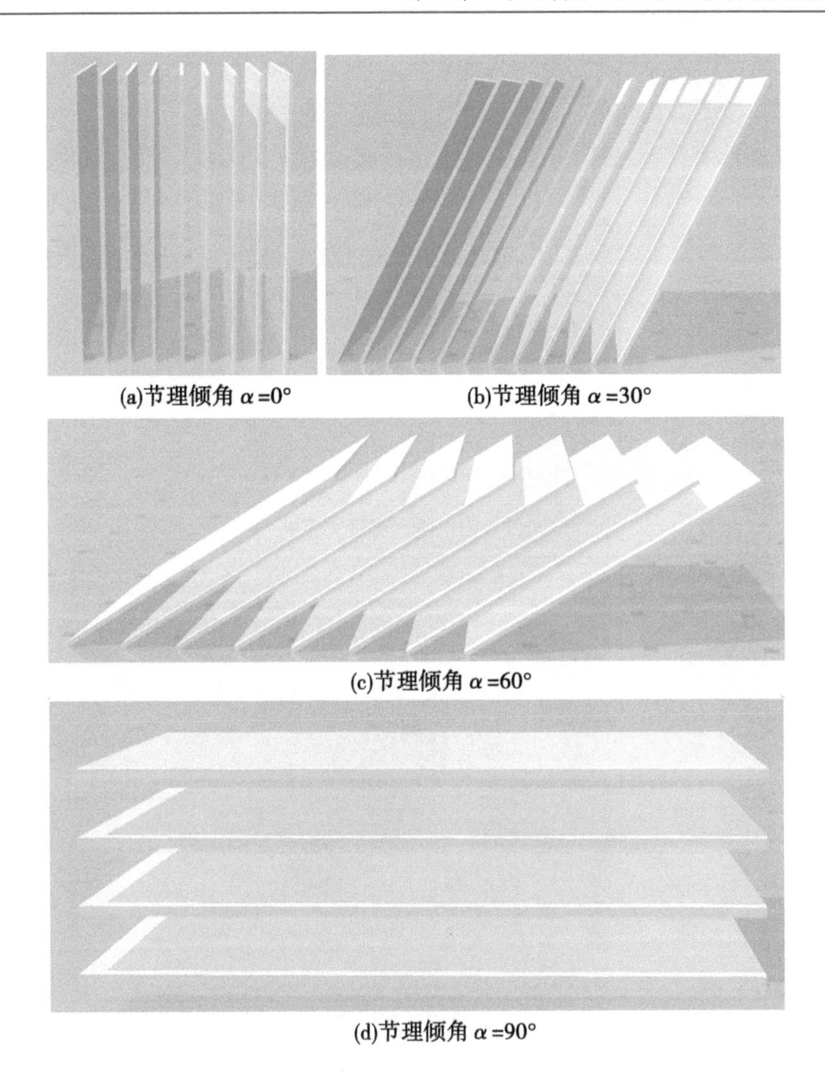
(a)节理倾角 $\alpha=0°$
(b)节理倾角 $\alpha=30°$
(c)节理倾角 $\alpha=60°$
(d)节理倾角 $\alpha=90°$

图 5-13　数值模型试件中节理单元展布形态示意图(以 20 mm 间距为例)

5.3　滚刀侵入节理岩体数值仿真模拟试验

针对前文图 5-12 所示的节理试件数值仿真模型,采用图 5-11 所示的滚刀对其进行侵入破坏数值仿真试验。此处以倾角为 30°、间距为 40 mm 节理试件在双刃滚刀(间距 60 mm)作用下的侵入力数据及破坏模式为例,展示数值模拟试验。

如图 5-14 所示倾角 60°、间距 40 mm 节理试件数值仿真模型在双刃滚刀(滚刀间距 60 mm)作用下的响应特征,为做对比,在图 5-15 中给出了完整数值分析模型的双刃滚刀(滚刀间距 60 mm)侵入时试验结果。对比分析可以发现:由于节理的存在,滚刀侵入破岩过程中,节理面成为滚刀侵入破岩的突破点,并向模型试件内部延伸,但是由于节理面消耗了大部分滚刀作用的破碎功,导致节理面间的完整岩块破坏较少;而在完整数值仿真模型试件中,滚刀侵入破坏仅限于滚刀作用点附近区域,模型试件内部未见明显屈服痕迹。

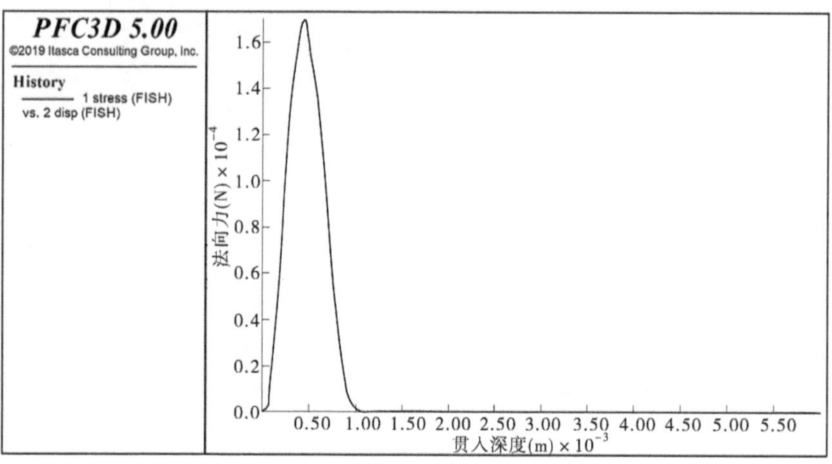

(a)侵入力—侵入深度关系曲线

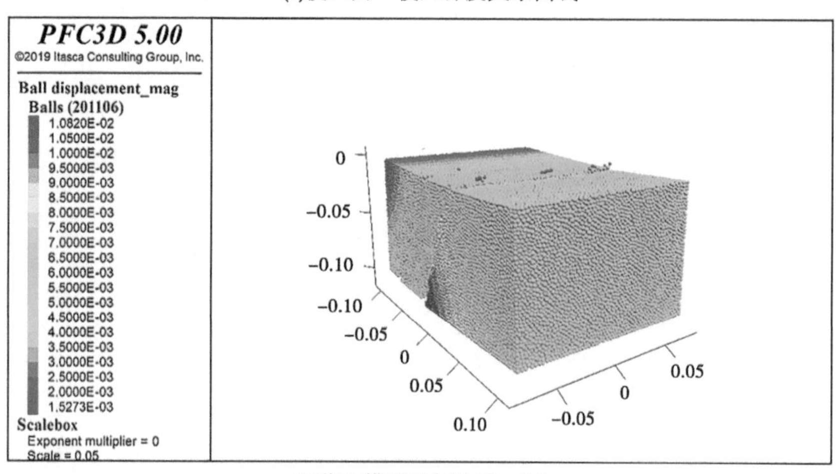

(b)节理模型破坏位移云图

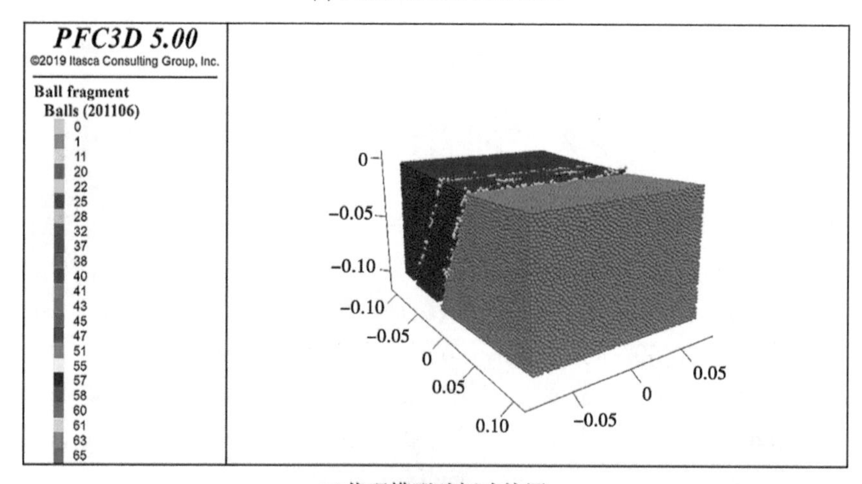

(c)节理模型破坏碎块图

图 5-14 节理岩体数值仿真模型破坏效果(节理倾角 60°、节理间距 40 mm、滚刀间距 60 mm)

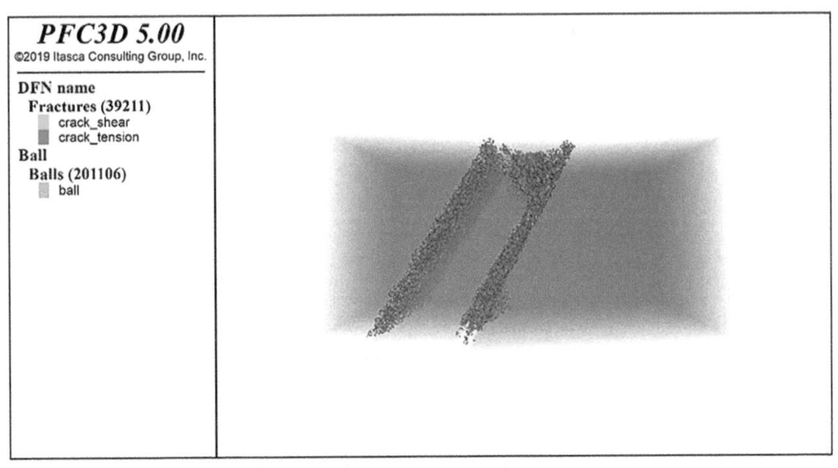

(d)节理模型破坏裂隙图

续图 5-14

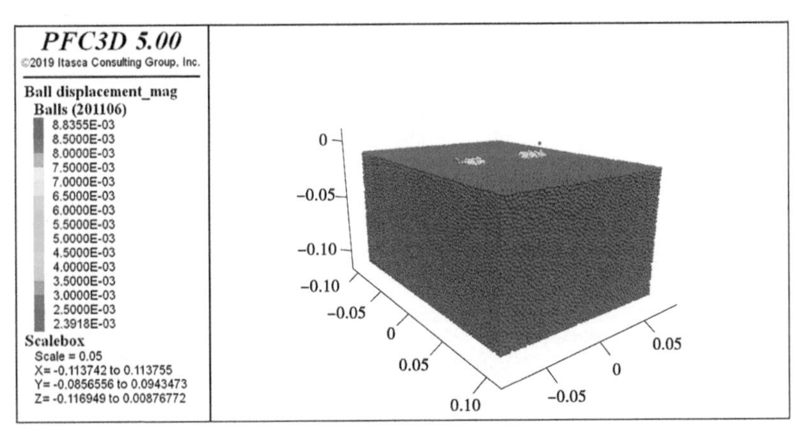

(a)完整模型破坏位移云图

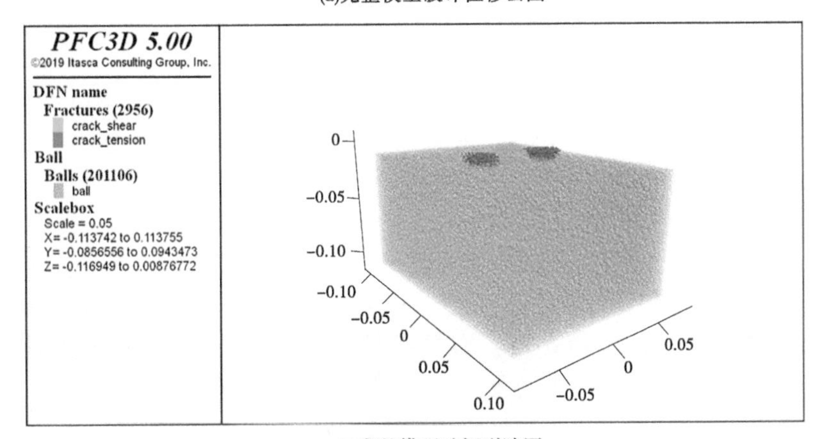

(b)完整模型破坏裂隙图

图 5-15　节理岩体数值仿真模型破坏效果

第 6 章　节理岩体 TBM 滚刀破岩仿真试验与分析

如前文 5.3 节所述,借助于 PFC3D 数值仿真平台,分别完成了单刃滚刀与双刃滚刀侵入破岩的数值仿真模拟试验,其中双刃滚刀设置了 50 mm、60 mm 和 70 mm 三个滚刀间距参数。模拟试验过程中,输出滚刀的侵入力-侵入深度数据,模拟完成后,导出节理模型试件位移云图及裂隙分布图,用以分析滚刀侵入破岩特征与机制。

6.1　单刃滚刀侵入节理岩体力学特征

本节基于单刃滚刀侵入节理试件数值模型过程中的力学响应特征,分析节理倾角及间距对滚刀侵入破岩过程的影响规律。

6.1.1　节理倾角影响的滚刀入岩力学特征

图 6-1 为单刃滚刀侵入不同节理倾角和间距数值模型时,峰值侵入力及峰值侵入力对应位移的数据规律曲线,其中图 6-1(a)为节理倾角影响的峰值侵入力数据规律曲线,图 6-1(b)为节理倾角影响的峰值侵入力对应位移数据规律曲线。

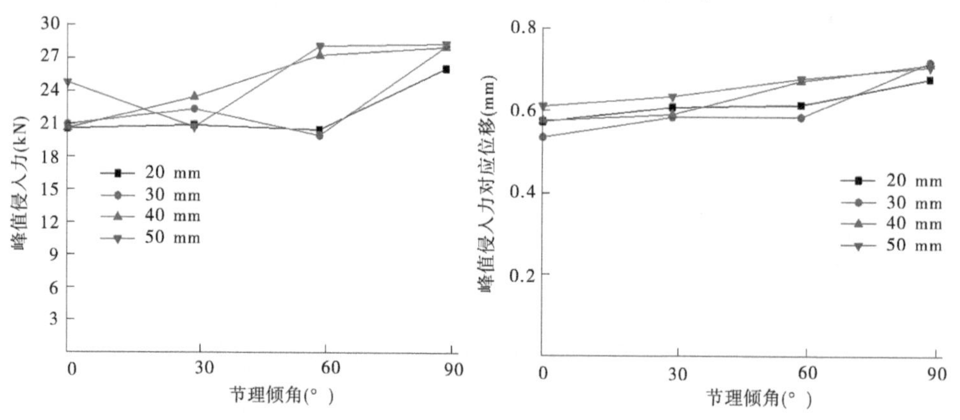

图 6-1　节理倾角影响的峰值侵入力与对应侵入位移数据曲线

如图 6-1(a)所示,单刃滚刀侵入节理岩体时,节理倾角对峰值侵入力影响规律性复杂,当节理间距较小时,倾角为 60°时侵入力几乎为最小值,当节理间距较大时,峰值侵入力随节理倾角的增大而增大,节理间距 50 mm 时,30°倾角峰值侵入力最低。如图 6-1(b)所示,节理倾角对峰值侵入力对应位移的影响规律较为单一:节理试件峰值侵入力对应位移随节理倾角的增大而略有增大,增大幅度较小。

图 6-2 为单刃滚刀侵入不同节理倾角和间距数值模型时,节理倾角影响的峰值侵入力-侵入深度关系曲线。

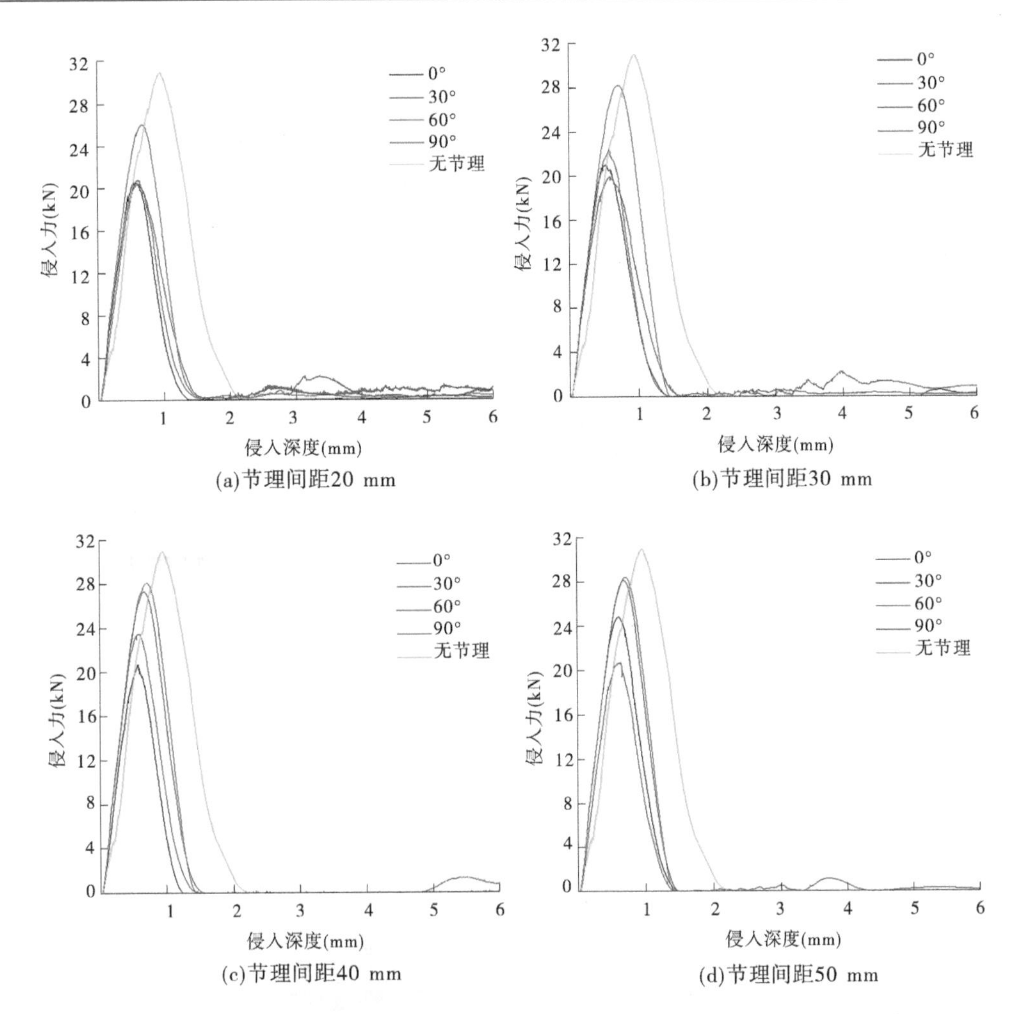

图 6-2　节理倾角影响的单刃滚刀侵入破岩时峰值侵入力-侵入深度关系曲线

对比图 6-2 所示的节理倾角影响的单刃滚刀侵入节理试件的侵入力-侵入深度关系曲线可知:完整岩体侵入力-侵入位移曲线位于所有节理试件侵入力-侵入位移关系曲线的上方及后方;相同节理间距条件下,节理倾角对单刃滚刀峰值侵入力的影响较大;节理间距对侵入力峰后曲线影响也有差异,随节理间距的增大,峰后侵入力曲线波动逐渐减弱。

6.1.2　节理间距影响的滚刀入岩力学特征

图 6-3 为单刃滚刀侵入不同节理倾角和间距数值模型时,峰值侵入力及峰值侵入力对应位移的数据规律曲线,其中图 6-3(a)为节理间距影响的峰值侵入力数据规律曲线,图 6-3(b)为节理间距影响的峰值侵入力对应位移数据规律曲线。

如图 6-3 所示,单刃滚刀侵入节理岩体时,节理间距对峰值侵入力的影响无明确规律。当节理间距等于 30 mm 时,节理倾角为 60°时峰值侵入力最小,除倾角为 90°外,其他倾角情况下,随节理间距的增大峰值侵入力对应位移先减小后增大,均在节理间距等于

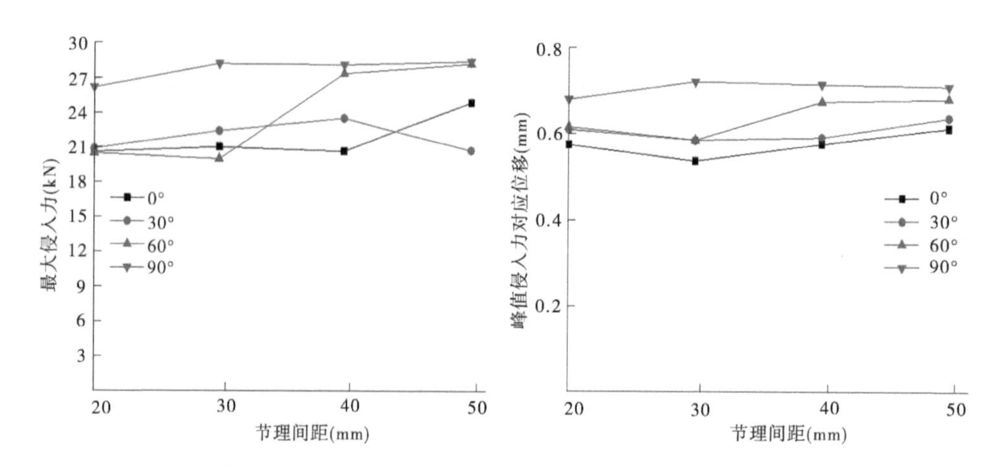

图 6-3　节理间距影响的峰值侵入力与对应侵入位移数据曲线

30 mm 时最小。

图 6-4 为单刃滚刀侵入不同节理倾角和间距数值模型时，节理间距影响的峰值侵入力-侵入深度关系曲线。

对比图 6-4 所示节理间距影响的单刃滚刀侵入节理试件的侵入力-侵入深度关系曲线可知：完整岩体侵入力-侵入位移曲线位于所有节理试件侵入力-侵入位移关系曲线的上方及后方；相同节理倾角条件下，节理间距对单刃滚刀峰值侵入力的影响规律不同：节理倾角为 0°时，间距为 20 mm、30 mm 和 40 mm 的节理试件侵入力-侵入深度曲线基本相似；节理倾角为 30°时，所有节理试件的侵入力-侵入深度曲线基本相似；节理倾角为 60°时，间距为 20 mm 和 30 mm 的节理试件侵入力-侵入深度曲线基本相似，间距为 40 mm 和 50 mm 的节理试件侵入力-侵入深度曲线基本相似；节理倾角为 90°时，除间距为 20 mm 节理试件侵入力-侵入深度关系曲线外，其他间距节理试件的侵入力-侵入深度曲线基本接近且与无节理试件基本相似。

6.1.3　节理间距影响的抗侵入系数规律

图 6-5 为单刃滚刀侵入不同节理倾角和间距数值模型时，节理试件抗侵入系数变化规律曲线，其中图 6-5(a)为节理间距影响的节理试件抗侵入系数变化规律，图 6-5(b)为节理倾角影响的节理试件抗侵入系数变化规律。

如图 6-5(a)所示为单刃滚刀侵入不同节理倾角和间距数值模型时，节理间距影响的节理试件抗侵入系数变化规律：节理倾角为 90°时，节理间距对试件抗侵入系数基本无影响；节理倾角为 0°、30°和 60°时，试件抗侵入系数随节理间距的增大而变化的规律不同，表明节理间距对试件抗侵入系数影响规律性较弱。

图 6-5(b)为单刃滚刀侵入不同节理倾角和间距数值模型时，节理倾角影响的节理试件抗侵入系数变化规律：图中曲线波动规律表明，节理倾角对试件抗侵入系数影响规律性也较弱。

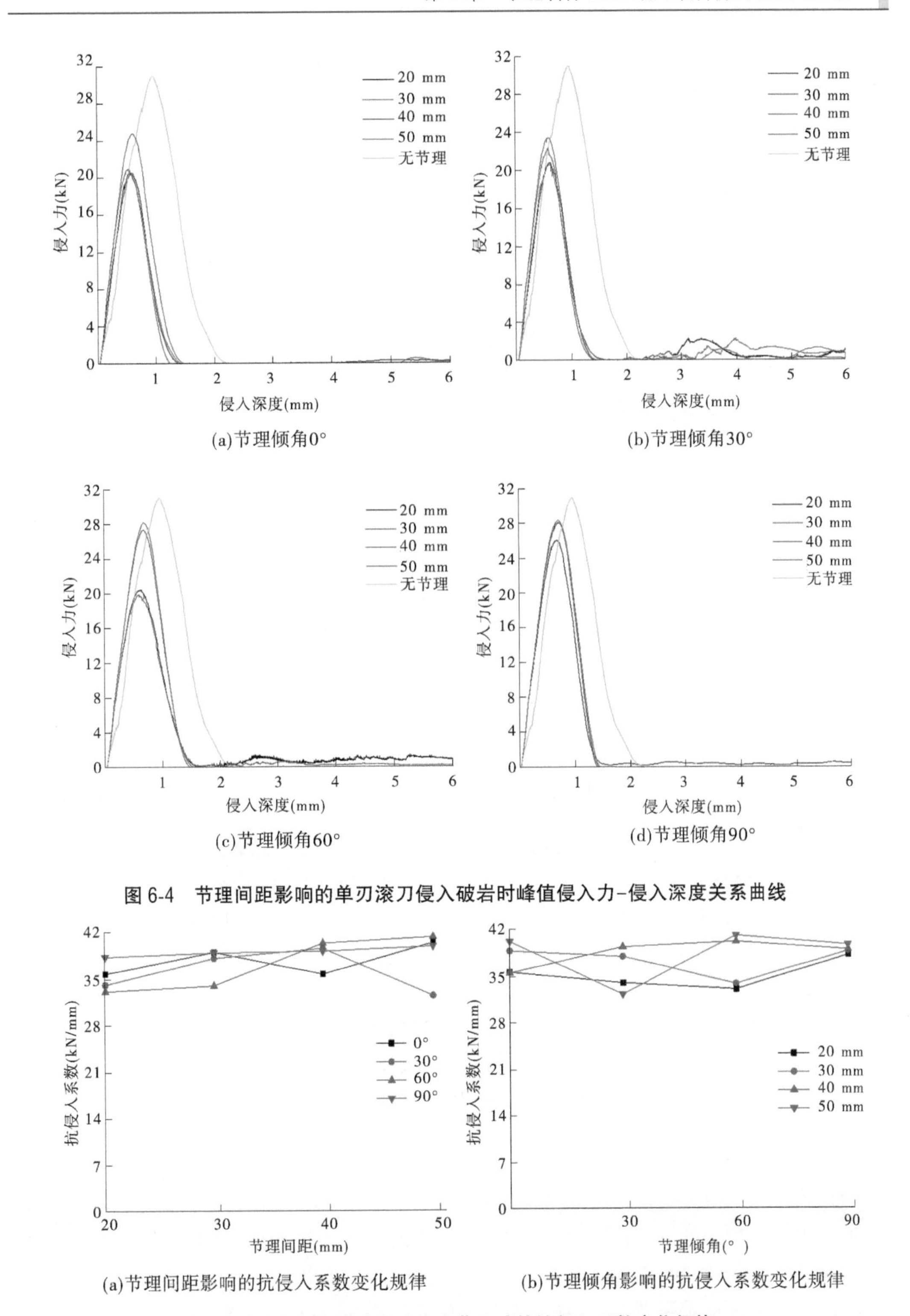

(a)节理倾角0°　(b)节理倾角30°

(c)节理倾角60°　(d)节理倾角90°

图 6-4　节理间距影响的单刃滚刀侵入破岩时峰值侵入力-侵入深度关系曲线

(a)节理间距影响的抗侵入系数变化规律　(b)节理倾角影响的抗侵入系数变化规律

图 6-5　滚刀侵入破岩过程中节理试件抗侵入系数变化规律

6.2 双刃滚刀侵入节理岩体力学特征

本节基于双刃滚刀侵入节理试件数值模型过程中的力学响应特征，分析节理倾角及间距对滚刀侵入破岩过程的影响规律。

6.2.1 节理倾角影响的滚刀入岩力学特征

6.2.1.1 双刃滚刀间距 50 mm

图 6-6 为双刃滚刀侵入不同节理倾角和间距数值模型时，峰值侵入力及峰值侵入力对应位移的数据规律曲线，其中图 6-6(a)为节理倾角影响的峰值侵入力数据规律曲线，图 6-6(b)为节理倾角影响的峰值侵入力对应位移数据规律曲线。

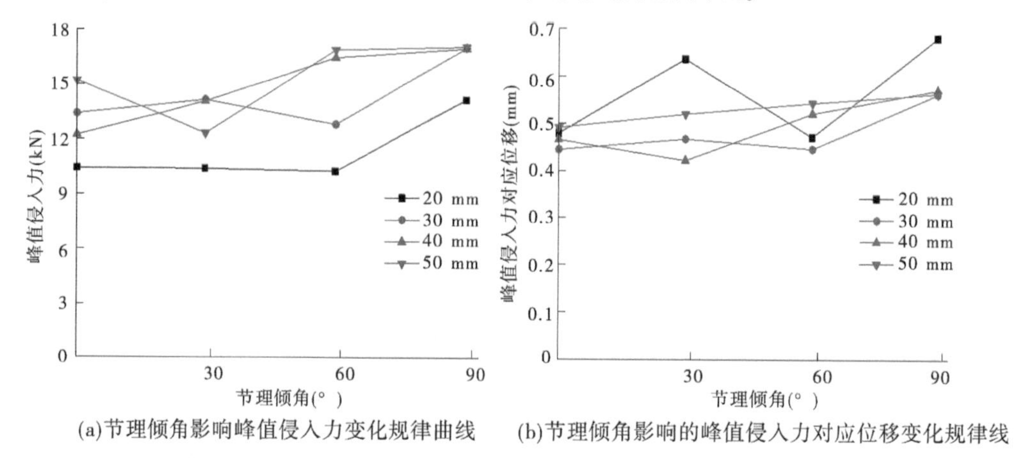

(a)节理倾角影响峰值侵入力变化规律曲线 (b)节理倾角影响的峰值侵入力对应位移变化规律线

图 6-6 节理倾角影响的峰值侵入力与对应侵入位移数据曲线

如图 6-6(a)所示，双刃滚刀侵入节理岩体时，节理倾角对峰值侵入力变化影响整体上呈现随角度增大而增大的趋势，在 0°~60°阶段增长缓慢，60°~90°时会出现较大幅度提高；其中节理间距为 30 mm 时，倾角 60°时峰值侵入力最低；间距为 50 mm 时，倾角 30°时峰值侵入力最低。

如图 6-6(b)所示，峰值侵入力对应位移随倾角增大而呈现增大趋势，但是增大幅度及波动性有所差异：20 mm 间距节理试件波动最大，50 mm 间距节理试件波动最小。

图 6-7 为双刃滚刀侵入不同节理倾角和间距数值模型时，节理倾角影响的峰值侵入力-侵入深度关系曲线。

对比图 6-7 所示节理倾角影响的双刃滚刀侵入节理试件的侵入力-侵入深度关系曲线可知：完整岩体侵入力-侵入位移曲线包络了所有节理试件侵入力-侵入位移关系曲线；相同节理间距条件下，节理倾角对侵入力-侵入深度关系曲线影响较大；节理间距对侵入力峰后曲线有影响，随节理间距的增大，峰后侵入力曲线波动逐渐减弱。相比单刃滚刀侵入力-侵入深度关系曲线，节理模型与完整岩体模型曲线之间的间隙显著增大。

6.2.1.2 双刃滚刀间距 60 mm

图 6-8 为双刃滚刀侵入不同节理倾角和间距数值模型时，峰值侵入力及峰值侵入力

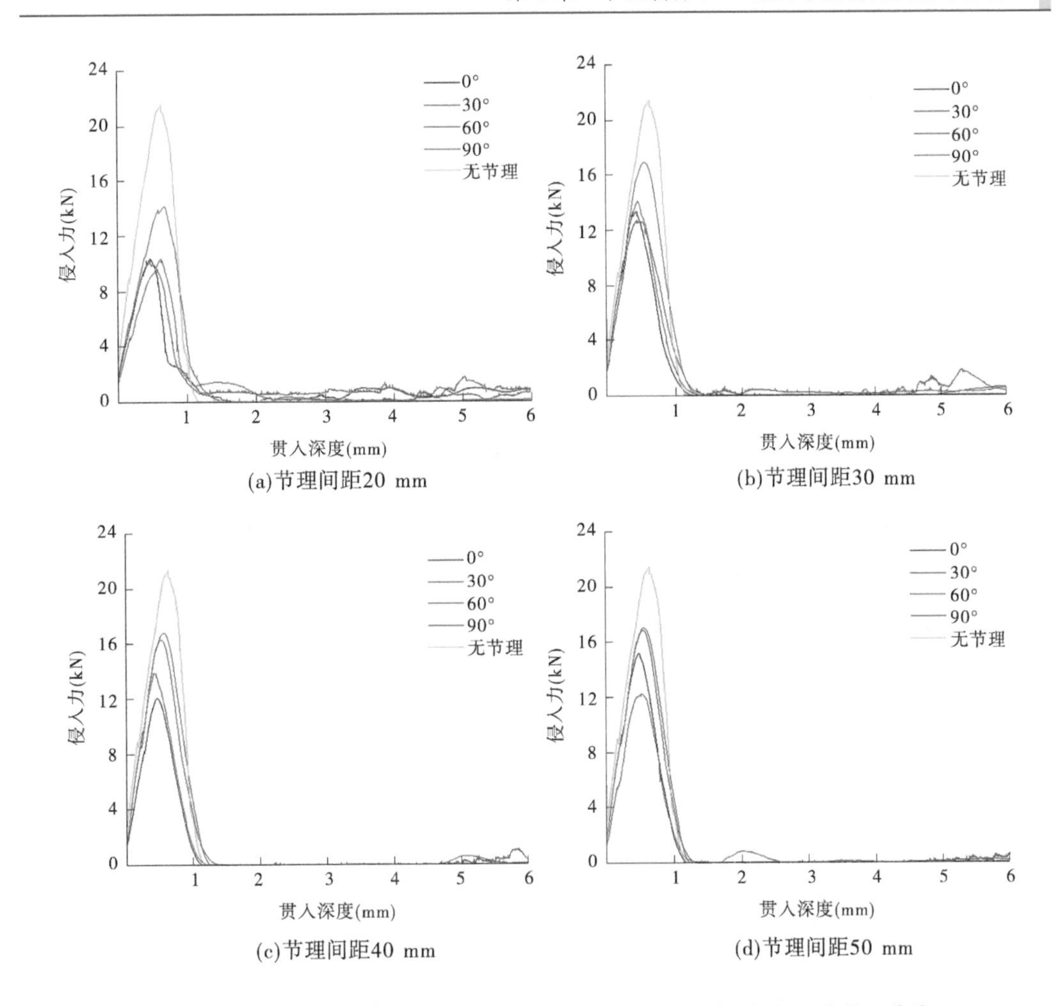

(a)节理间距20 mm
(b)节理间距30 mm
(c)节理间距40 mm
(d)节理间距50 mm

图 6-7　节理倾角影响的双刃滚刀侵入破岩时峰值侵入力-侵入深度关系曲线

对应位移的数据规律曲线，其中图 6-8(a)为节理倾角影响的峰值侵入力数据规律曲线，图 6-8(b)为节理倾角影响的峰值侵入力对应位移数据规律曲线。

如图 6-8(a)所示，双刃滚刀侵入节理岩体时，节理倾角对峰值侵入力变化影响整体上呈现随角度增大而增大的趋势；20 mm 节理间距试件相比其他试件峰值侵入力显著较小，且在 60°倾角时峰值侵入力最小；节理间距为 20 mm 时，在 0°～60°阶段峰值侵入力缓慢下降，60°～90°时峰值侵入力有显著增大；节理间距为 50 mm 时，峰值侵入力在 30°时最小。

如图 6-8(b)所示，峰值侵入力对应位移随倾角增大而呈现增大趋势，相比滚刀间距 50 mm 条件，峰值侵入力对应位移曲线波动性较小，间距为 20 mm 时，节理试件峰值侵入力对应位移相比其他间距节理试件模型要大。

图 6-9 为双刃滚刀侵入不同节理倾角和间距数值模型时，节理倾角影响的峰值侵入力-侵入深度关系曲线。

对比图 6-9 所示节理倾角影响的双刃滚刀侵入节理试件的侵入力-侵入深度关系曲线可知：滚刀间距为 60 mm 时，节理模型侵入力-侵入位移关系曲线与图 6-7 所示的 50 mm

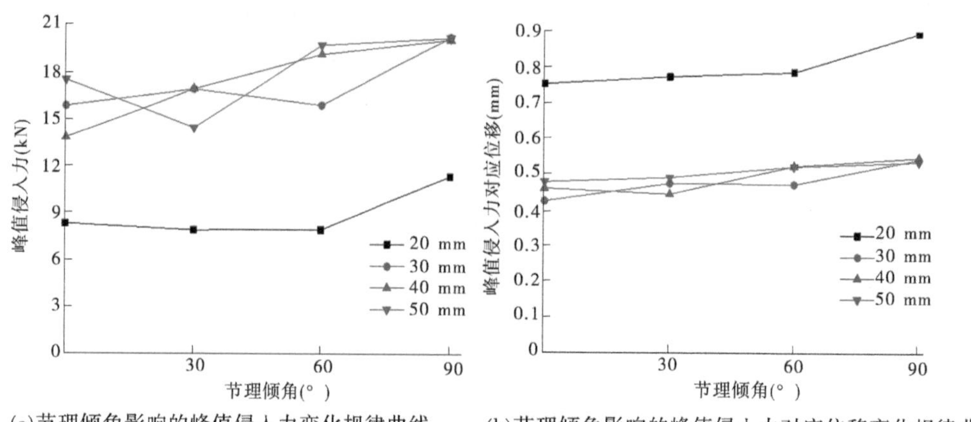

图 6-8 节理倾角影响的峰值侵入力与对应侵入位移数据曲线

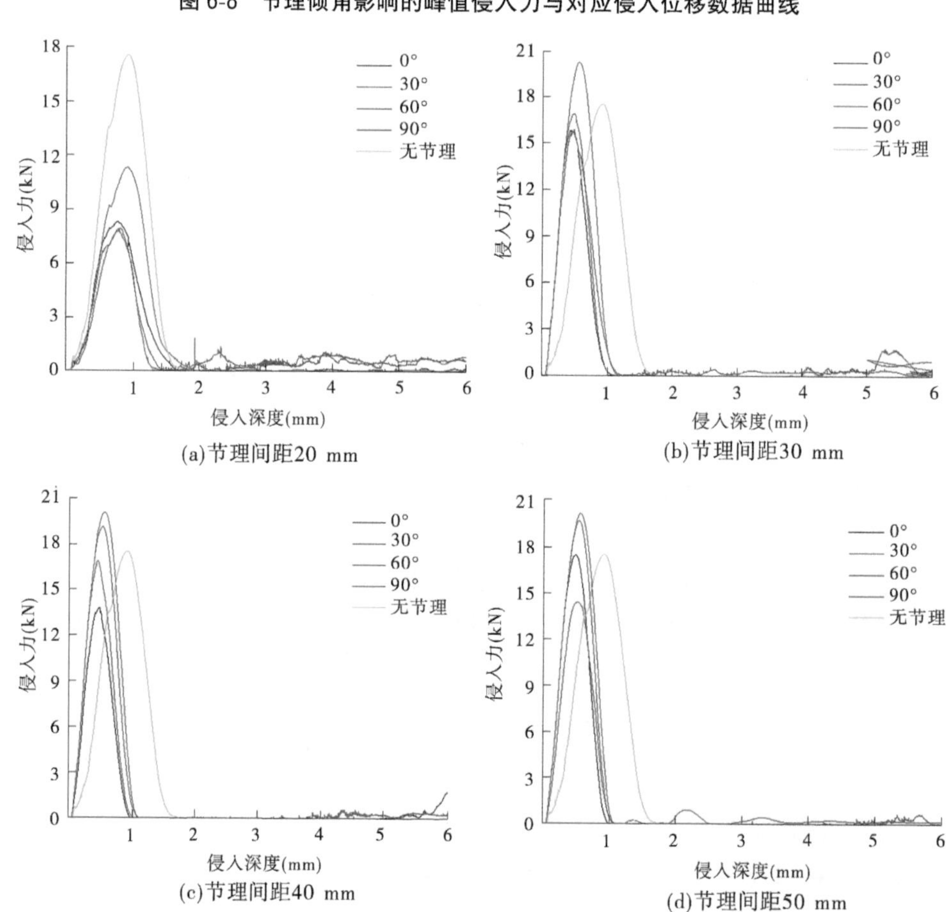

图 6-9 节理倾角影响的双刃滚刀侵入破岩时峰值侵入力-侵入深度关系曲线

间距双刃滚刀作用下的节理模型侵入力-侵入位移关系曲线差异较大,除节理间距为 20 mm 时完整模型侵入力-侵入位移曲线能够包络节理试件侵入力-侵入位移关系曲线外,其他间距下,完整模型侵入力-侵入位移关系曲线甚至比节理模型曲线的包络范围还小,特别是节理倾角为 90°的模型侵入力-侵入位移曲线,包络范围都大于完整模型曲线。这表明滚刀间距设置为 60 mm 时,滚刀破岩效率整体较 50 mm 间距滚刀低。

6.2.1.3　双刃滚刀间距 70 mm

图 6-10 为双刃滚刀侵入不同节理倾角和间距数值模型时,峰值侵入力及峰值侵入力对应位移的数据规律曲线,其中图 6-10(a)为节理倾角影响的峰值侵入力数据规律曲线,图 6-10(b)为节理倾角影响的峰值侵入力对应位移数据规律曲线。

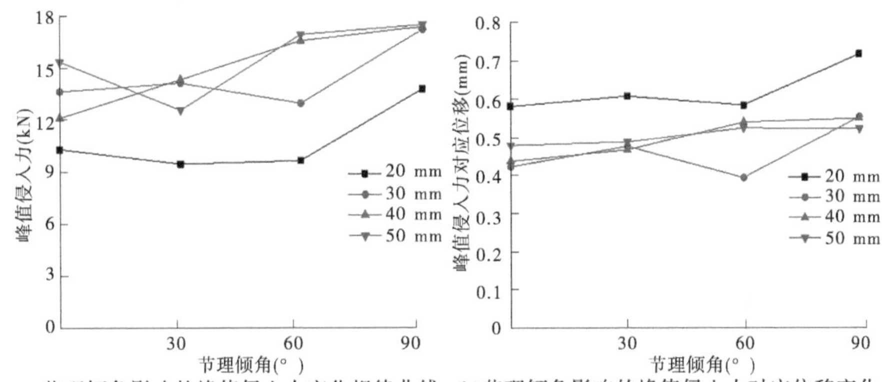

(a)节理倾角影响的峰值侵入力变化规律曲线　(b)节理倾角影响的峰值侵入力对应位移变化规律曲线

图 6-10　节理倾角影响的峰值侵入力与对应侵入位移数据曲线

如图 6-10(a)所示,与图 6-8(a)所示规律曲线相似,双刃滚刀侵入节理岩体时,节理倾角对峰值侵入力变化影响整体上呈现随倾角增大而增大的趋势;20 mm 节理间距试件相比其他试件峰值侵入力显著较小,并在 30°倾角时峰值侵入力最小;节理间距为 20 mm 时,在 0°~60°阶段峰值侵入力变化缓慢,60°~90°时峰值侵入力又显著增大;节理间距为 50 mm 时,峰值侵入力在 30°时最小。

如图 6-10(b)所示,相比图 6-8(b),峰值侵入力对应位移随倾角增大而呈现增大趋势,但是增大过程中波动幅度较滚刀间距 60 mm 时偏大,节理间距为 20 mm 时,节理试件峰值侵入力对应位移相比其他间距节理试件模型要大。

图 6-11 为双刃滚刀侵入不同节理倾角和间距数值模型时,节理倾角影响的峰值侵入力-侵入深度关系曲线。

对比图 6-11 所示节理倾角影响的双刃滚刀侵入节理试件的侵入力-侵入深度关系曲线可知:滚刀间距为 70 mm 时,节理模型侵入力-侵入位移关系曲线与图 6-7 所示的 50 mm 间距双刃滚刀作用下的节理模型侵入力-侵入位移关系曲线基本相似:完整模型侵入力-侵入位移曲线能够完全包络节理试件侵入力-侵入位移关系曲线;节理试件侵入力-侵入位移关系曲线包络范围受节理倾角影响较大。

6.2.2　节理间距影响的滚刀入岩力学特征

6.2.2.1　双刃滚刀间距 50 mm

图 6-12 为双刃滚刀侵入不同节理倾角和间距数值模型时,峰值侵入力及峰值侵入力对应位移的数据规律曲线,其中图 6-12(a)为节理间距影响的峰值侵入力数据规律曲线,

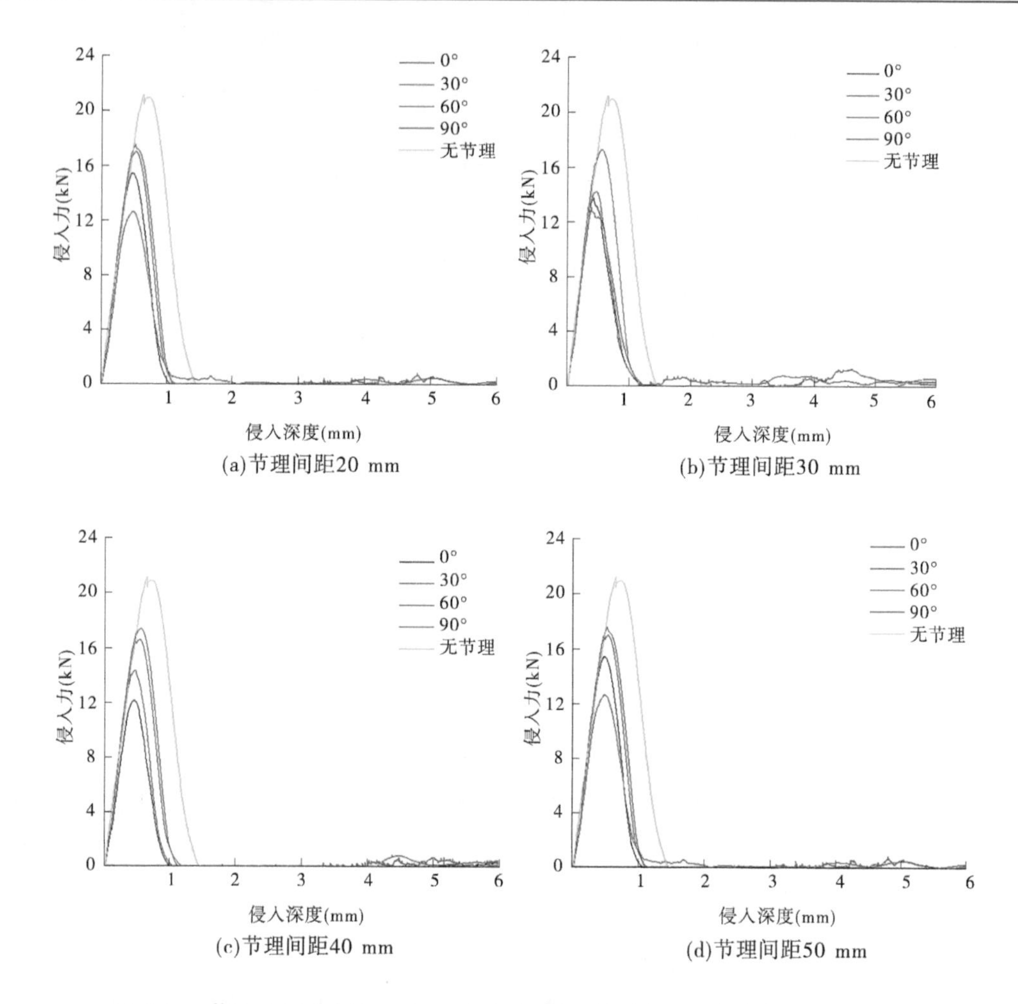

(a)节理间距20 mm
(b)节理间距30 mm
(c)节理间距40 mm
(d)节理间距50 mm

图 6-11　节理倾角影响的双刃滚刀侵入破岩时峰值侵入力-侵入位移关系曲线

图 6-12(b)为节理间距影响的峰值侵入力对应位移数据规律曲线。

如图 6-12(a)所示,节理间距对峰值侵入力变化影响整体上呈现随角度增大而增大的趋势;节理倾角为 30°时,在节理间距由 40 mm 增大至 50 mm 时,峰值侵入力有所下降;倾角 60°对应节理模型峰值侵入力强度最低;节理间距由 20 mm 增大至 40 mm 时,峰值侵入力有显著增大,在 40~50 mm 阶段峰值侵入力增长幅度较小;节理间距为 20~30 mm 时,倾角 60°对应节理模型峰值侵入力强度最低。

如图 6-12(b)所示,峰值侵入力对应位移随节理间距的增大而呈现减小趋势,在 20~30 mm 范围内减小显著,30~50 mm 范围内峰值侵入力对应位移基本无减小。

图 6-13 为双刃滚刀侵入不同节理倾角和间距数值模型时,节理间距影响的峰值侵入力-侵入深度关系曲线。

对比图 6-13 所示节理间距影响的双刃滚刀侵入节理试件的侵入力-侵入深度关系曲线可知:完整岩体侵入力-侵入位移曲线包络了所有节理试件侵入力-侵入位移关系曲线;相同节理倾角条件下,节理间距对侵入力-侵入深度关系曲线影响较大;相比单刃滚刀侵入力-侵入深度关系曲线,节理模型与完整岩体模型曲线之间的间隙显著增大。

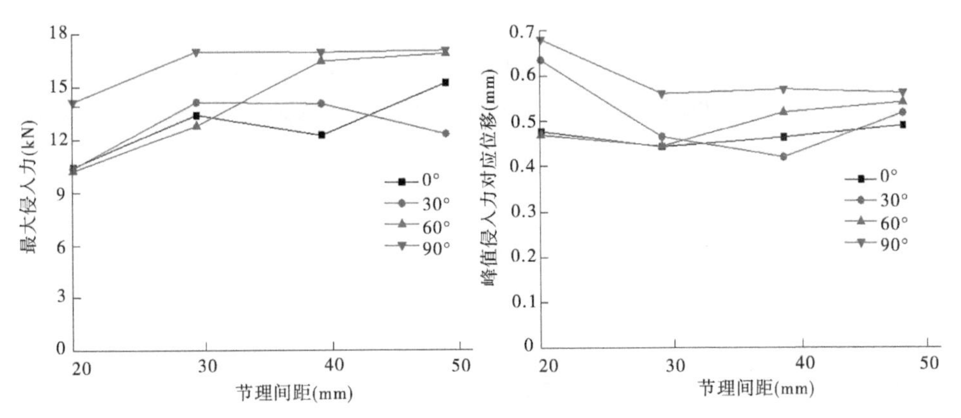

(a)节理间距影响的峰值侵入力变化规律曲线　(b)节理间距影响的峰值侵入力对应位移变化规律曲线

图 6-12　节理间距影响的峰值侵入力与对应侵入位移数据曲线

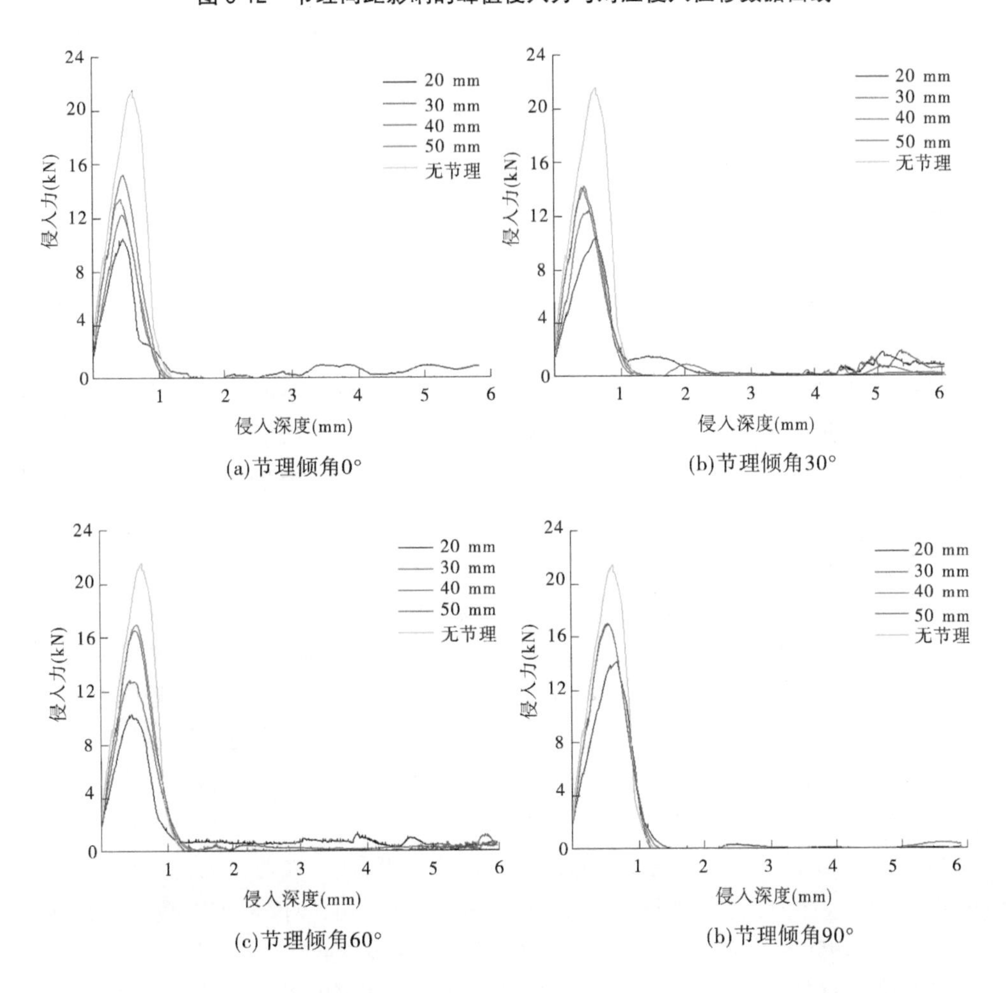

(a)节理倾角0°　(b)节理倾角30°

(c)节理倾角60°　(b)节理倾角90°

图 6-13　节理间距影响的双刃滚刀侵入破岩时峰值侵入力-侵入深度关系曲线

6.2.2.2 双刃滚刀间距 60 mm

图 6-14 为双刃滚刀侵入不同节理倾角和间距数值模型时，峰值侵入力及峰值侵入力对应位移的数据规律曲线，其中图 6-14(a)为节理间距影响的峰值侵入力数据规律曲线，图 6-14(b)为节理间距影响的峰值侵入力对应位移数据规律曲线。

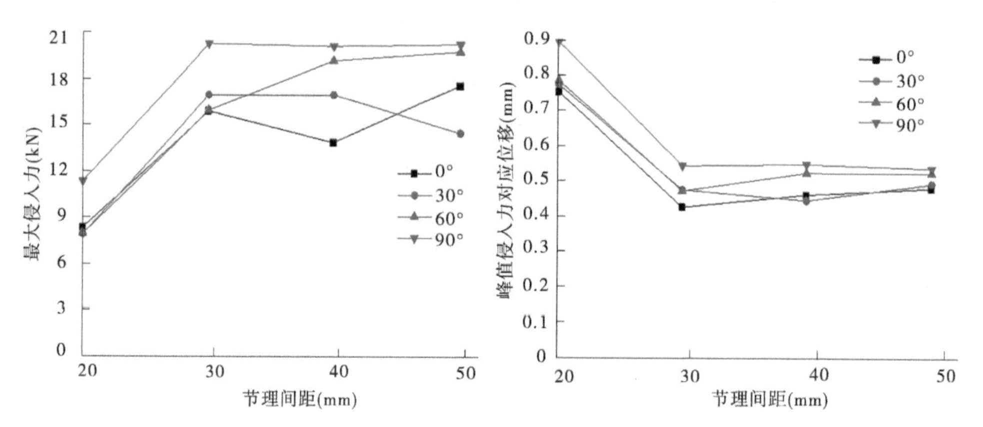

(a)节理间距影响的峰值侵入力变化规律曲线　(b)节理间距影响的峰值侵入力对应位移变化规律曲线

图 6-14　节理间距影响的峰值侵入力与对应侵入位移数据曲线

如图 6-14(a)所示，节理间距对峰值侵入力的影响整体上呈现随角度增大而增大的趋势；节理倾角为 30°时，在节理间距由 40 mm 增大至 50 mm 时，峰值侵入力有所下降；倾角 60°对应节理模型峰值侵入力强度最低；节理间距由 20 mm 增大至 30 mm 时，峰值侵入力有显著增大，在 30~50 mm 阶段峰值侵入力增长幅度较小。

如图 6-14(b)所示，峰值侵入力对应位移随节理间距的增大而呈现减小趋势，在 20~30 mm 范围内减小显著，30~50 mm 范围内峰值侵入力对应位移基本无减小。

图 6-15 为双刃滚刀侵入不同节理倾角和间距数值模型时，节理间距影响的峰值侵入力-侵入深度关系曲线。

如图 6-15 所示，对比节理间距影响的双刃滚刀侵入节理试件的侵入力-侵入深度关系曲线可知：相比图 6-13 所示滚刀间距为 50 mm，完整岩体侵入力-侵入位移曲线相比节理试件侵入力-侵入位移关系曲线并无显著差异；相同节理倾角条件下，完整岩体侵入力-侵入位移曲线能够完整包络 20 mm 节理间距模型曲线，但是与其他节理间距模型的曲线位错明显；在节理倾角为 90°时，节理间距在 30~50 mm 范围内时，模型侵入力-侵入深度关系曲线几乎完全重合，在其他倾角下，这一节理间距范围内的曲线存在包络关系。

6.2.2.3 双刃滚刀间距 70 mm

图 6-16 为双刃滚刀侵入不同节理倾角和间距数值模型时，峰值侵入力及峰值侵入力对应位移的数据规律曲线，其中图 6-16(a)为节理间距影响的峰值侵入力数据规律曲线，图 6-16(b)为节理间距影响的峰值侵入力对应位移数据规律曲线。

如图 6-16(a)所示，与图 6-14(a)所示峰值侵入力随节理间距增大的规律相似：节理间距对峰值侵入力的影响整体上呈现随角度增大而增大的趋势；节理倾角为 30°时，在节理间距由 40 mm 增大至 50 mm 时，峰值侵入力有所下降；倾角 60°对应节理模型峰值侵入

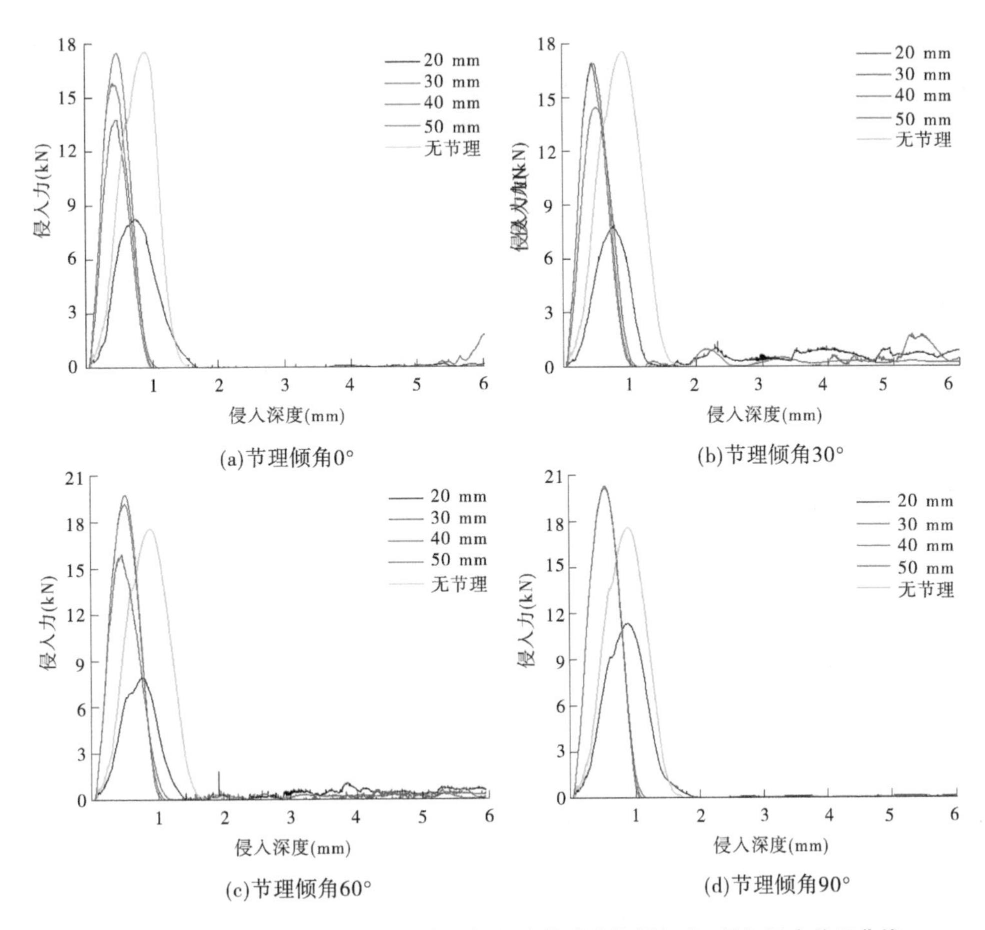

(a)节理倾角0°　(b)节理倾角30°

(c)节理倾角60°　(d)节理倾角90°

图 6-15　节理间距影响的双刃滚刀侵入破岩时峰值侵入力-侵入深度关系曲线

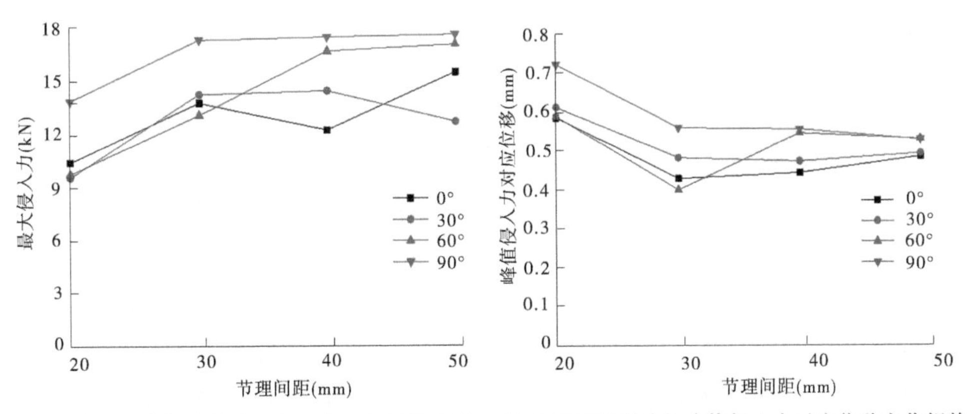

(a)节理间距影响的峰值侵入力变化规律曲线　(b)节理间距影响的峰值侵入力对应位移变化规律曲线

图 6-16　节理间距影响的峰值侵入力与对应侵入位移数据曲线

力强度最低;节理间距由 20 mm 增大至 40 mm 时,峰值侵入力有显著增大,但是相比图 6-14(a),图 6-16(a)中此阶段峰值侵入力增长幅度较小;在 40~50 mm 阶段峰值侵入力增长幅度较小。

如图 6-16(b)所示，峰值侵入力对应位移随节理间距的增大而呈现减小趋势，在 20~30 mm 范围内减小显著，60°节理倾角峰值侵入力对应位移最低；30~50 mm 范围内峰值侵入力对应位移基本无减小，节理倾角为 0°时峰值侵入力对应位移最低。

图 6-17 为双刃滚刀侵入不同节理倾角和间距数值模型时，节理间距影响的峰值侵入力-侵入深度关系曲线。

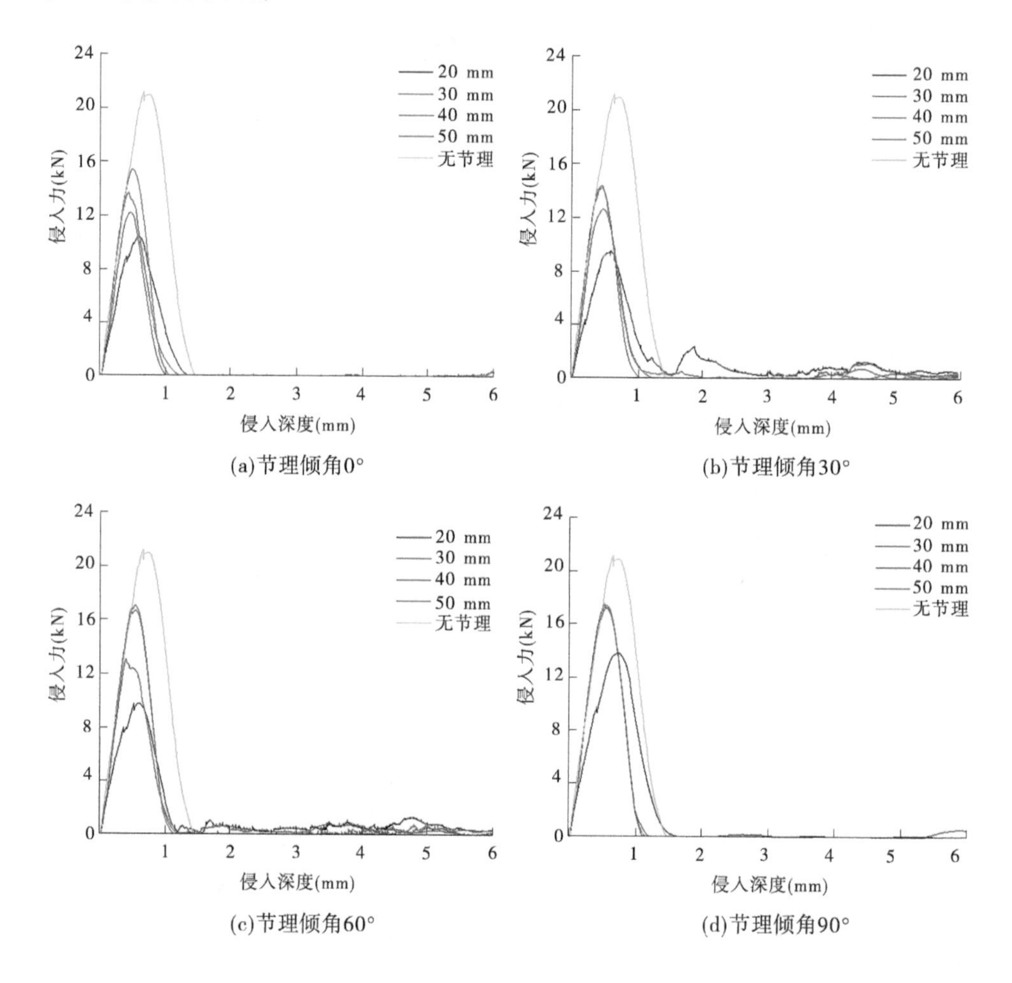

图 6-17　节理间距影响的双刃滚刀侵入破岩时峰值侵入力-侵入位移关系曲线

如图 6-17 所示，与图 6-13 曲线形态相似：完整岩体侵入力-侵入位移曲线包络了所有节理试件侵入力-侵入位移关系曲线；相同节理倾角条件下，节理间距对侵入力-侵入深度关系曲线影响较大。节理倾角为 30°和 60°时，侵入力-侵入位移曲线峰后波动性较 0°与 90°大；节理倾角 90°模型中 30~50 mm 范围内的侵入力-侵入位移曲线几乎重合，这说明刀间距为 70 mm 时，节理倾角在 90°时，节理间距在 30~50 mm 对滚刀破岩影响不大。

6.2.3　滚刀间距影响的节理模型力学响应特征分析

6.2.3.1　无节理

为增加对比性，在数值仿真试验中，同时针对无节理模型开展了不同滚刀间距的侵入破岩过程模拟，图 6-18 为不同间距双刃滚刀侵入完整岩体模型中的侵入力-侵入位移关系曲线。从图 6-18 中曲线特征可以看出：滚刀间距为 50~70 mm 时，侵入力-侵入位移关系曲线基本相似；滚刀间距为 60 mm 时，侵入力-侵入位移关系曲线包络范围显著降低，且峰值侵入力对应位移有明显后移。

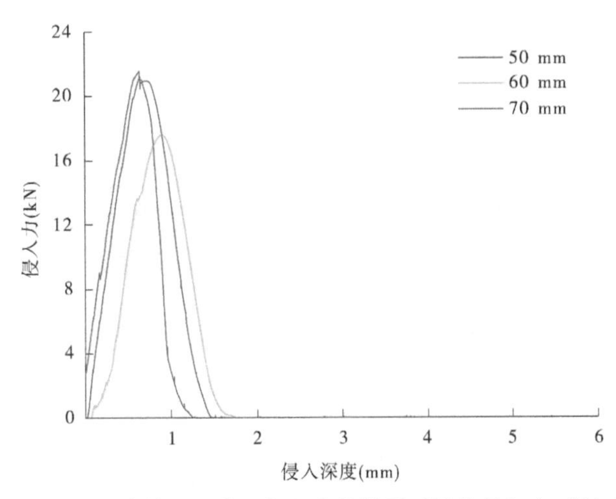

图 6-18　滚刀间距影响的双刃滚刀侵入完整模型时峰值侵入力-侵入位移关系曲线

从滚刀侵入破岩过程上讲，最小的侵入力破坏最多的岩体，才能实现最高的破岩效率。在无节理情况下，滚刀间距为 60 mm 破岩所需侵入力最低，峰值侵入力对应位移最大，获得相同侵入位移所需侵入力最低。

6.2.3.2　节理间距为 20 mm

如图 6-19 所示为不同刀间距双刃滚刀侵入节理间距为 20 mm 模型时的峰值侵入力-侵入深度关系曲线。

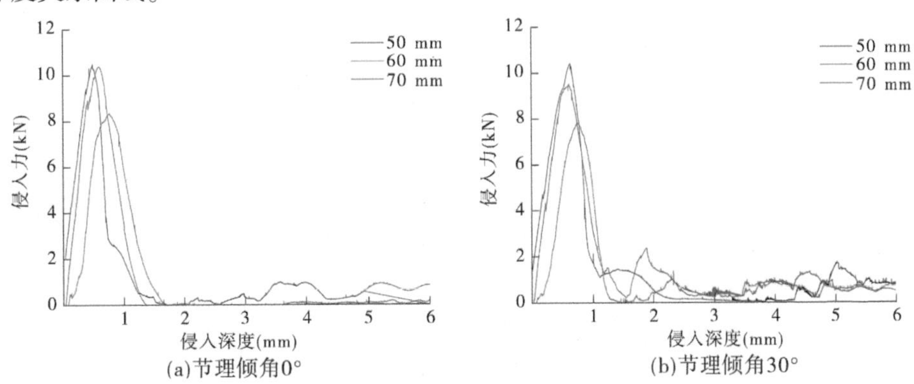

图 6-19　滚刀间距影响的峰值侵入力-侵入深度关系曲线

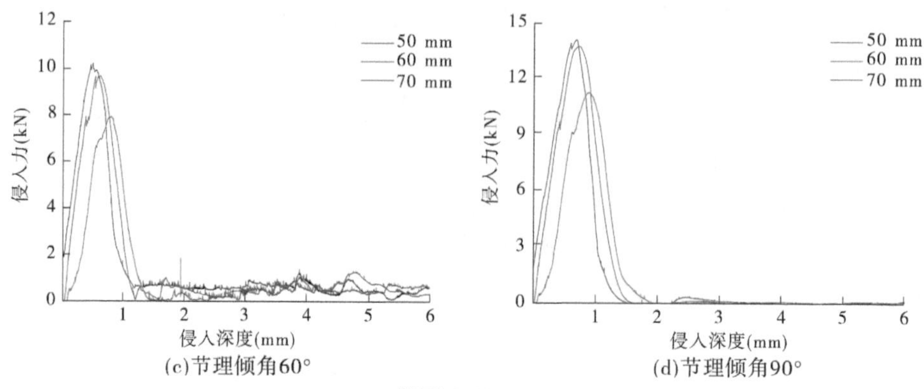

(c)节理倾角60°　　(d)节理倾角90°

续图 6-19

节理间距为 20 mm 时,双刃滚刀侵入节理模型中的关系曲线与无节理模型的关系曲线相似:滚刀间距为 50 mm 和 70 mm 时,侵入力-侵入位移关系曲线基本相似;滚刀间距为 60 mm 时,侵入力-侵入位移关系曲线包络范围显著降低,且峰值侵入力对应位移有明细后移。表明当节理间距为 20 mm 时,滚刀间距为 60 mm 时的破岩效率比滚刀间距为 50 mm 和 70 mm 时的效率均要高。刀间距相同时,破岩效率随节理倾角增大先增大后减小。

6.2.3.3 节理间距为 30 mm

图 6-20 为不同刀间距双刃滚刀侵入节理间距为 30 mm 模型时的峰值侵入力-侵入深度关系曲线。

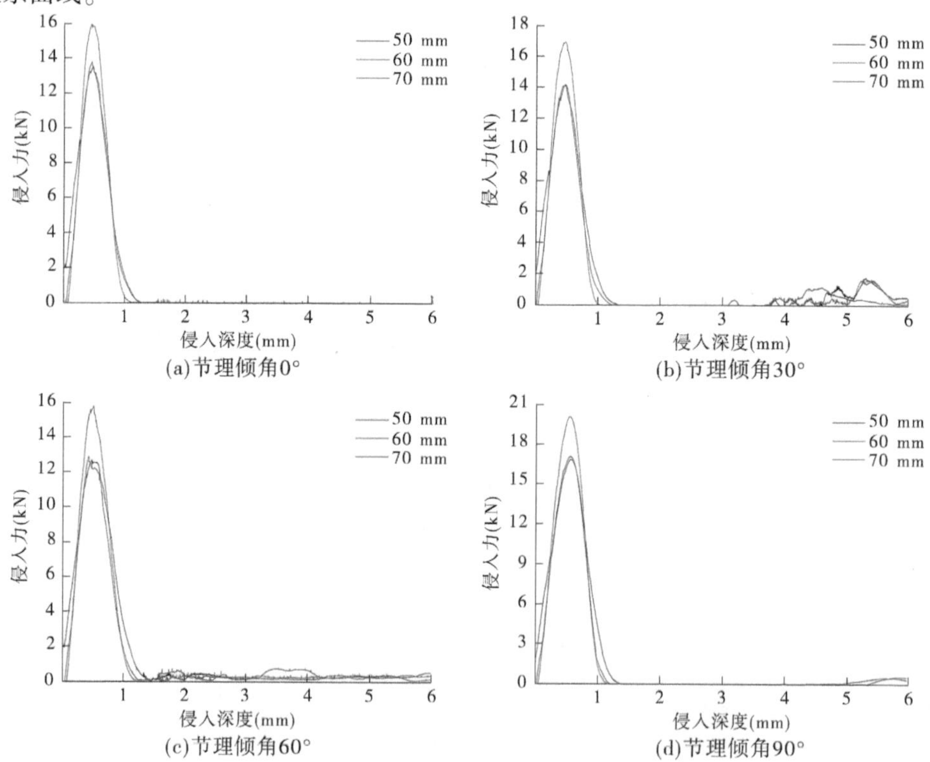

(a)节理倾角0°　　(b)节理倾角30°

(c)节理倾角60°　　(d)节理倾角90°

图 6-20　滚刀间距影响的峰值侵入力-侵入深度关系曲线

节理间距为 30 mm 时，双刃滚刀侵入节理模型中的关系曲线与无节理模型的关系曲线不同：滚刀间距为 60 mm 时，侵入力-侵入位移关系曲线可以完全包络滚刀间距为 50 mm 和 70 mm 时的侵入力-侵入位移关系曲线；且滚刀间距为 60 mm 时峰值侵入力对应位移与间距为 50 mm 和 70 mm 的曲线没有显著差别。表明在节理间距为 30 mm 时，滚刀间距为 60 mm 时的破岩效率要低于 50 mm 和 70 mm。刀间距相同时，破岩效率随节理倾角增大先增大后减小。

6.2.3.4　节理间距为 40 mm

图 6-21 为不同刀间距双刃滚刀侵入节理间距为 40 mm 模型时的峰值侵入力-侵入深度关系曲线。

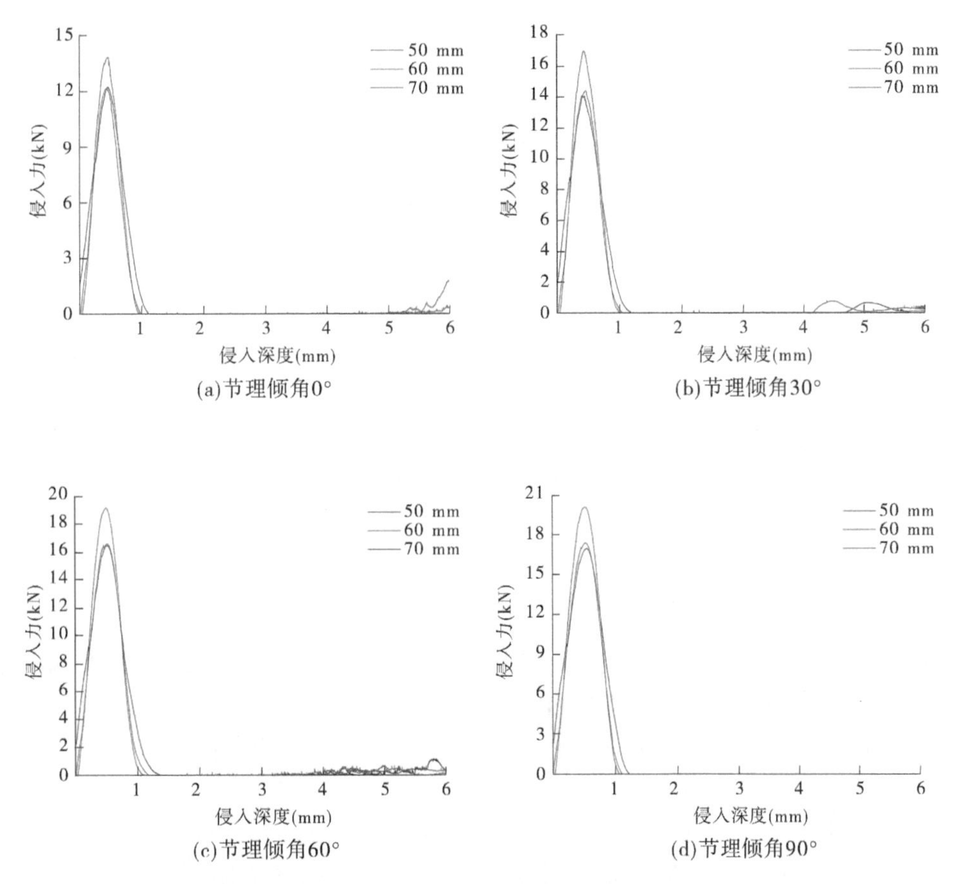

(a)节理倾角0°　(b)节理倾角30°

(c)节理倾角60°　(d)节理倾角90°

图 6-21　滚刀间距影响的峰值侵入力-侵入位移关系曲线（D=40 mm）

节理间距为 40 mm 时，双刃滚刀侵入节理模型中的关系曲线与节理间距为 30 mm 的模型曲线相似：滚刀间距为 60 mm 时，侵入力-侵入位移关系曲线亦可完全包络滚刀间距为 50 mm 和 70 mm 时的侵入力-侵入位移关系曲线；且滚刀间距为 60 mm 时峰值侵入力对应位移与间距为 50 mm 和 70 mm 的曲线没有显著差别。表明在节理间距为 40 mm 时，滚刀间距为 60 mm 时的破岩效率要低于 50 mm 和 70 mm。刀间距相同时，破岩效率随节理倾角增大先增大后减小。

6.2.3.5 节理间距为 50 mm

图 6-22 为不同刀间距双刃滚刀侵入节理间距为 50 mm 模型时的峰值侵入力-侵入深度关系曲线。

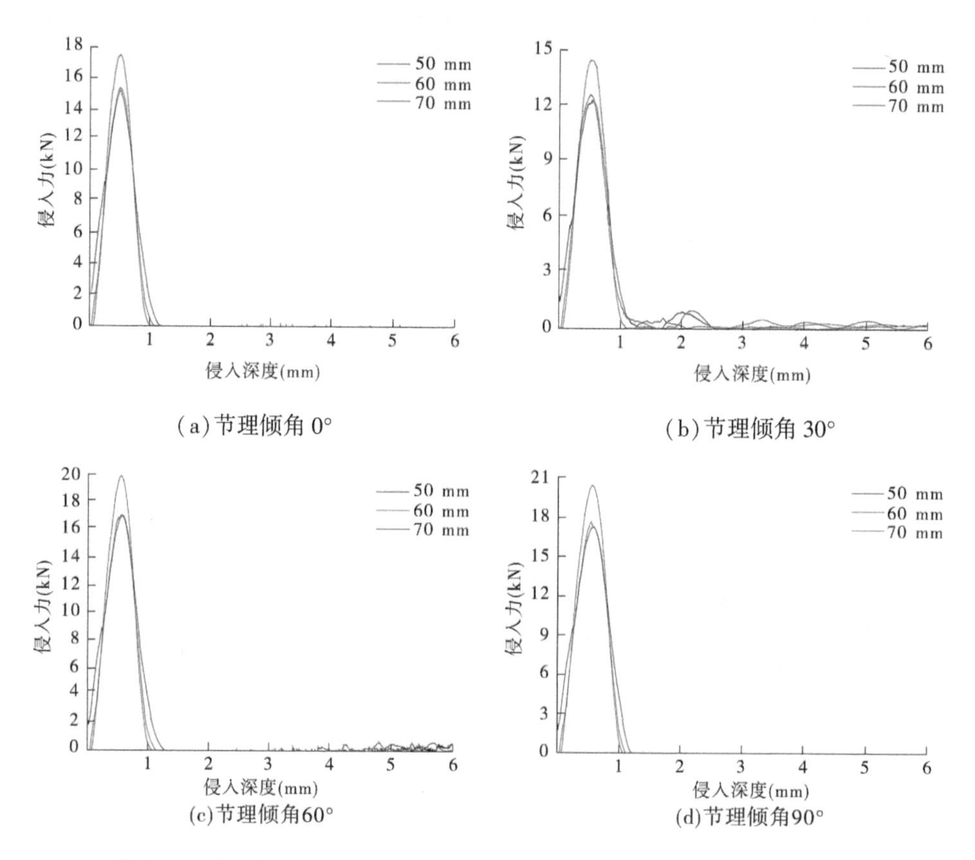

图 6-22 滚刀间距影响的峰值侵入力-侵入深度关系曲线（D=50 mm)

节理间距为 50 mm 时，双刃滚刀侵入节理模型中的关系曲线与节理间距为 30 mm 和 40 mm 的模型曲线相似：滚刀间距为 60 mm 时，侵入力-侵入位移关系曲线同样可以完全包络滚刀间距为 50 mm 和 70 mm 时的侵入力-侵入位移关系曲线；且滚刀间距为 60 mm 时峰值侵入力对应位移与间距为 50 mm 和 70 mm 的曲线没有显著差别。表明在节理间距为 50 mm 时，滚刀间距为 60 mm 时的破岩效率要低于 50 mm 和 70 mm。当节理倾角为 0°时，刀间距为 50 mm 和 70 mm 时对应峰值侵入力均比其他倾角时要低，且刀间距 50 mm 对比 70 mm 峰值侵入力更低一些，同时其包络图的面积反而大一些。故节理间距为 50 mm 时，刀间距为 50 mm，节理倾角为 30°时破岩效率最高。

6.2.4 节理影响的抗侵入系数

6.2.4.1 滚刀间距 50 mm

图 6-23 为间距为 50 mm 双刃滚刀侵入节理模型过程中抗侵入系数规律曲线。

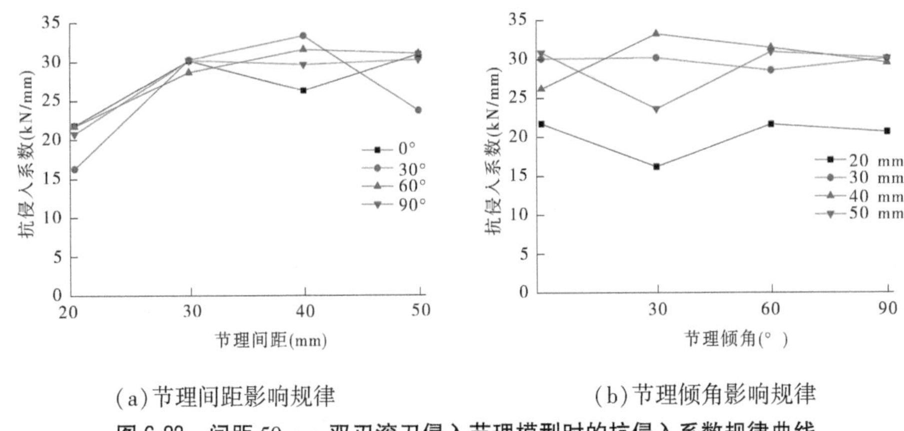

(a) 节理间距影响规律　　(b) 节理倾角影响规律

图 6-23　间距 50 mm 双刃滚刀侵入节理模型时的抗侵入系数规律曲线

如图 6-23(a)所示,滚刀间距为 50 mm 的双刃滚刀侵入节理岩体过程中,抗侵入系数整体上呈现随节理间距增大而增大的趋势,节理间距为 20 mm 时,岩体抗侵入系数最低,表明节理间距越大,滚刀侵入破碎岩体的难度越大,效率越低;在节理间距为 50 mm 时,30°倾角节理岩体抗侵入系数有下降的现象发生。

如图 6-23(b)所示,节理间距为 20 mm 和 50 mm 时,倾角为 30°的节理模型抗侵入系数最低;节理间距为 30 mm 时,模型抗侵入系数随节理倾角变化的波动不大;节理间距为 40 mm 时,倾角为 0°时抗侵入系数最低,30°~90°范围内,随角度增大而缓慢减小。

6.2.4.2　**滚刀间距 60 mm**

图 6-24 为间距 60 mm 双刃滚刀侵入节理模型过程中抗侵入系数规律曲线。

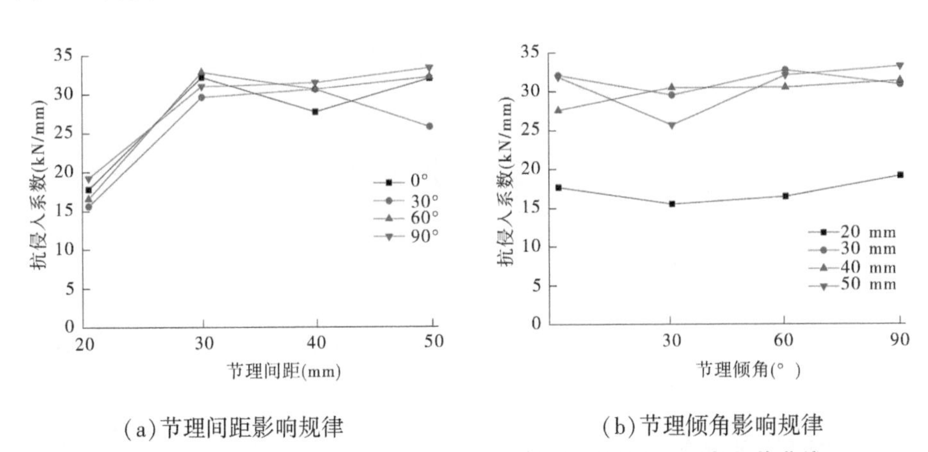

(a) 节理间距影响规律　　(b) 节理倾角影响规律

图 6-24　间距 60 mm 双刃滚刀侵入节理模型时的抗侵入系数规律曲线

如图 6-24(a)所示,滚刀间距 60 mm 的双刃滚刀侵入节理岩体过程中,抗侵入系数整体上呈现随节理间距增大而增大的趋势,节理间距为 20 mm 时,岩体抗侵入系数最低,节理间距 30~50 mm 范围内,节理岩体抗侵入系数变化不大;30°倾角节理试件在间距为 50 mm 时,也存在抗侵入系数下降的现象。

如图 6-24(b)所示,滚刀间距为 60 mm 时,节理模型抗侵入系数基本维持在一个水平;节理间距为 20 mm 时,模型抗侵入系数显著低于另外 3 种节理模型;30~50 mm 范围内,节理模型抗侵入系数差距不大。

6.2.4.3 滚刀间距 70 mm

图 6-25 所示为间距 70 mm 双刃滚刀侵入节理模型过程中抗侵入系数规律曲线。

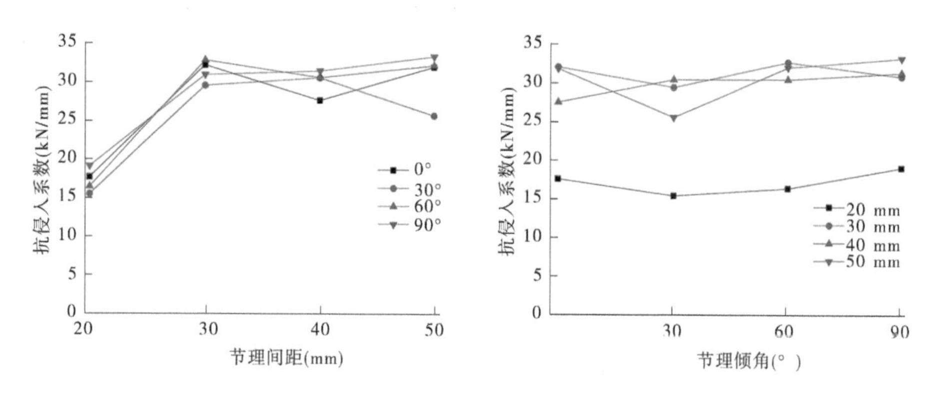

(a)节理间距影响规律　　(b)节理倾角影响规律

图 6-25 间距 70 mm 双刃滚刀侵入节理模型时的抗侵入系数规律曲线

如图 6-25(a)所示,与图 6-24(a)相似,间距为 70 mm 的双刃滚刀侵入节理岩体过程中,抗侵入系数整体上呈现随节理间距增大而增大的趋势,节理间距为 20 mm 时,岩体抗侵入系数最低,节理间距为 30~50 mm 时,节理岩体抗侵入系数变化不大;30°倾角节理试件在间距为 50 mm 时,也存在抗侵入系数下降的现象。

如图 6-25(b)所示,与图 6-24(b)相似,滚刀间距为 70 mm 时,节理模型抗侵入系数基本维持在一个水平;节理间距为 20 mm 时,模型抗侵入系数显著低于另外 3 种节理模型;30~50 mm 范围内,节理模型抗侵入系数差距不大。

6.3 单刃滚刀侵入时节理模型变形破坏特征

前文对节理模型滚刀侵入过程的侵入力-侵入位移曲线、峰值侵入力、抗侵入系数等数据变化规律进行了对比,分析了节理倾角与间距影响的滚刀侵入破岩规律差异性。在此基础上,为进一步研究节理倾角与间距对滚刀破岩规律的影响作用机制,本节结合滚刀侵入过程中节理模型的变形响应特征,做进一步的对比和分析。

6.3.1 节理模型破坏位移云图

6.3.1.1 节理间距 20 mm

图 6-26 为单刃滚刀侵入节理间距为 20 mm 的模型时,模型内部位移变化规律。从图 6-26 中可以看出:随着节理面倾角的增大,节理模型位移云图逐渐由整体位移向区块化位移过渡,在 0°时整个模型发生的位移变形基本相同,30°时位移场开始向滚刀作用所在区域转移,60°时滚刀作用区域外、节理面上方岩块位移显著,并有剥离现象发生,90°时则以第一层节理面为分界线,下部岩体位移场均匀,上部与下部呈现显著差异性。

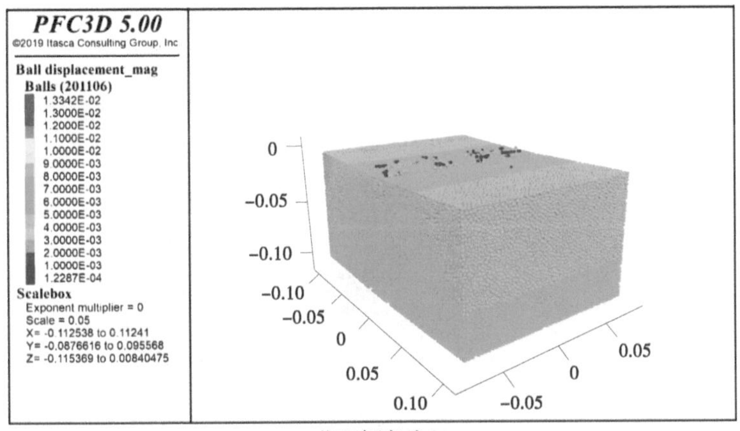

(a)节理倾角为0°

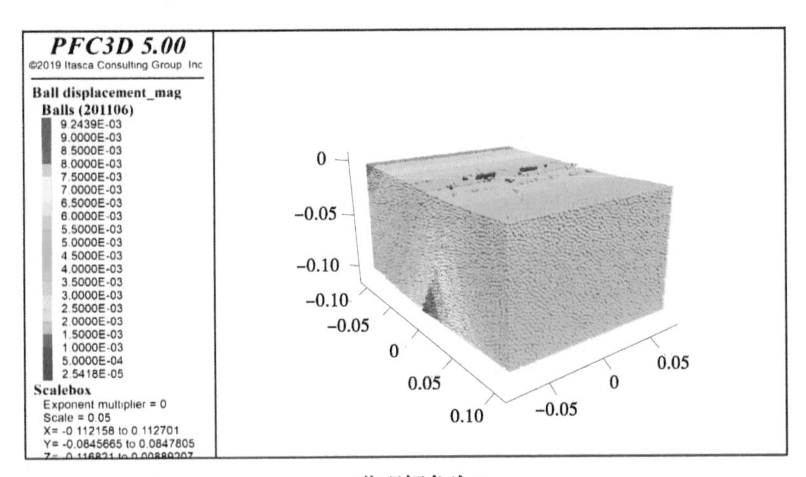

(b)节理倾角为30°

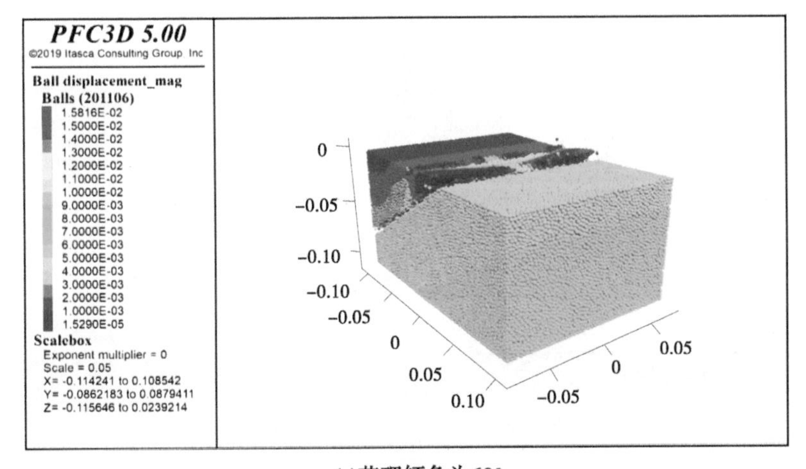

(c)节理倾角为60°

图 6-26　单刃滚刀侵入节理模型时的位移云图(D=20 mm)

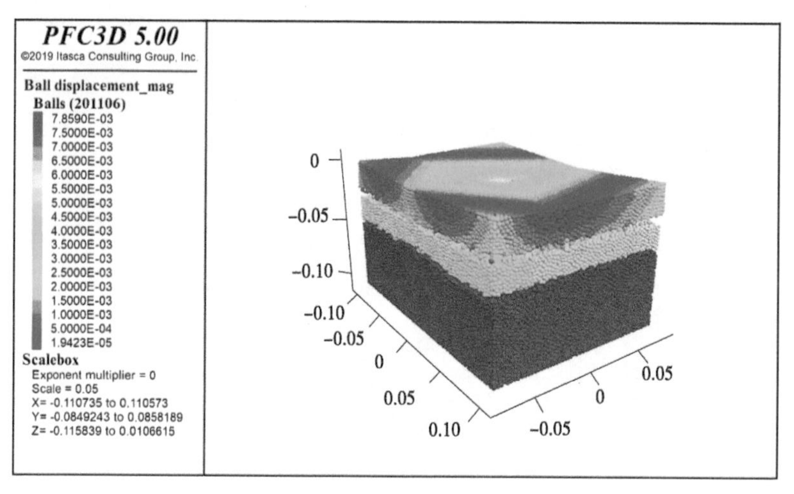

(d) 节理倾角为 90°

续图 6-26

6.3.1.2 节理间距 30 mm

图 6-27 为单刃滚刀侵入节理间距为 30 mm 的模型时，模型内部位移变化规律。从图 6-27 中可以看出：倾角为 0°~60°时，与节理间距为 20 mm 的模型位移云图（见图 6-26）基本相似；节理倾角为 90°时，模型位移进一步向滚刀作用点处集中，节理面处位移云图分层现象消失。

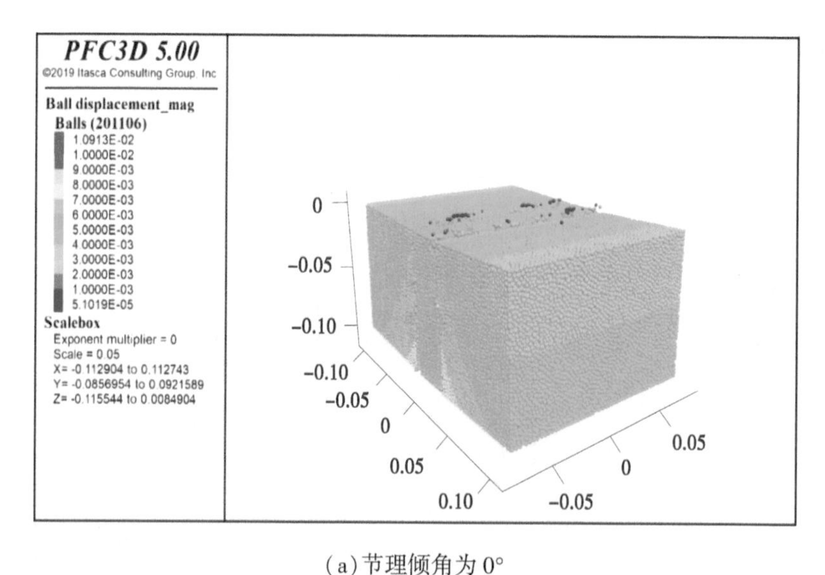

(a) 节理倾角为 0°

图 6-27 单刃滚刀侵入节理模型时的位移云图（D = 30 mm）

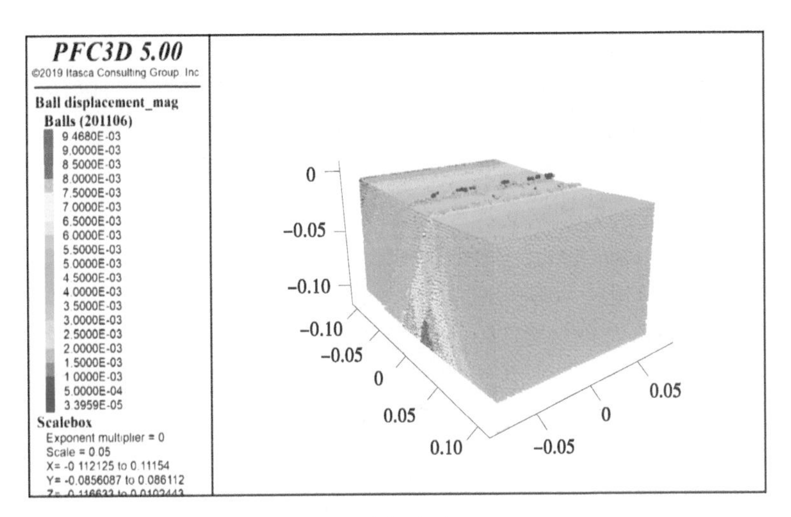

(b) 节理倾角为 30°

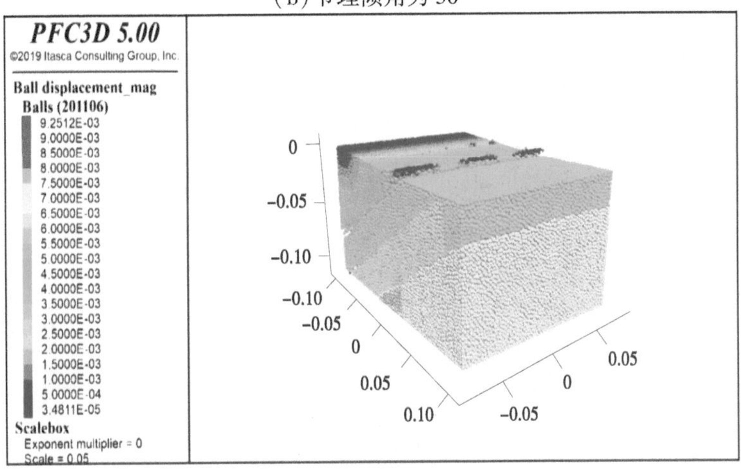

(c) 节理倾角为 60°

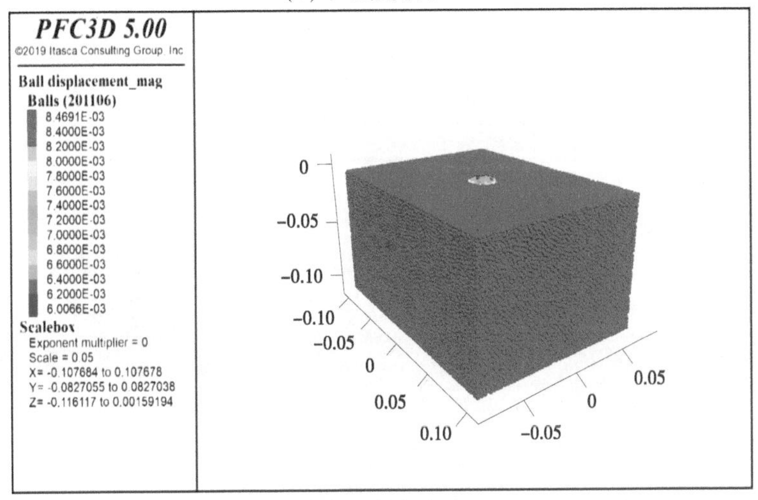

(d) 节理倾角为 90°

续图 6-27

6.3.1.3　节理间距40 mm

图6-28为单刃滚刀侵入节理间距为40 mm的模型时,模型内部位移变化规律。从图6-28中可以看出:倾角为30°~90°时,与节理间距为30 mm的模型位移云图(见图6-27)基本相似;节理倾角为0°时,节理面展布平面方向上,位移场出现了集中现象,并向下部延伸。

6.3.1.4　节理间距50 mm

图6-29为单刃滚刀侵入节理间距为50 mm的模型时,模型内部位移变化规律。从图6-29中可以看出:倾角为30°~90°时,与节理间距为40 mm的模型位移云图(见图6-28)基本相似;节理倾角为0°时,由于滚刀作用点处于两相邻节理面中间,因此在中部两相邻节理面两侧出现较大的位移云图突变,并呈现较好的对称性。

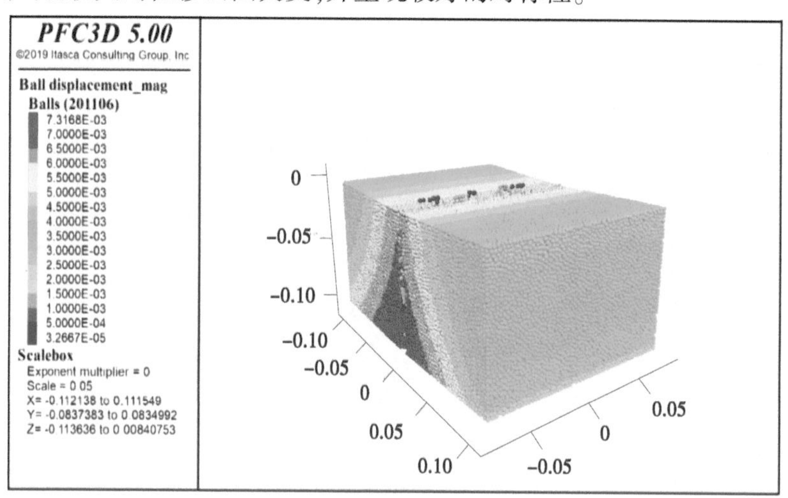

(a)节理倾角为0°

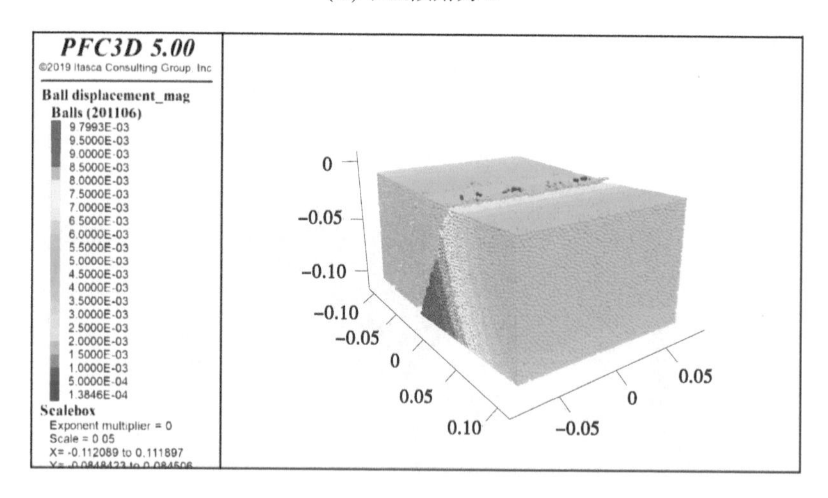

(b)节理倾角为30°

图6-28　单刃滚刀侵入节理模型时的位移云图(D=40 mm)

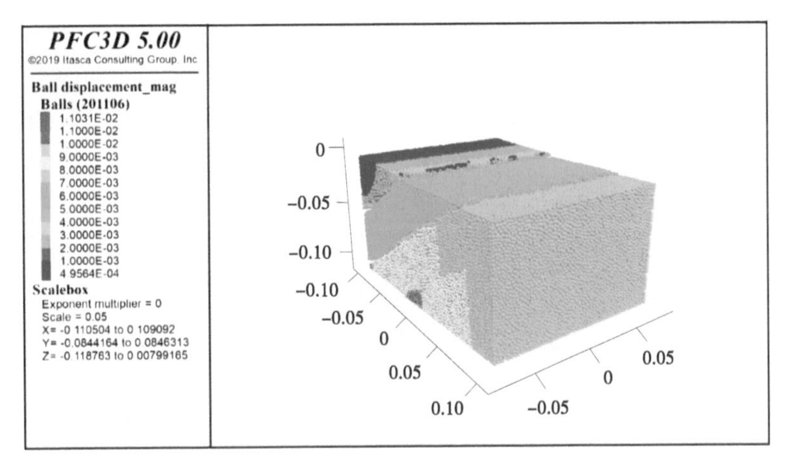

(c) 节理倾角为 60°

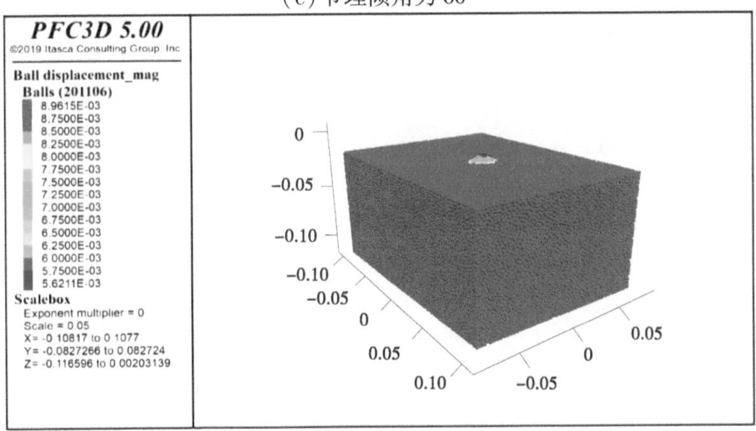

(d) 节理倾角为 90°

续图 6-28

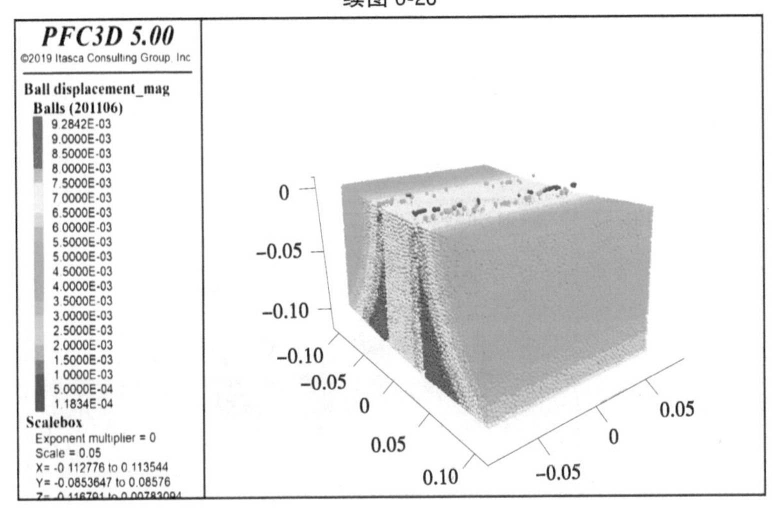

(a) 节理倾角为 0°

图 6-29　单刃滚刀侵入节理模型时的位移云图（D=50 mm）

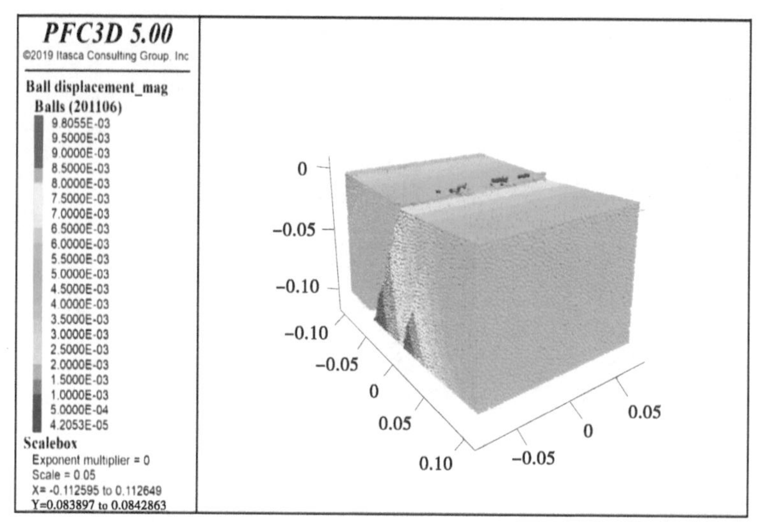

(b) 节理倾角为 30°

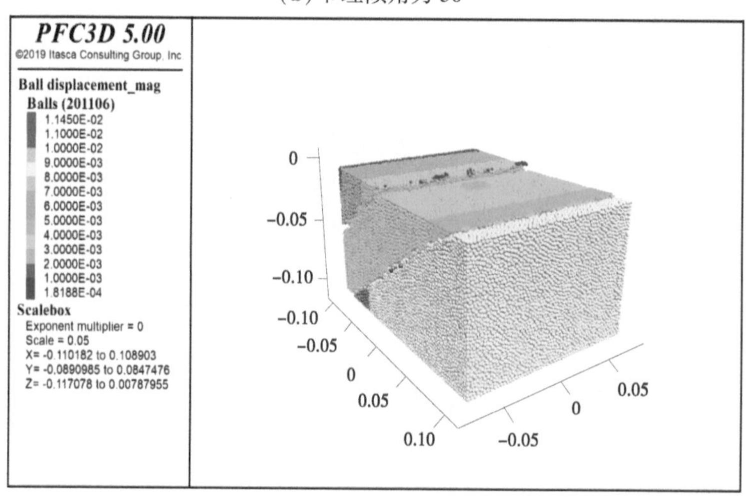

(c) 节理倾角为 60°

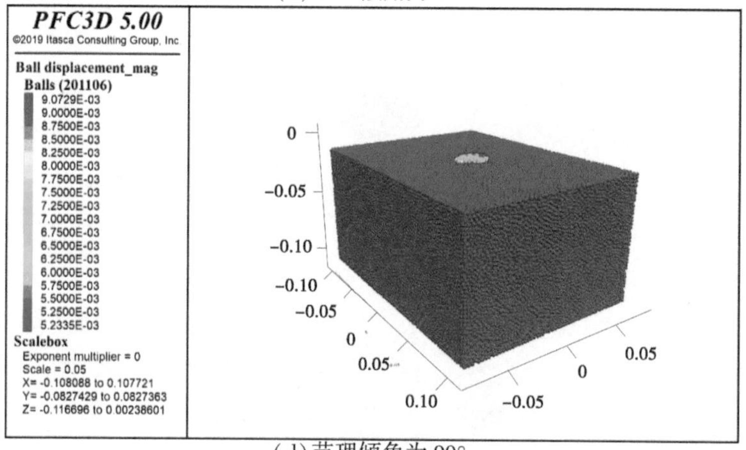

(d) 节理倾角为 90°

续图 6-29

6.3.2　节理模型破坏裂隙分布图

6.3.2.1　**节理间距** 20 mm

图 6-30 为单刃滚刀侵入节理间距为 20 mm 模型时模型内部裂隙分布图。从图 6-30 中可以看出:节理倾角为 0°时,滚刀作用在中部相邻两个节理面之间,由于节理面的存在,导致滚刀作用力绝大部分在相邻节理间的模型上,结构面两侧较少发育裂隙;节理倾角增大至 30°时,滚刀作用影响范围开始扩大至四个节理面的范围;随着角度的继续增大,至 60°时,滚刀侵入时的影响范围进一步扩大。但是在倾角增大至 90°时,同样由于节理面的“屏蔽”作用,导致滚刀作用影响范围自上而下逐渐减弱,裂隙主要集中在第一层节理面附近。

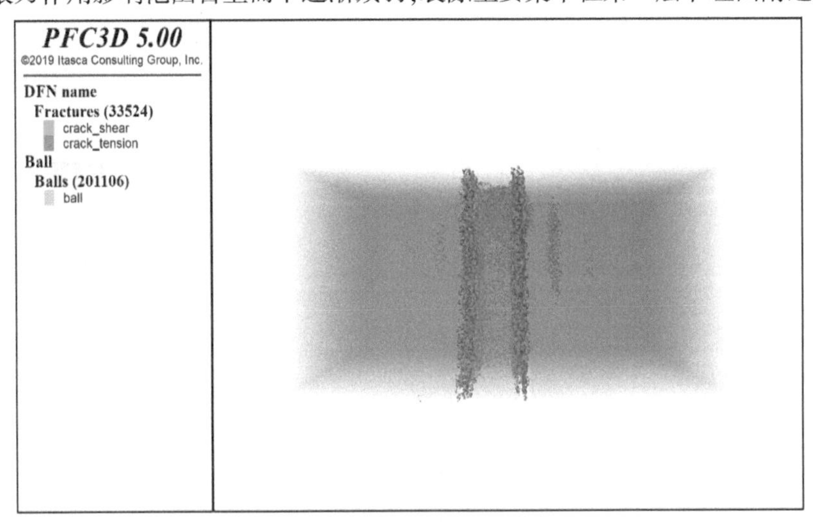

(a) 节理倾角为 0°

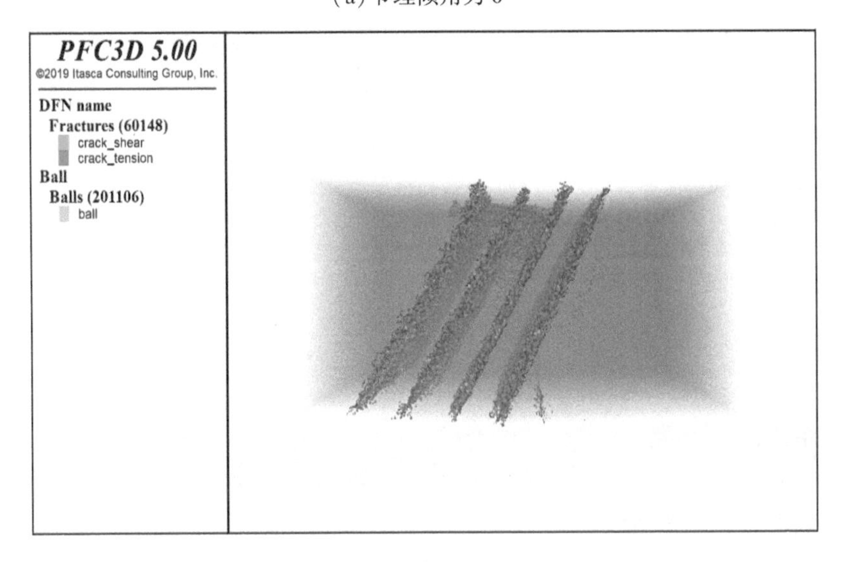

(b) 节理倾角为 30°

图 6-30　单刃滚刀侵入节理模型时的裂隙分布图(D=20 mm)

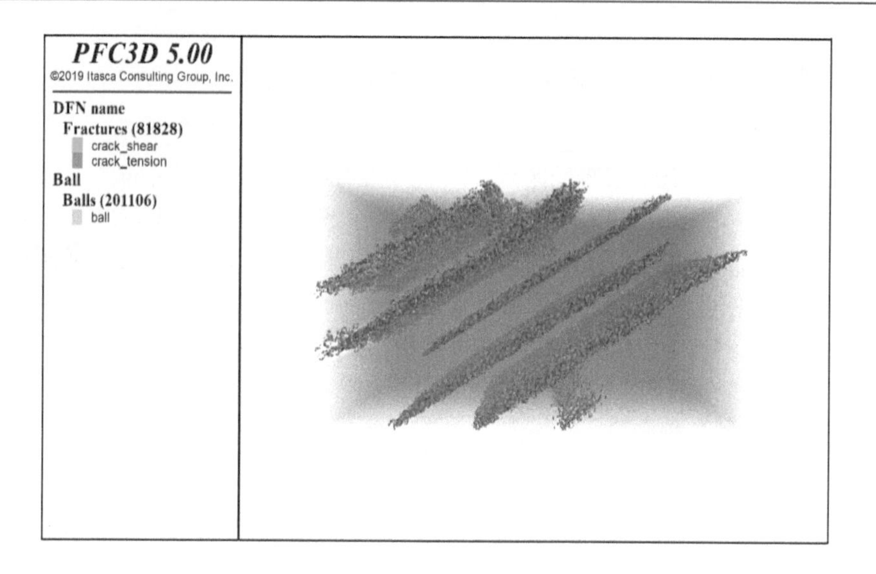

(c)节理倾角为 60°

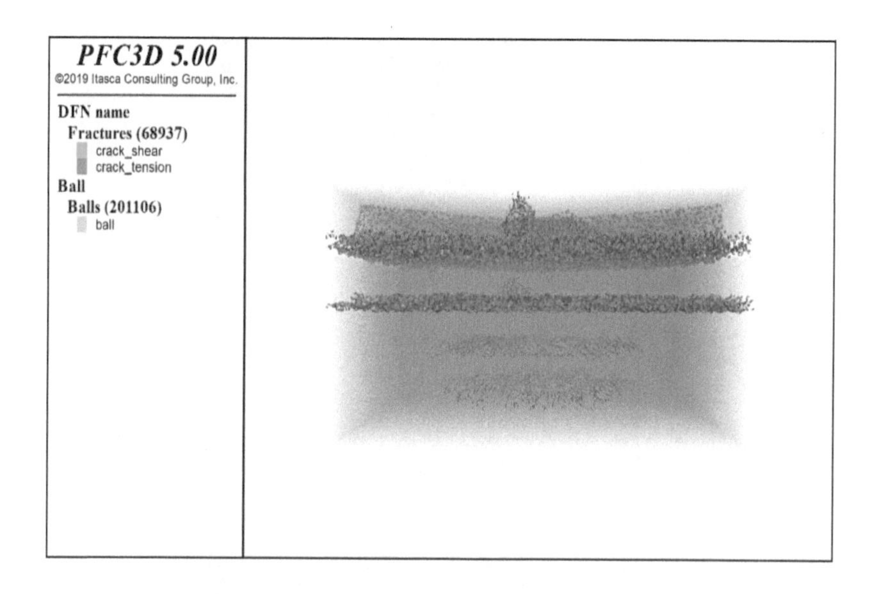

(d)节理倾角为 90°

续图 6-30

6.3.2.2 节理间距 30 mm

图 6-31 为单刃滚刀侵入节理间距为 30 mm 模型时模型内部裂隙分布图。从图 6-31 中可以看出:节理间距为 30 mm 时的模型裂隙分布形态与间距为 20 mm 的节理模型裂隙分布形态(见图 6-30)基本相似,此处不再重复。

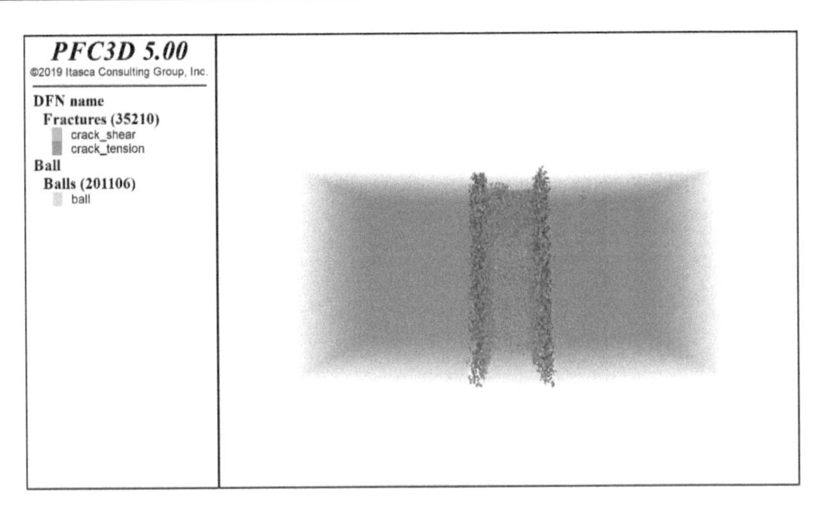

(a) 节理倾角为 0°

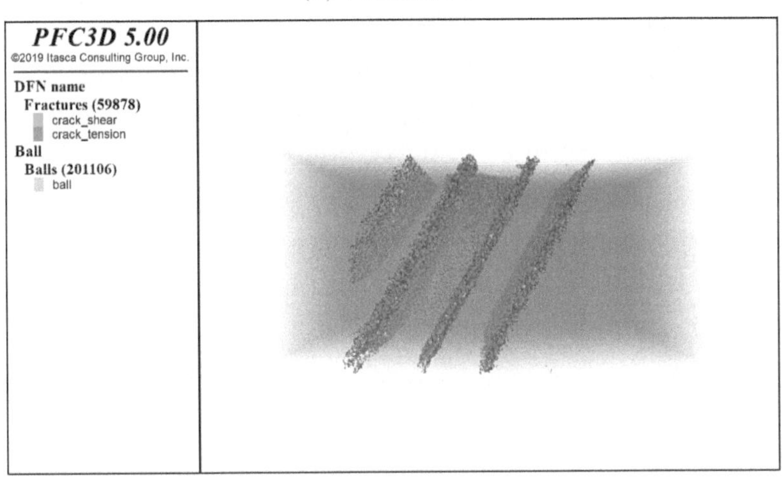

(b) 节理倾角为 30°

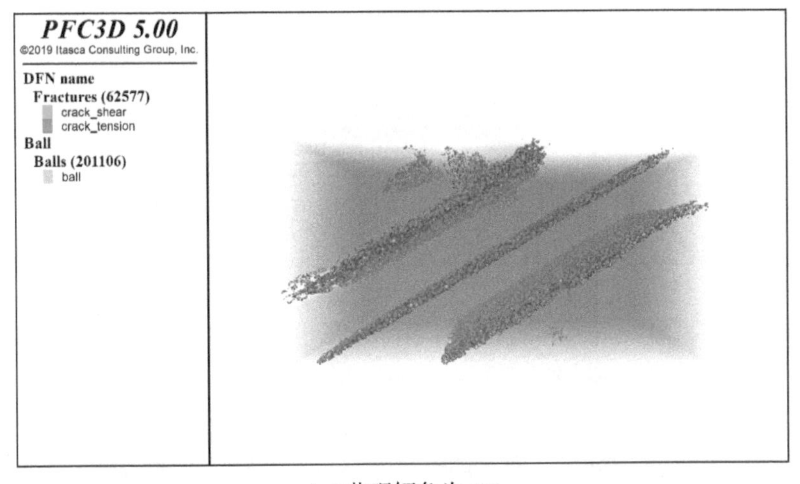

(c) 节理倾角为 60°

图 6-31　单刃滚刀侵入节理模型时的裂隙分布图(D=30 mm)

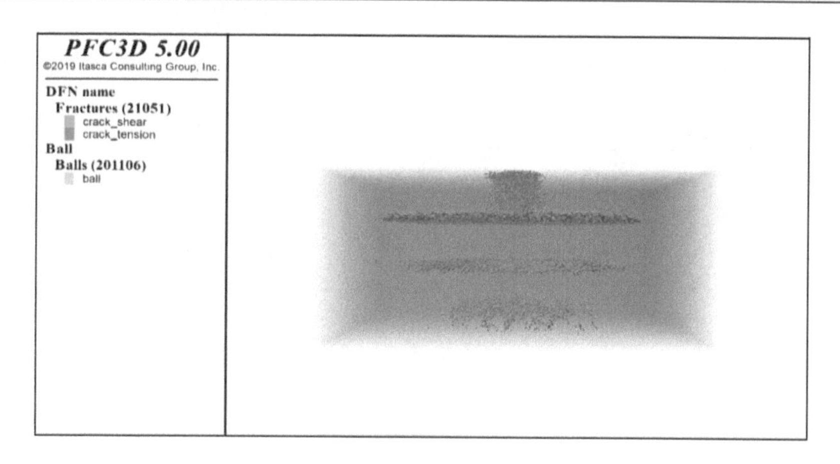

(d)节理倾角为 90°

续图 6-31

6.3.2.3 节理间距 40 mm

图 6-32 为单刃滚刀侵入节理间距为 40 mm 模型时模型内部裂隙分布图。从图 6-32 中可以看出:节理间距为 40 mm 时模型内裂纹展布特征与 30 mm 时的和 20 mm 时的有所差异:节理倾角为 0°时,滚刀作用点区域内分布有节理面,由于节理面的存在,吸收了绝大部分滚刀的作用功,从而导致裂隙只在中间节理面两侧集中发育,外部模型内部发育极少裂隙;节理倾角增大至 30°时,滚刀作用点位于两个相邻节理面中间,而模型内裂隙的发育也集中在这两个相邻结构面两侧;随着角度继续增大至 60°时,滚刀侵入时的影响范围进一步扩大,并在两个相邻节理面中间单元内有贯通裂隙发育;在倾角增大至 90°时,同样由于节理面的“屏蔽”作用,导致滚刀作用影响范围自上而下逐渐减弱,裂隙主要集中在第一层节理面附近。

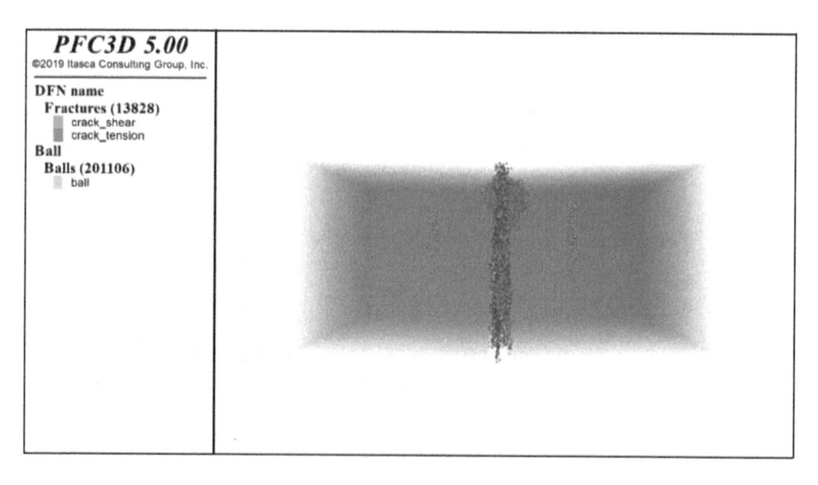

(a)节理倾角为 0°

图 6-32 单刃滚刀侵入节理模型时的裂隙分布图(D=40 mm)

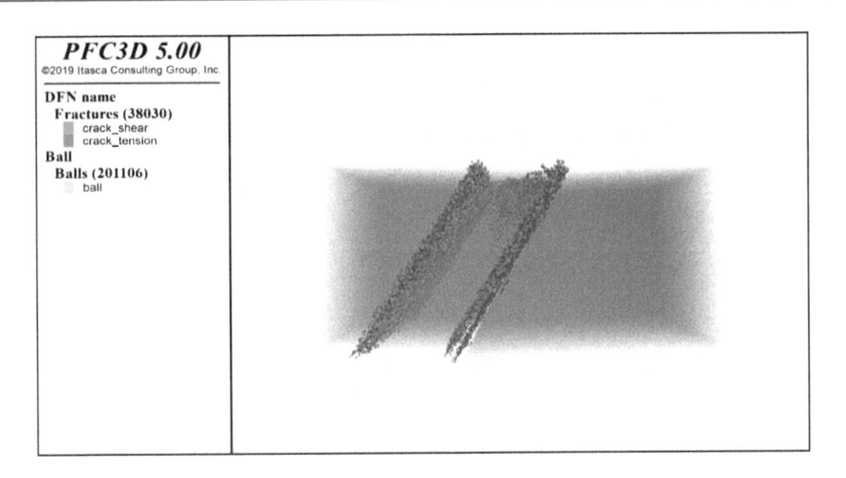

(b) 节理倾角为 30°

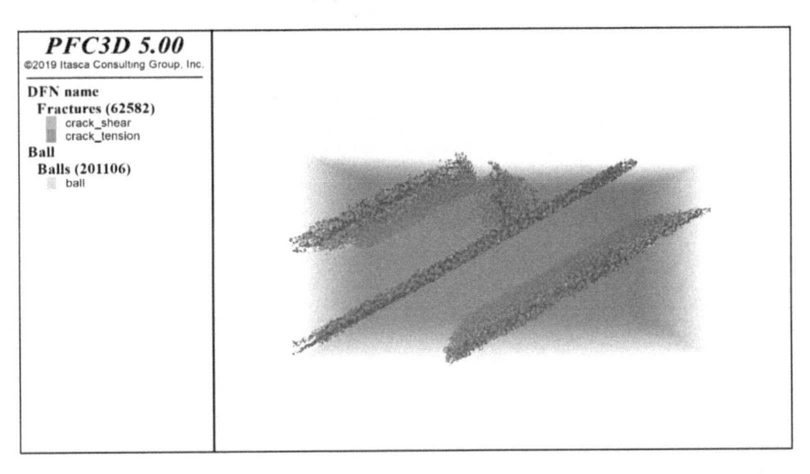

(c) 节理倾角为 60°

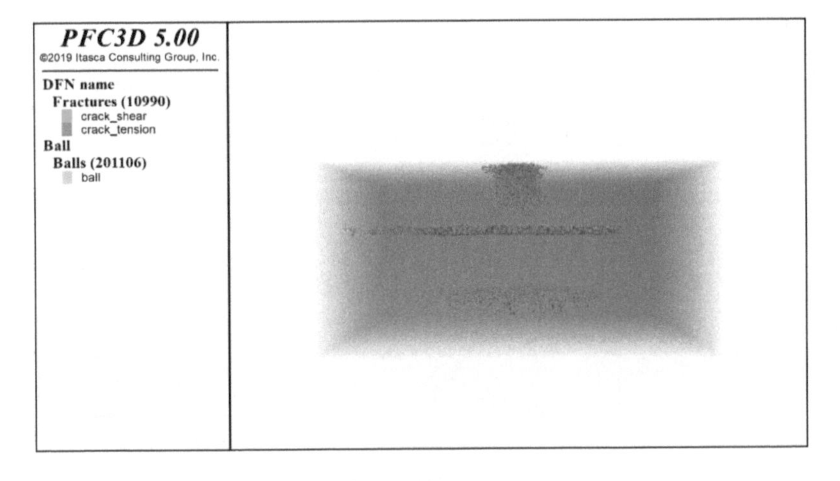

(d) 节理倾角为 90°

续图 6-32

6.3.2.4 节理间距 50 mm

图 6-33 为单刃滚刀侵入节理间距为 50 mm 模型时模型内部裂隙分布图。从图 6-33 中可以看出：由于节理间距较大，且滚刀作用点位于模型中部两相邻节理面中间，节理倾角为 0°和 30°时，滚刀作用点区域内及两侧相邻节理面附近有裂隙集中发育，节理面外侧区域几乎没有裂隙分布；节理倾角为 60°时，滚刀下方节理面是裂隙发育的主要区域，在此之外，位于其上下两侧的相邻节理面也有裂隙集中发育，需要注意的是，节理面的“屏蔽”作用对其下方节理面没有显现“保护”作用；节理倾角为 90°时，模型裂隙发育特征与节理间距 40 mm 时基本相似。

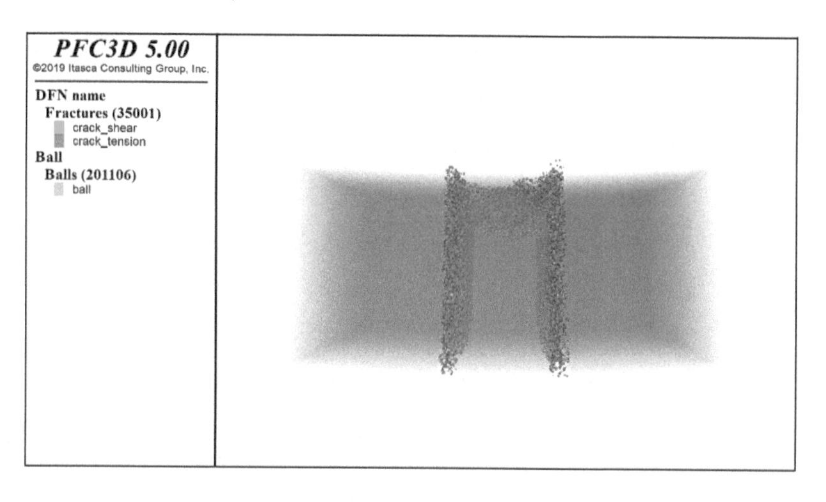

(a) 节理倾角为 0°

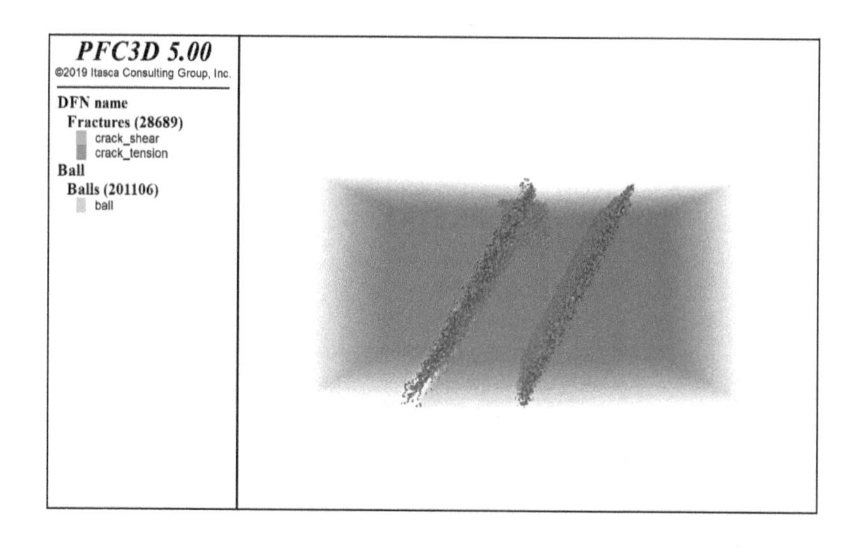

(b) 节理倾角为 30°

图 6-33 单刃滚刀侵入节理模型时的裂隙分布图（$D=50$ mm）

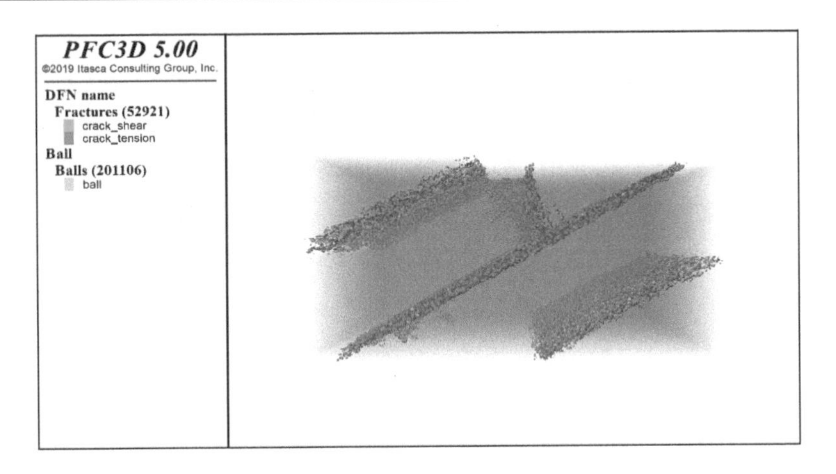

(c)节理倾角为 60°

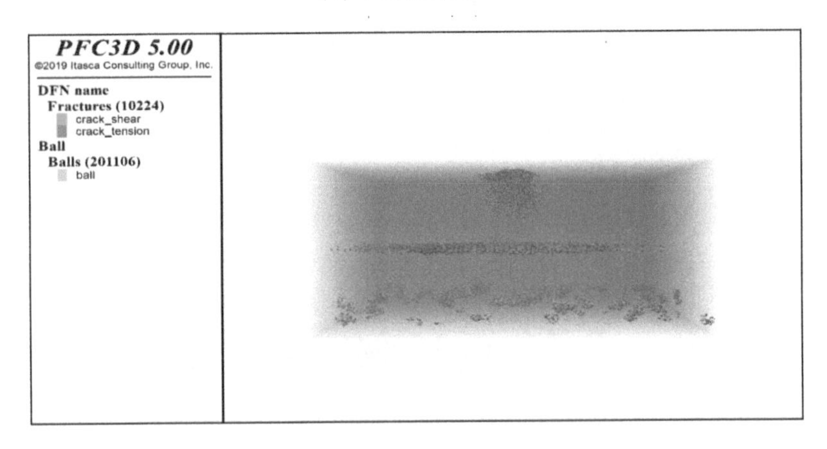

(d)节理倾角为 90°

续图 6-33

6.4　双刃滚刀侵入时节理模型变形破坏特征

与本章 6.3 节内容相似，本节基于双刃滚刀侵入破岩的节理模型位移云图及裂隙分布图，进一步分析和研究节理倾角与间距对滚刀破岩规律的影响作用机制，为缩减正文篇幅，此处仅以间距 70 mm 双刃滚刀侵入节理模型时的变形破坏模式为例。

6.4.1　节理模型破坏位移云图

6.4.1.1　节理间距 20 mm

图 6-34 为双刃滚刀侵入节理间距为 20 mm 模型时，模型内部位移变化规律。从图 6-34 中可以看出：随着节理面倾角的增大，节理模型位移云图逐渐由整体位移向区块化位移过渡，在 0°时整个模型发生的位移变形基本相同，30°时位移场开始向滚刀作用所在区域转移，60°时滚刀作用区域外、节理面上方岩块位移显著，并有剥离现象发生，90°时则以第一层节理面为分界线，下部岩体位移场均匀，上部与下部呈现显著差异性。

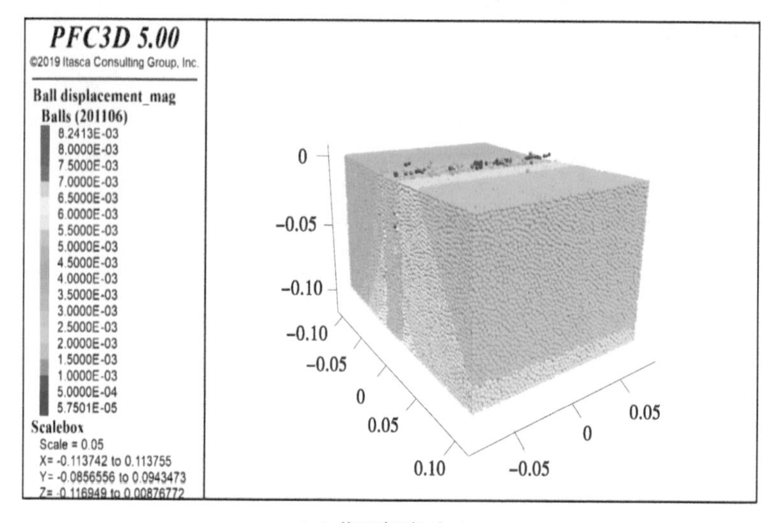

(a)节理倾角为 0°

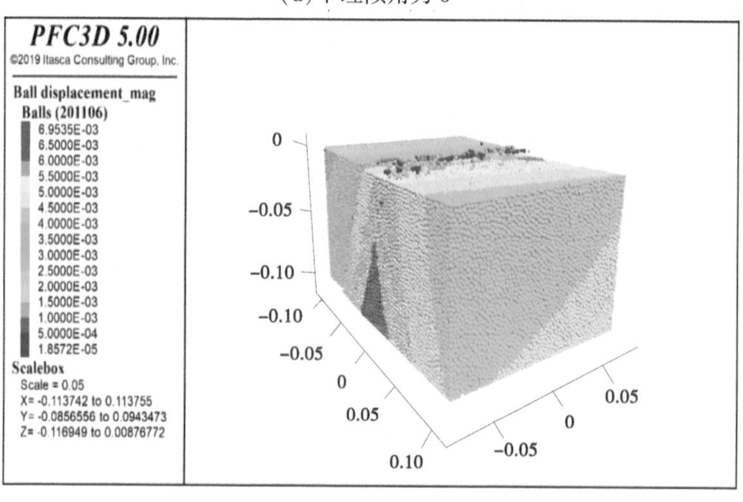

(b)节理倾角为 30°

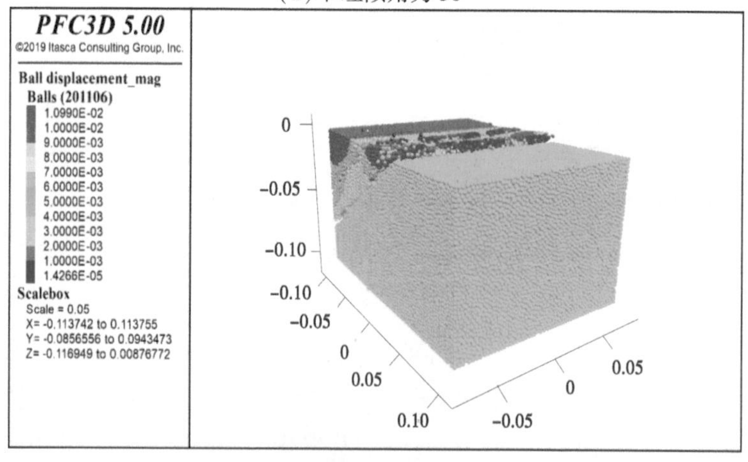

(c)节理倾角为 60°

图 6-34　间距 70 mm 双刃滚刀侵入节理模型时的位移云图(D=20 mm)

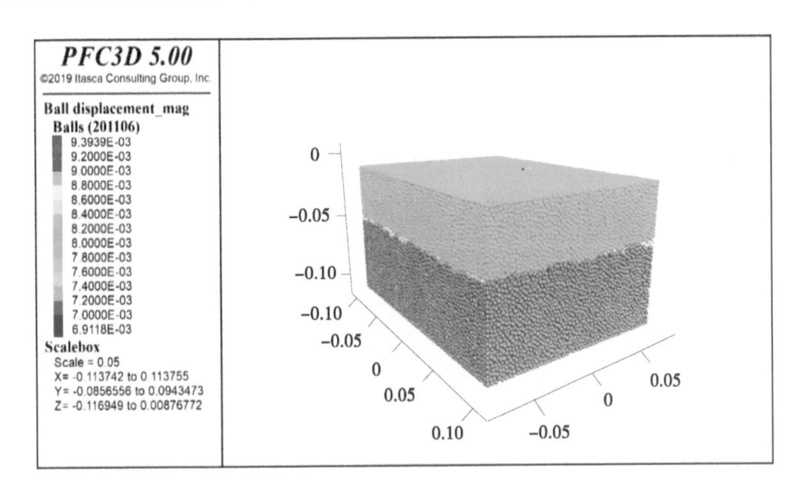

(d) 节理倾角为 90°

续图 6-34

6.4.1.2　节理间距 30 mm

图 6-35 为双刃滚刀侵入节理间距为 30 mm 模型时的模型内部位移变化规律。从图 6-35 中可以看出：与节理间距为 20 mm 的模型位移云图（见图 6-34）基本相似，此处不再重复。

6.4.1.3　节理间距 40 mm

图 6-36 为双刃滚刀侵入节理间距为 40 mm 模型时，模型内部位移变化规律。从图 6-36 中可以看出：节理倾角为 0°时，位于模型中部的节理面成为位移场奇异突变点，并以节理面为对称轴向两侧对称发展；节理倾角 30°时，以中部节理面为分界面，两侧模型有位移场突变，意味着模型在此处发生了断裂；节理倾角 60°时，节理面上部岩体出现一块三角形区域的整体位移，表明这部分岩体被滚刀侵入剥离了节理模型；90°时则以第一层节理面为分界线，下部岩体位移场均匀，上部与下部呈现显著差异性。

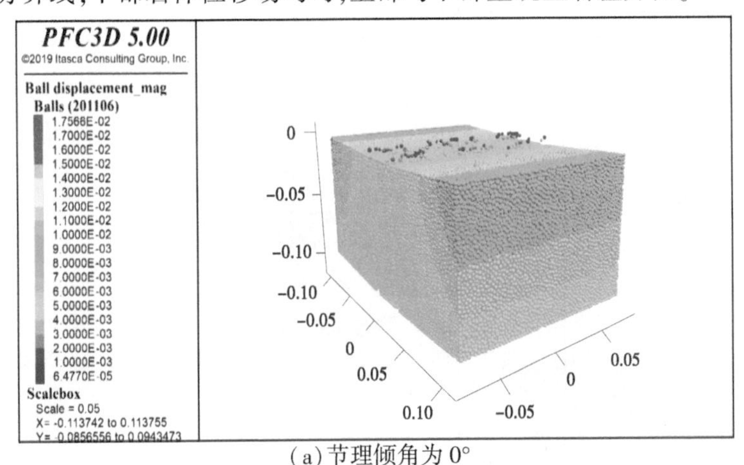

(a) 节理倾角为 0°

图 6-35　间距 70 mm 双刃滚刀侵入节理模型时的位移云图（D = 30 mm）

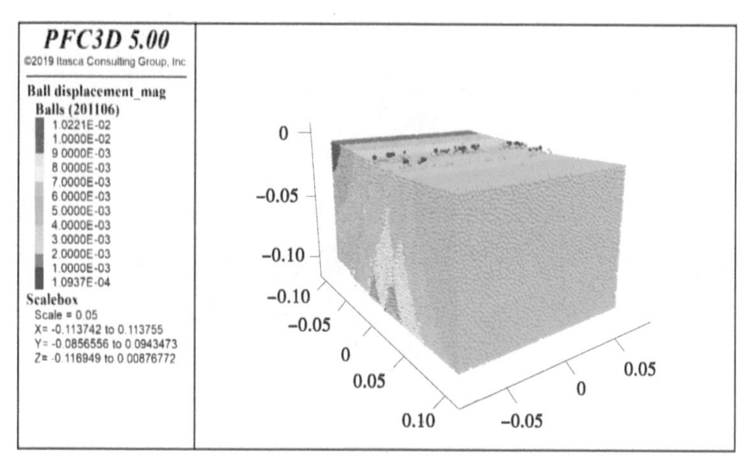

(b)节理倾角为 30°

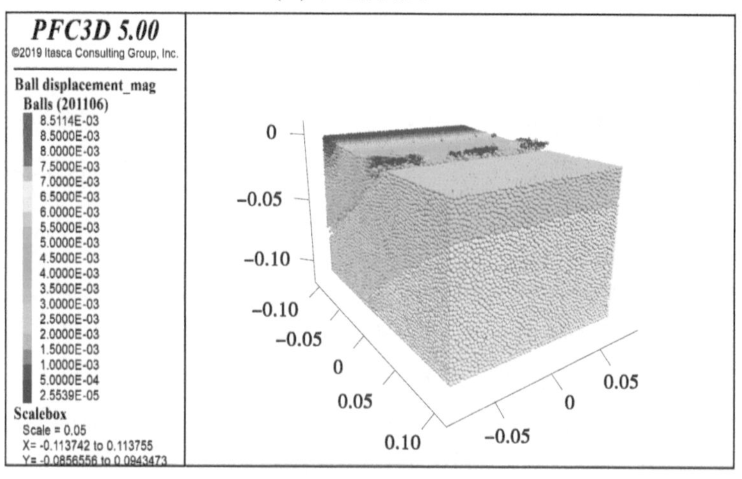

(c)节理倾角为 60°

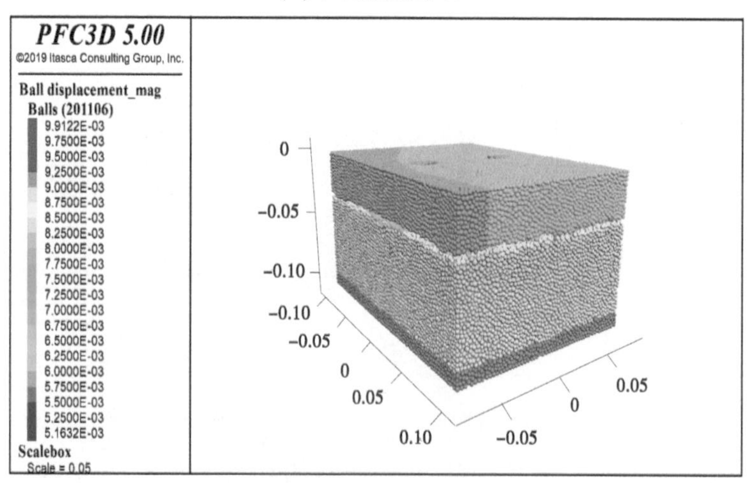

(d)节理倾角为 90°

续图 6-35

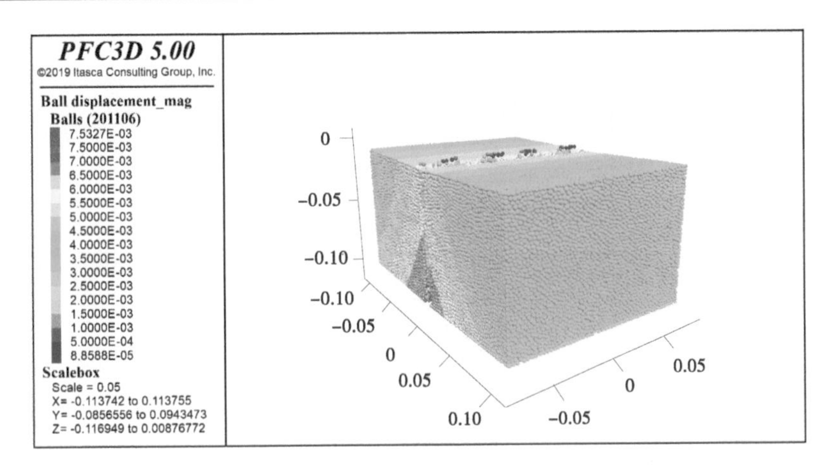

(a) 节理倾角为 0°

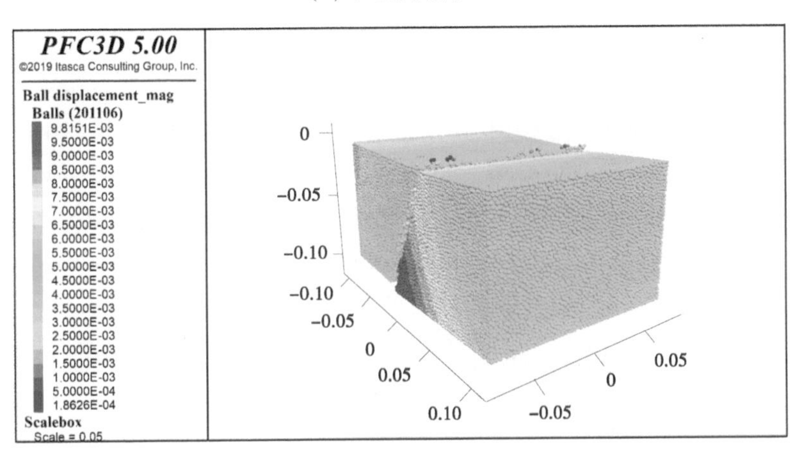

(b) 节理倾角为 30°

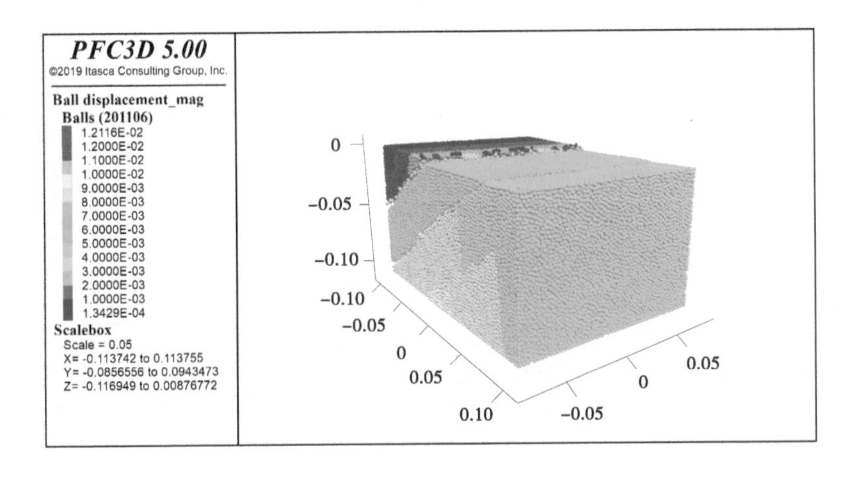

(c) 节理倾角为 60°

图 6-36　间距 70 mm 双刃滚刀侵入节理模型时的位移云图(D=40 mm)

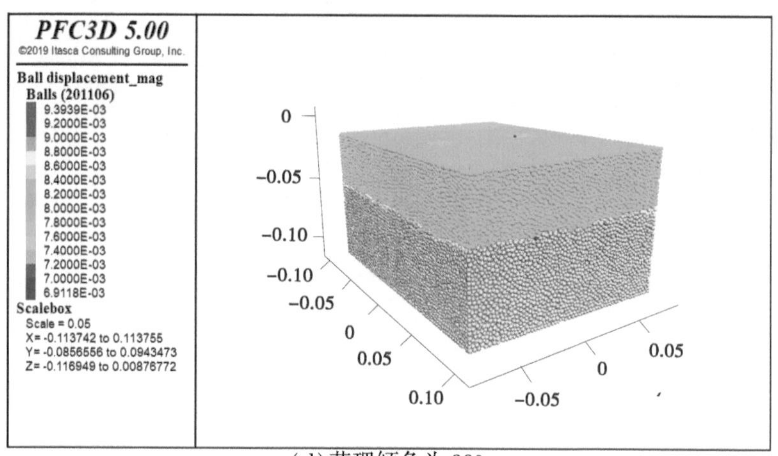

(d) 节理倾角为 90°

续图 6-36

6.4.1.4　节理间距 50 mm

图 6-37 为双刃滚刀侵入节理间距为 50 mm 模型时模型内部位移变化规律。从图 6-37 中可以看出:节理倾角为 0°时,由于滚刀作用点处于两相邻节理面中间,因此在中部两相邻节理面两侧出现较大的位移云图突变,并呈现较好的对称性;节理倾角 30°时,位移场开始向滚刀作用所在区域转移,60°时滚刀作用区域外、节理面上方岩块位移显著,并有剥离现象发生;节理倾角为 90°时,模型位移进一步向滚刀作用点处集中,节理面处位移云图分层现象消失。

6.4.2　节理模型破坏裂隙分布图

6.4.2.1　节理间距 20 mm

图 6-38 为双刃滚刀侵入节理间距为 20 mm 模型时模型内部裂隙分布图。从图 6-38 中可以看出,双刃滚刀侵入时与单刃滚刀侵入的裂隙分布图基本相似(见图 6-30),但是由于双刃滚刀作用点相比单刃滚刀更多,对应影响范围更大。

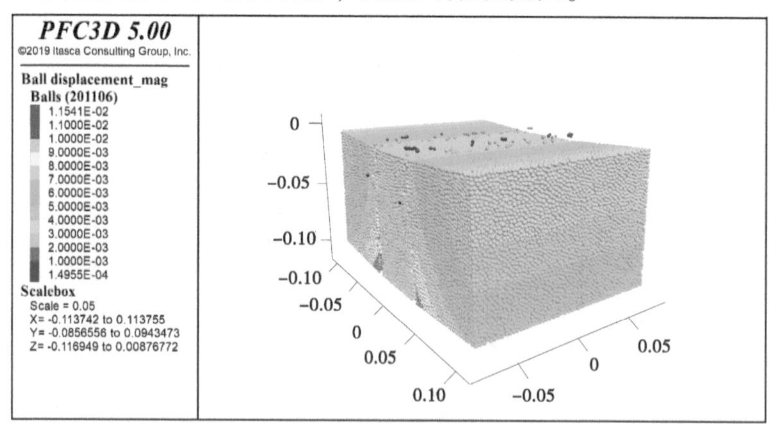

(a) 节理倾角为 0°

图 6-37　间距 70 mm 双刃滚刀侵入节理模型时的位移云图(D=50 mm)

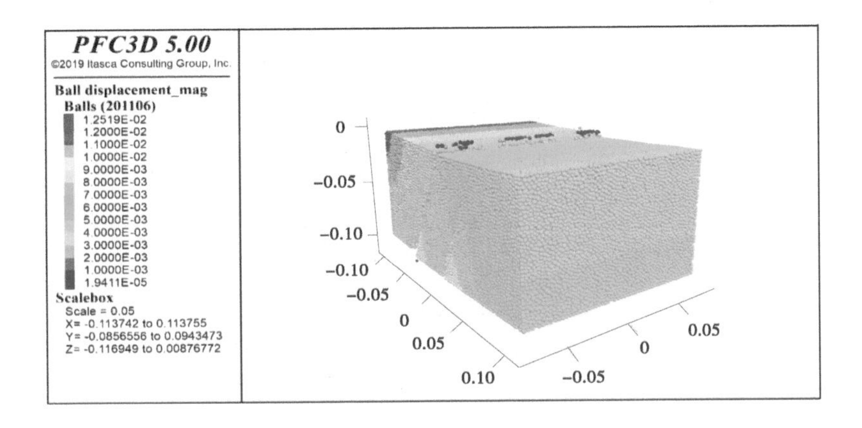

(b) 节理倾角为 30°

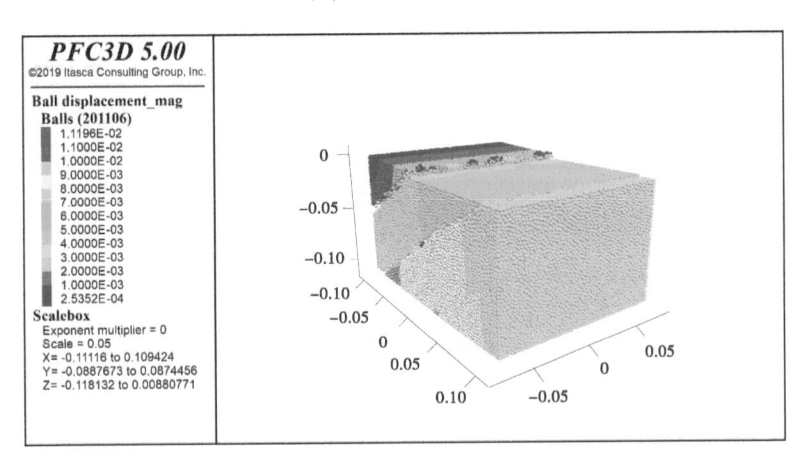

(c) 节理倾角为 60°

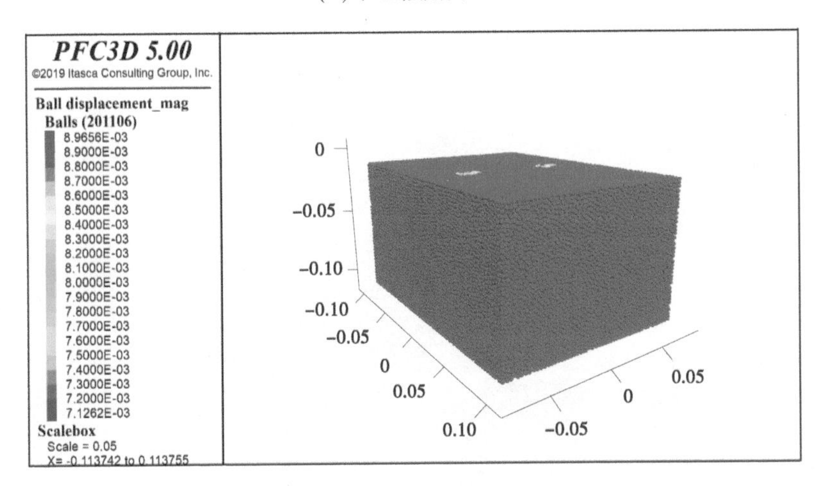

(d) 节理倾角为 90°

续图 6-37

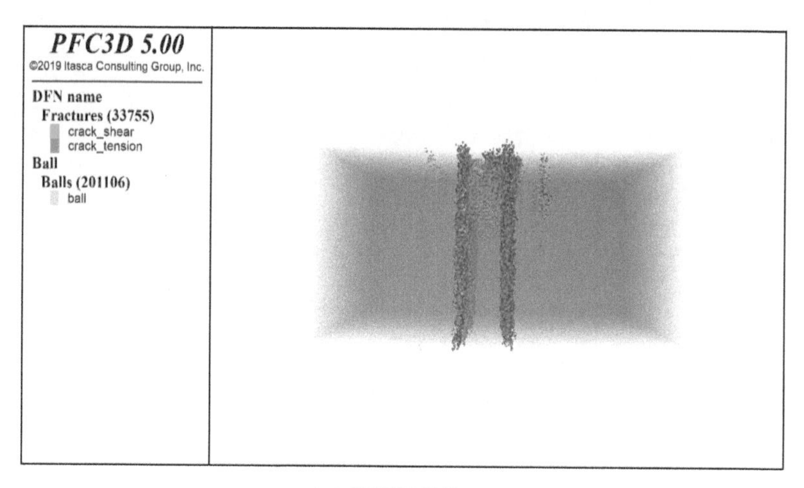

(a)节理倾角为 0°

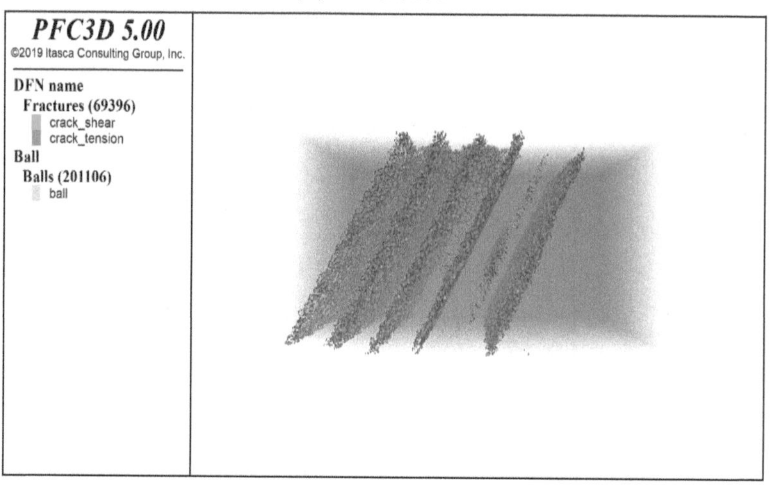

(b)节理倾角为 30°

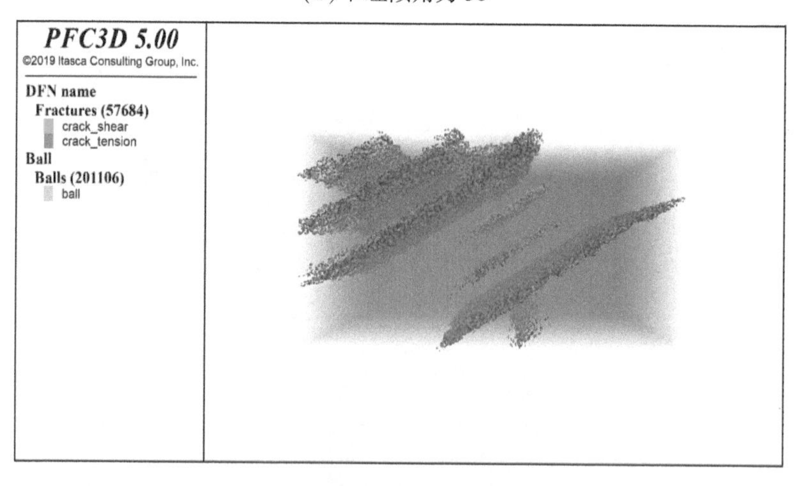

(c)节理倾角为 60°

图 6-38　间距 70 mm 双刃滚刀侵入节理模型时的裂隙分布图(D=20 mm)

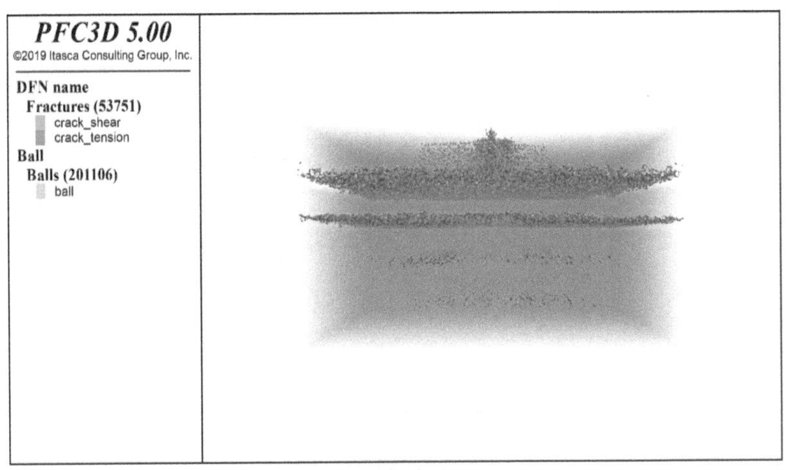

(d) 节理倾角为 90°

续图 6-38

6.4.2.2　节理间距 30 mm

图 6-39 为双刃滚刀侵入节理间距为 30 mm 模型时模型内部裂隙分布图。从图 6-39 中可以看出：节理间距为 30 mm 时的模型裂隙分布形态与间距为 20 mm 的节理模型裂隙分布形态基本相似，此处不再重复。

6.4.2.3　节理间距 40 mm

图 6-40 为双刃滚刀侵入节理间距为 40 mm 模型时模型内部裂隙分布图。从图 6-40 中可以看出，与图 6-31 所示模型内裂隙分布规律相似：节理倾角为 0°时，滚刀作用点区域内分布有节理面，由于节理面的存在，吸收了绝大部分滚刀的作用功，从而导致裂隙只在中间节理面两侧集中发育，外部模型内部发育极少裂隙；节理倾角增大至 30°时，滚刀作用点位于两个相邻节理面中间，而模型内裂隙的发育也集中在这两个相邻结构面两侧；随着角度继续增大至 60°时，滚刀侵入时的影响范围进一步扩大，并在两个相邻节理面中间单元内有贯通裂隙发育；在倾角增大至 90°时，同样由于节理面的“屏蔽”作用，导致滚刀作用影响范围自上而下逐渐减弱，裂隙主要集中在第一层节理面附近。

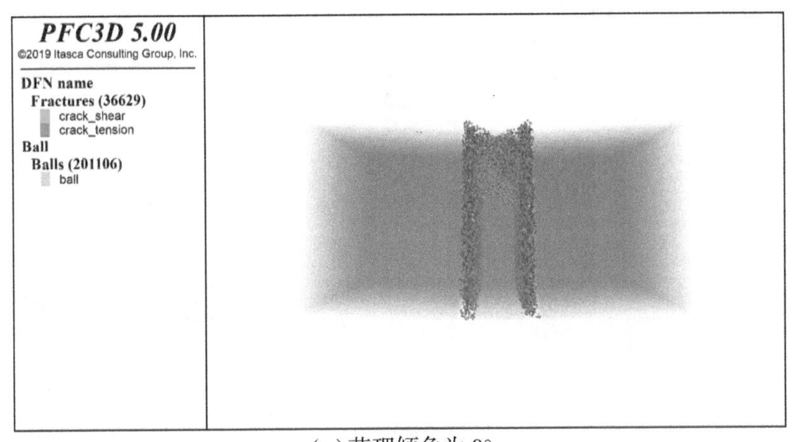

(a) 节理倾角为 0°

图 6-39　间距 70 mm 双刃滚刀侵入节理模型时的裂隙分布图（D＝30 mm）

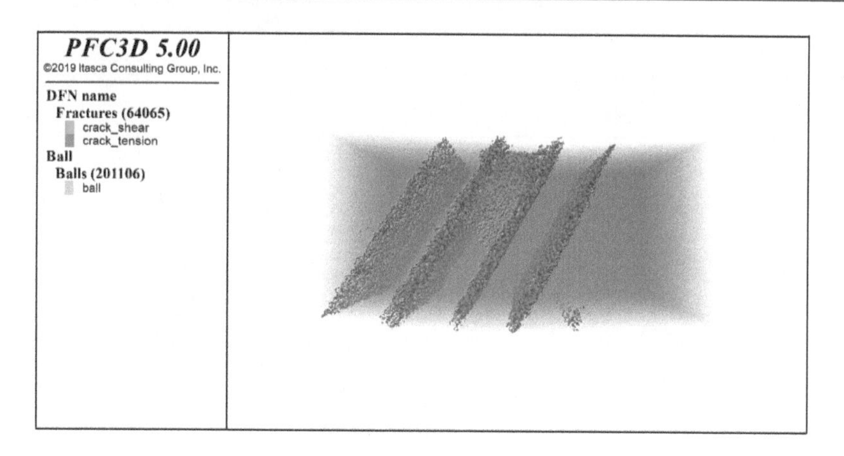

(b)节理倾角为 30°

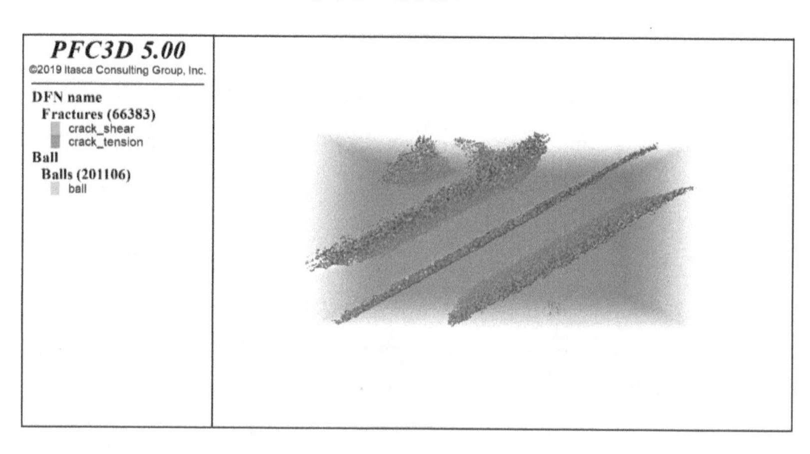

(c)节理倾角为 60°

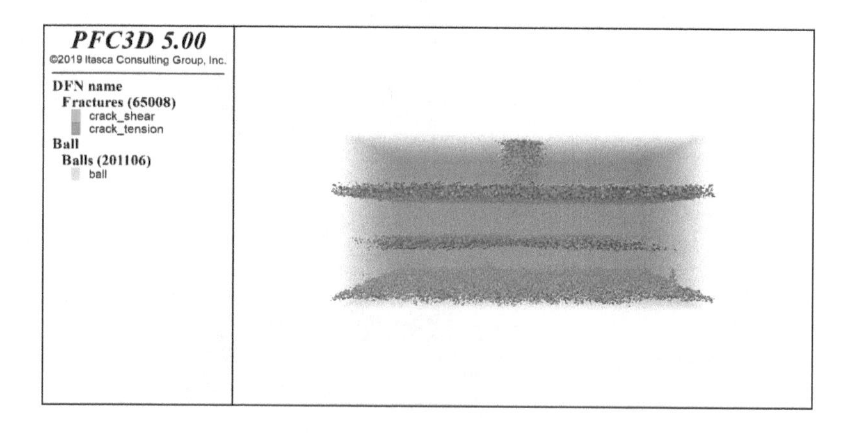

(d)节理倾角为 90°

续图 6-39

6.4.2.4　节理间距 50 mm

图 6-41 为双刃滚刀侵入节理间距为 50 mm 模型时内部裂隙分布图。从图 6-41 中可以看出:由于节理间距较大,且滚刀作用点位于模型中部两相邻节理面中间，节理倾角为

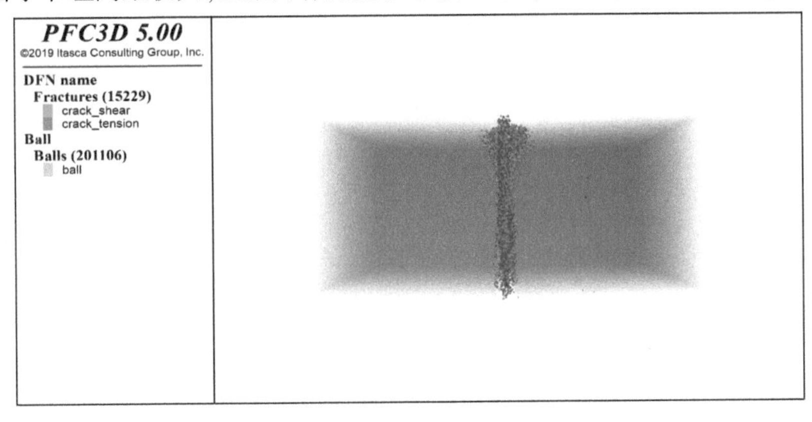

(a) 节理倾角为 0°

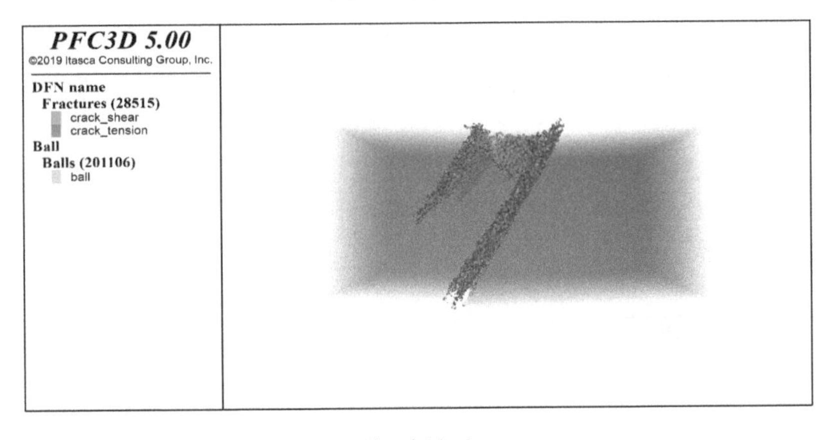

(b) 节理倾角为 30°

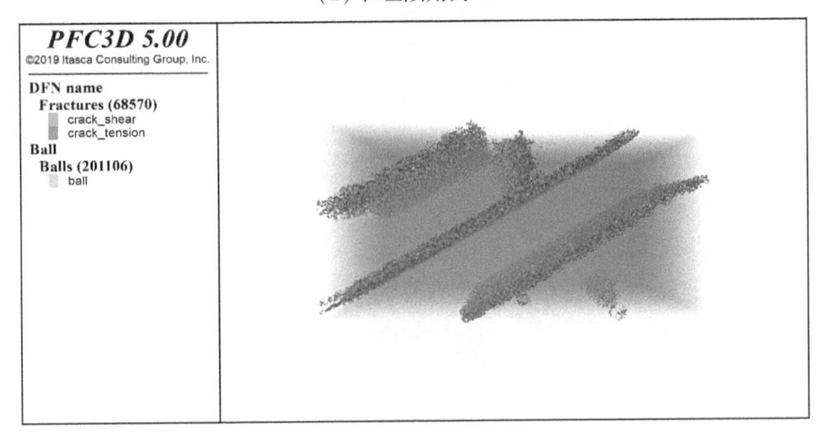

(c) 节理倾角为 60°

图 6-40　间距 70 mm 双刃滚刀侵入节理模型时的裂隙分布图(*D*=40 mm)

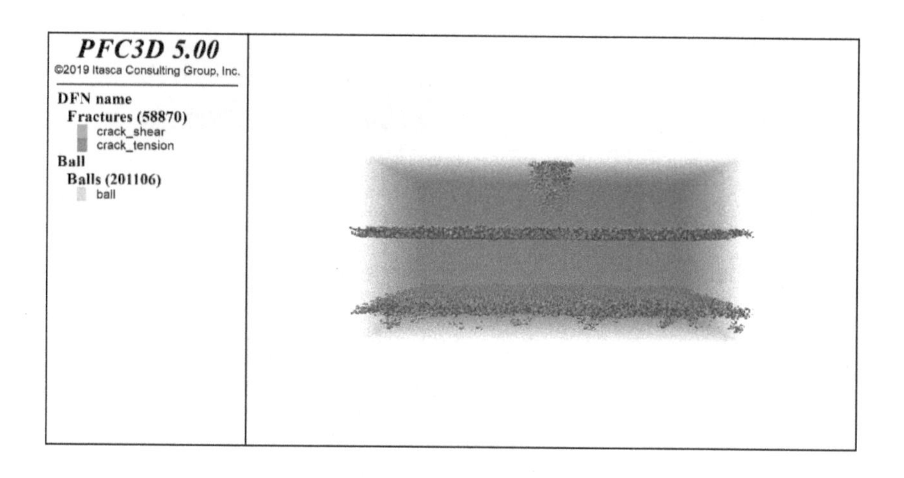

(d) 节理倾角为 90°

续图 6-40

0°和 30°时，滚刀作用点区域内及两侧相邻节理面附近有裂隙集中发育，节理面外侧区域几乎没有裂隙分布；节理倾角为 60°时，滚刀下方节理面是裂隙发育的主要区域，在此之外，位于其上下两侧的相邻节理面也有裂隙集中发育，需要注意的是，节理面的“屏蔽”作用对其下方节理面没有显现“保护”作用；节理倾角为 90°时，模型裂隙发育特征与节理间距 40 mm 时基本相似。

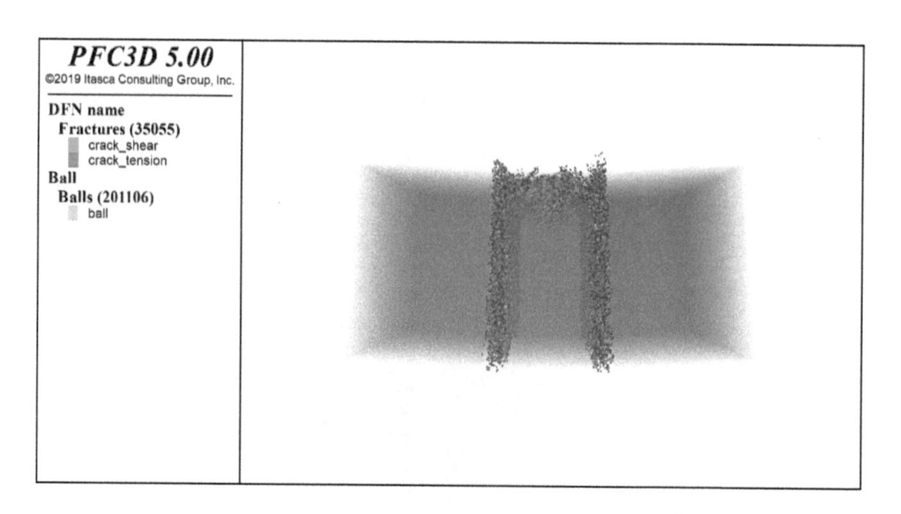

(a) 节理倾角为 0°

图 6-41　间距 70 mm 双刃滚刀侵入节理模型时的裂隙分布图（D = 50 mm）

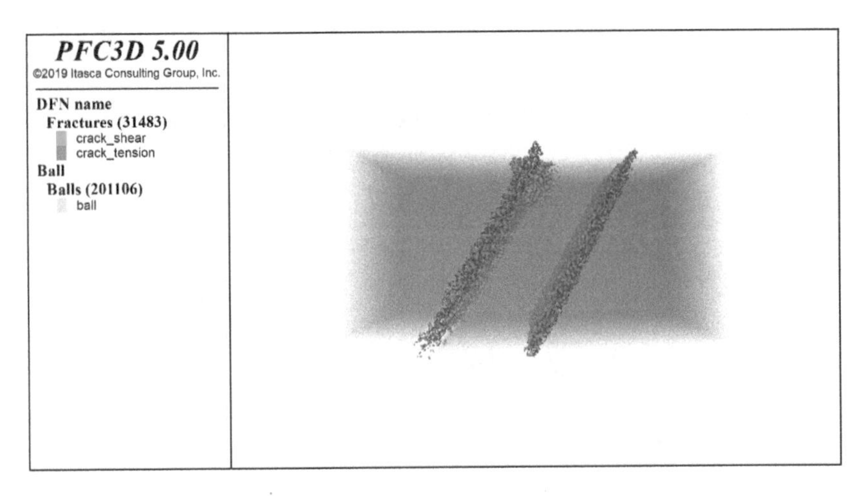

(b)节理倾角为 30°

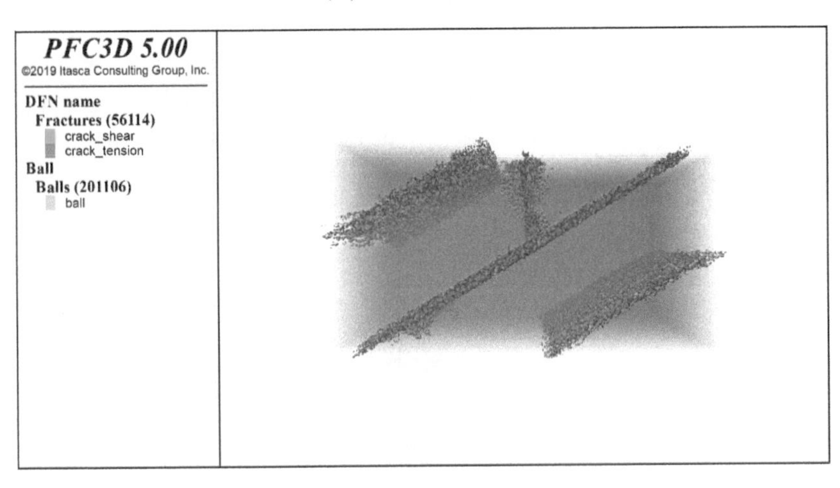

(c)节理倾角为 60°

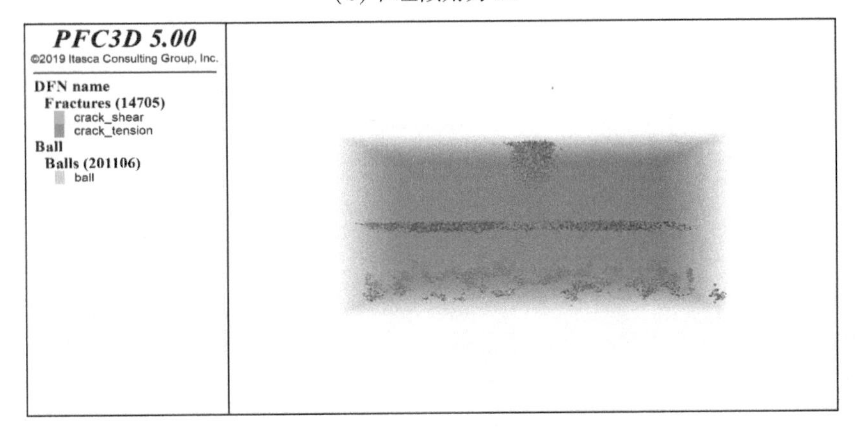

(d)节理倾角为 90°

续图 6-41

在 PFC3D 数值分析软件平台上，完成了节理岩体数值仿真模型的滚刀侵入试验，并记录滚刀侵入节理模型过程中的侵入力-侵入位移数据，试验后输出节理模型内的位移云图与裂隙分布图，通过对比分析数值仿真试验结果，获得如下结论：

（1）节理间距为 20 mm 时，刀间距为 60 mm 的双刃滚刀破岩效率更高；但是当节理间距为 30 mm 及以上时，刀间距为 60 mm 的双刃滚刀破岩效率完全相反，为 3 个滚刀间距参数的最低值。

（2）双刃滚刀侵入节理岩体时，节理倾角对峰值侵入力变化影响整体上呈现随角度先增大而增大趋势，20 mm 节理间距试件相比其他试件峰值侵入力显著较小，表明密集节理有利于岩体破碎，在 60°倾角时峰值侵入力最小。

（3）节理特征对不同刀间距滚刀破岩影响较大，节理间距和倾角共同影响滚刀的比能耗，不同节理间距及倾角组合下存在不同的最优刀间距，最优刀间距下，双滚刀相比于单滚刀侵入节理岩体破岩时效率更高，主要是双滚刀具有协同破岩效果。同时，刀间距相同时，破岩效率随节理倾角增大先增大后减小。

（4）岩体中节理单元的存在，对于滚刀侵入功的“隔离”作用明显。表现出节理对两种滚刀作用下裂缝扩展具有引导和阻隔作用两种效应，与试验观测结果相一致。

（5）滚刀作用线垂直于节理面初露迹线作用时，单刃滚刀作用效果与双刃滚刀差异不大，仅在作用影响范围上存在少许差异。

第7章　结论与展望

7.1　结　论

本书主要依托国家重点基础研究发展计划项目(2013CB 035401)、湖南省自然科学基金项目(2018JJ 05040)及湖南省水利科技项目(湘水科计[2017]230-6),选用钨钢材料并采用TBM刀盘中最常见的17 in盘形滚刀几何参数制作了滚刀模型,将其置于新SANS微机控制电液伺服刚性试验机上改装而成TBM相似滚刀侵入试验平台,并采用PAC Micro-Ⅱ数字声发射系统监测滚刀破岩过程中裂缝发育扩展的声发射现象。基于改装后的盘形滚刀侵入-破岩试验平台,对具有不同节理特性的水泥砂浆类岩试件开展了双刃滚刀侵入破岩试验,并从峰值侵入力、峰值侵入力对应位移、声发射现象、裂纹扩展、抗侵入系数以及比能耗等方面分析了试验结果。同时建立了盘形滚刀破岩的PFC3D数值仿真模型,并基于该数值仿真平台,开展了不同节理特征条件下单滚刀和不同刀间距双滚刀数值仿真破岩试验,分析并研究了不同节理倾角及间距对滚刀侵入破岩机制的影响规律,得到如下主要结论:

(1)利用Talysurf CLI 2000形貌扫描仪得到不同围压水平下破碎坑形貌及体积,结果表明:①典型的破碎坑呈现“盆地”状,其主要位于岩体原表面以及切槽之间。②当较小围压一定时,随着较大围压的增大,刀间岩体由浅部破碎向深部破碎发育,进而导致破碎坑体积的显著增加。结合室内侵入试验相关数据可得出,较大围压的增大提高了破岩效率。③当较大围压一定时,随着较小围压的增大,槽间岩体由深部破碎向浅部破碎发展,导致破碎坑体积的减小,进而降低了破岩效率。

(2)不同围压水平下,岩样中部剖面内裂纹发育情况以及破碎体形态分析表明:①较小围压一定时,较大围压相对较小时,槽间岩体破碎主要由浅部剪切破碎与A型表面裂纹发育共同形成,此时剖面内部以主裂纹发育为主,侧向裂纹偏转角较小;而随着较大围压增大,侧向裂纹偏转角增大,进而形成两塑性区的内部贯通,此时A型表面裂纹发育程度决定破碎体的形成机制,较大围压水平较高时A型表面裂纹发育程度高,破碎体主要由内部裂纹贯通与A型表面裂纹相互贯通而成,而较大围压处于较小水平时,破碎体倾向于由浅部剪切破碎、内部裂纹贯通与A型表面裂纹发育共同决定。②较大围压一定,随着较小围压的增大则出现相反的现象,较小围压水平较低时,槽间破碎体由内部裂纹与A型表面裂纹贯通而成;而较小围压增大至一定水平时,槽间破碎体转变为由A型表面裂纹与浅部剪切破碎所形成。③岩样中部剖面内裂纹发育情况与破碎体形态结论以及形貌扫描中破碎坑形态相吻合。

(3)利用断裂力学相关理论,对槽间表面裂纹与岩样中部剖面内部裂纹发育分析得出:①较大围压与较小围压比值的增大有利于槽间表面裂纹的发育,这一结论在室内试验中得到了充分验证。②岩样剖面内部裂纹的起裂角以及偏转角随较大围压增大而逐渐增大,进而影响槽间破碎体的形成机制,同时其对最优刀间距产生一定影响。

（4）对不同节理倾角和节理间距的试件开展的双刃滚刀侵入破岩试验。其中试件节理参数为:节理间距（D = 20 mm,30 mm,40 mm,50 mm）和节理倾角（α = 0°,30°,60°,90°）;分析了节理间距及倾角对节理试件对峰值倾入力、声发射、抗侵入系数、破碎功和比能耗的影响规律如下:

①节理倾角对滚刀侵入破岩的影响程度大于节理间距,随着节理倾角增大,峰值侵入力先减小后增加,当节理倾角 α 为 60°时,滚刀峰值侵入力几乎达到最小值。

②滚刀破岩声发射定位与实际破坏情况很好地吻合,论证了用声发射定位去追踪滚刀破岩过程中裂纹扩展的方法是可行的,为将来的研究提供了基础。

③除 90°倾角外,节理试件抗侵入系数基本呈现出随节理间距增大而增大的变化趋势。节理间距相同时,除个别数据外,在 60°倾角时节理试件的抗侵入系数最低。

④裂纹扩张方面,因节理特性不同,裂纹起裂方向、发育和扩张以及破坏形式不尽相同,一定范围内节理倾角为 30°~60°时,节理岩体发生侵入破坏时裂纹发育更充分,当节理倾角为 90°时,浅层岩体破坏更均匀。

⑤节理间距对节理试件破碎功的影响无规律,在节理间距相同时,破碎功在 60°时达到最小,向两侧增大（或减小）时破碎功均显著增大。

⑥节理试件在滚刀侵入时,比能耗基本随节理间距的增大而增大;在节理间距相同时,倾角为 60°时滚刀侵入破坏的比能耗最低,对应破岩效率最高。

⑦试件中节理的存在,对于能量的吸收和耗散有显著干扰,60°倾角时,节理试件吸能效果最好,90°倾角试件由于节理的存在,表现出与完整岩块的弹塑性相似的变形特征。

（5）基于 PFC3D 数值仿真平台建立不同节理特性下两种滚刀的侵入破岩模型,完成了两种滚刀侵入破岩的数值仿真模拟试验,其中双刃滚刀设置了 50 mm、60 mm 和 70 mm 三个滚刀间距参数。分析节理岩体破岩时动态过程、裂缝扩展规律和破岩效率等,得出如下结论:

①单刃滚刀侵入节理岩体时,节理倾角对峰值侵入力影响规律性复杂,节理间距较小时,倾角为 60°时侵入力几乎为最低值,当节理间距较大时,峰值侵入力随节理倾角先减小后增大,节理间距 50 mm 时,30°倾角峰值侵入力最低。节理倾角对峰值侵入力对应位移的影响规律较为一致,随节理倾角的增大而缓慢增大,增大幅度较小。

②单刃滚刀侵入不同节理倾角和间距数值模型时,节理倾角为 0°、30°和 60°时,试件抗侵入系数随节理间距的增大而变化规律不同,当节理倾角为 90°时,节理间距对试件抗侵入系数影响不大。

③双刃滚刀侵入节理岩体时,节理倾角对峰值侵入力变化影响整体上呈现随角度先增大而增大的趋势,20 mm 节理间距试件相比其他试件峰值侵入力显著较小,且在 60°倾角时峰值侵入力最小,表明密集节理有利于岩体破碎。a. 当滚刀间距为 50 mm 时,在 0°~60°阶段增长缓慢,60°~90°时会出现较大幅度提高;其中节理间距为 30 mm 时,倾角 60°时峰值侵入力最低;峰值侵入力对应位移随倾角增大而呈现增大趋势,但是增大幅度及波动性有差异:20 mm 间距节理试件波动最大,50 mm 间距节理试件波动最小。b. 当滚刀

间距为 60 mm 时,20 mm 节理间距试件相比其他试件峰值侵入力显著较小,且在 60°倾角时峰值侵入力最小;但其完整模型侵入力-侵入位移关系曲线甚至比节理模型曲线的包络范围还小,这表明滚刀间距设置为 60 mm 时,滚刀破岩效率整体较其他间距滚刀低。c. 刀间距为 70 mm 时,节理倾角为 30°时,在节理间距由 40 mm 增大至 50 mm 时,峰值侵入力有所下降;倾角 60°对应节理模型峰值侵入力强度最低;节理间距由 20 mm 增大至 30 mm 时,峰值侵入力有显著增大,峰值侵入力对应位移随节理间距的增大而呈现减小趋势。在 20~30 mm 范围内减小显著,60°节理倾角峰值侵入力对应位移最低;节理倾角为 0°时峰值侵入力对应位移最低。

(6) 节理特征对不同刀间距滚刀破岩影响较大,节理间距和倾角共同影响滚刀的比能耗,不同节理间距及倾角组合下存在不同的最优刀间距,最优刀间距下,双滚刀相比于单滚刀侵入节理岩体破岩时效率更高,主要是双滚刀具有协同破岩效果。同时,刀间距相同时,破岩效率随节理倾角增大先增大后减小。

(7) 依据岩体中节理特征的不同,节理对于滚刀侵入功的"隔离"作用明显。表现出节理对两种滚刀作用下裂缝扩展具有引导和阻隔作用两种效应,与试验观测结果相一致。同时滚刀作用线垂直于节理面初露迹线作用时,单刃滚刀作用效果与双刃滚刀差异不大,仅在作用影响范围上存在少许差异。

7.2 展　望

本书从物理试验和基于 PFC3D 数值仿真平台分别对不同节理特征的节理岩体进行了 TBM 滚刀侵入破岩试验研究,鉴于室内试验条件限制以及影响 TBM 滚刀破岩机制因素众多,作者认为还应从如下几个方面对 TBM 滚刀破岩进一步进行研究:

(1) 真实的地质条件与室内试验和数值模拟情况存在很大差异,现有盘形滚刀的破岩力预测公式大多是在均质连续体的假定下建立的,对建立含节理及其他缺陷的岩体破岩力预测公式需进一步研究。

(2) 水对岩石力学性质的影响很大,地下工程中大多富含水,特别是一些深部地下工程存在着高渗透水压的情况,因此需要开展不同含水量及高渗透压下 TBM 滚刀破岩机制的研究。

(3) 本书数值模拟时并未考虑围压作用下盘形滚刀对节理岩体的破岩影响,可进一步开展考虑岩石的不同节理特征(如断续节理、曲面状节理以及含充填物节理)在不同围压下的滚刀破岩研究。

(4) 实际工程中岩体不可能是单一均质岩体,而现阶段绝大多数的 TBM 滚刀破岩均是建立在均质岩体上进行的,应对非均质复合地层 TBM 滚刀破岩机制进行研究。

参 考 文 献

[1] 陈惠卿,刘卜瑜. 掘进机行业发展状况及设备润滑方案[J]. 石油商业,2015(8):1-12.

[2] 严金秀,范文田. 全断面隧道掘进机(TBM)技术发展及应用现状[J]. 现代隧道技术,1998,4:1-5.

[3] 周文波. 盾构法隧道施工技术及应用[M]. 北京:中国建筑工业出版社, 2004.

[4] 张厚美. 盾构隧道的理论研究与施工实践[M]. 北京:中国建筑工业出版社, 2010.

[5] 陈韵章, 洪开荣. 复合地层盾构设计概论[M]. 北京:人民交通出版社, 2010.

[6] 张照煌,李福田. 全断面隧道掘进机施工技术[M]. 北京:中国水利水电出版社, 2006.

[7] 尼克·巴顿. 节理断层破碎岩体的隧道掘进机开挖[M]. 北京:中国建筑工业出版社,2009.

[8] 王学潮. 南水北调西线工程 TBM 施工围岩分类研究[M]. 郑州:黄河水利出版社,2010.

[9] 张镜剑,傅冰骏. 隧道掘进机在我国应用的进展[J]. 岩石力学与工程学报,2007,26(2):226-238.

[10] 曹催晨. TBM 掘进机在引黄工程中的应用[J]. 科技情报开发与经济, 2003, 13(11): 232-233.

[11] 刘泉声,时凯,黄兴. TBM 应用于深部煤矿建设的可行性及关键科学问题[J]. 采矿与安全工程学报, 2013, 30(5): 633-641.

[12] 曹协,张军. 大埋深、长距离斜井井筒施工 TBM 选型分析[J]. 内蒙古煤炭经济, 2014(2): 111-113.

[13] 吴世勇,王鸽,徐劲松,等. 锦屏二级水电站 TBM 选型及施工关键技术研究[J]. 石力学与工程学报, 2008, 27(10): 2000-2009.

[14] 王树勋. 磨沟岭隧道 TBM 在不良地质中掘进的探讨[J]. 隧道建设, 2002, 22(1): 18-19.

[15] 薛继洪. 隧洞掘进机在引大入秦工程中的应用[J]. 四川水力发电, 1998, 17(3): 4-9.

[16] 李宏亮. 中天山特长隧道敞开式 TBM 掘进与二次衬砌同步施工技术[J]. 现代隧道技术, 2010, 47(2): 63-67.

[17] 王飞. 重庆轨道交通敞开式 TBM 下穿过水涵洞掘进技术[J]. 兰州交通大学学报, 2012, 31(1): 47-51.

[18] 陈馈. 国产盾构开发与产业化前景浅析[J]. 建筑机械化,2005(10): 43-47.

[19] 王梦恕. 21 世纪是隧道及地下空间大发展的年代[J]. 岩土工程界,2000(6): 13-15.

[20] 杜士斌,揣连成. 开敞式 TBM 的应用[M]. 北京: 中国水利水电出版社, 2011.

[21] 茅承觉. 全断面岩石掘进机发展概况[J]. 工程机械,1992(6):32-36.

[22] Koyama Y. Present status and technology of shield tunneling method in Japan[J]. Tunnelling and Underground Space Technology,2003,18(2):145-59.

[23] 张照煌. 盘形滚刀与岩石相互作用理论研究现状及分析(一)[J]. 工程机械,2009(9): 16-19.

[24] 陈馈. 重庆过江隧道盾构刀具磨损与更换[J]. 建筑机械化,2006(1): 56-58.

[25] Roxborough F F, Phillips H R. Rock excavation by disc cutter[C]. International Journal of Rock Mechanics and Mining Sciences & Geomechanics Abstracts Pergamon, 1975, 12(12): 361-366.

[26] Evans I, Pomeroy C D. The Strength, Fracture, Ad Workability of Coal[M]. Pergamon Press, 1966.

[27] 余静. 岩石机械破碎规律和破岩机制模型[J]. 煤炭学报, 1982, 7(3): 10-18.

[28] 秋三藤三郎. 盘形滚刀破岩理论[J]. 小松技报, 1970, 16(3): 43-51.

[29] 屠昌锋. 盾构机盘形滚刀垂直力和侧向力预测模型研究[D]. 长沙: 中南大学, 2009.

[30] 茅承觉, 刘友元. 隧洞掘进机盘形滚刀滚压岩石的试验[J]. 工程机械, 1986, 3: 21-26.

[31] 茅承觉，刘春林．掘进机盘形滚刀压痕试验分析[J]．工程机械，1988，19(4)：7-12.

[32] Gladwell G M L,范天佑．经典弹性理论中的接触问题[M]．北京：北京理工大学出版社，1991.

[33] ohnson K L,徐秉业，罗学富，等．接触力学[M]．北京：高等教育出版社，1992.

[34] Moscalev A N, Sologub S Y, Vasilyev L M. Increase in Intensity of Rock Fragmentation. Nedra, Moscow (1978).

[35] Kou S Q, Liu H Y, Lindqvist P A, et al. Rock fragmentation mechanisms induced by a drill bit[J]. International Journal of Rock Mechanics & Mining Sciences, 2004, 41(3):527-532.

[36] Chen L H, Labuz J F. Indentation of rock by wedge-shaped tools[J]. International Journal of Rock Mechanics & Mining Sciences, 2006, 43(7):1023-1033.

[37] Rostami J, Ozdemir. A new model for performance prediction of hard rock TBMs. [C]//Proceedings of the Rapid Excavation and Tunneling Conference (RETC). Boston, Massachusetts, 1193: 793-809.

[38] 杨金强．盘形滚刀受力分析及切割岩石数值模拟研究[D]．北京：华北电力大学，2007.

[39] 李亮，傅鹤林．TBM 破岩机制及刀圈改形技术研究[J]．铁道学报，2000，22(B05):8-10.

[40] 孙永宁，葛继，关航健．现代破碎理论与国内破碎设备的发展[J]．江苏冶金，2008，35(5)：5-8.

[41] 高强，张建华．破碎理论及破碎机的研究现状与展望[J]．机械设计，2009(10):72-75.

[42] 母福生．破碎理论的研究现状及发展要求[J]．硫磷设计与粉体工程，2006(4)：20-23.

[43] Teale R. The mechanical excavation of rock-experiments with roller cutters[C]//International Journal of Rock Mechanics and Mining Sciences & Geomechanics Abstracts. Pergamon, 1964, 1(1): 63-78.

[44] Teale R. The concept of specific energy in rock drilling[C]//International Journal of Rock Mechanics and Mining Sciences & Geomechanics Abstracts. Pergamon, 1965, 2(1): 57-73.

[45] Ozdemir L, Wang F D. Mechanical tunnel boring prediction and machine design[J]. NASA STI/Recon Technical Report N, 1979, 80: 16239.

[46] Ozdemir L, Miller R. Cutter performance study for deep based missile egress excavation[J]. Golden, Colorado, Earth Mechanics Institute Colorado School of Mines, 1986, 43(6): 105-132.

[47] Snowdon R A, Ryley M D, Temporal J, et al. The effect of hydraulic stiffness on tunnel boring machine performance[C]//International Journal of Rock Mechanics and Mining Sciences & Geomechanics Abstracts. Pergamon, 1983, 20(5): 203-214.

[48] Sanio H P. Prediction of the performance of disc cutters in anisotropic rock[C]//International Journal of Rock Mechanics and Mining Sciences & Geomechanics Abstracts. Pergamon, 1985, 22(3): 153-161.

[49] Gertsch R, Gertsch L, Rostami J. Disc cutting tests in Colorado Red Granite: Implications for TBM performance prediction[C]//International Journal of rock mechanics and mining sciences, 2007, 44(2): 238-246.

[50] Cho J W, Jeon S, Yu S H, et al. Optimum spacing of TBM disc cutters: A numerical simulation using the three-dimensional dynamic fracturing method[J]. Tunnelling and Underground Space Technology, 2010, 25(3): 230-244.

[51] Gupta A S, Rao K S. Weathering effects on the strength and deformational behaviour of crystalline rocks under uniaxial compression state[J]. Engineering Geology, 2000, 56(s 3-4):257-274.

[52] Yagiz S. Assessment of brittleness using rock strength and density with punch penetration test[J]. Tunnelling & Underground Space Technology, 2009(1):66-74.

[53] Bésuelle P, Desrues J, Raynaud S. Experimental characterisation of the localisation phenomenon inside a Vosges sandstone in a triaxial cell[J]. International Journal of Rock Mechanics & Mining Sciences, 2000, 37(8):1223-1237.

[54] Alehossein H, Hood M. State-of-the-art review of the rock models for disc roller cutters[C]//Rock mechanics, 1996: 693-700.

[55] Cook N G W, Hood M, Tsai F. Observations of crack growth in hard rock loaded by an indenter[C]//International Journal of Rock Mechanics & Mining Science & Geomechanics Abstracts, 1984, 21(2): 97-107.

[56] Lindqvist P A, Lai H H, Alm O. Indentation fracture development in rock continuously observed with a scanning electron microscope[J]. International Journal of Rock Mechanics & Mining Science & Geomechanics Abstracts, 1984, 21(4): 165-182.

[57] 吴光琳. 压头压入时声发射图像与岩石破碎机制关系的探讨[J]. 探矿工程, 1992(2): 3-6.

[58] Liu J, Cao P, Han D Y. Sequential Indentation Tests to Investigate the Influence of Confining Stress on Rock Breakage by Tunnel Boring Machine Cutter in a Biaxial State[J]. Rock Mechanics and Rock Engineering, 2016, 49(4): 1479-1495.

[59] Liu J, Cao P, Li K H. A Study on Isotropic Rock Breaking with TBM Cutters Under Different Confining Stresses[J]. Geotechnical and Geological Engineering, 2015, 33(6): 1379-1394.

[60] Liu J, Cao P, Han D Y. The influence of confining stress on optimum spacing of TBM cutters for cutting granite[J]. International Journal of Rock Mechanics & Mining Sciences, 2016, 88: 165-174.

[61] Liu J S, Cao P, Liu J, et al. Influence of confining stress on fracture characteristics and cutting efficiency of TBM cutters conducted on soft and hard rock[J]. Journal of Central South University, 2015, 22(5): 1947-1955.

[62] Li K H, Cao P, Liu J. Experimental Study of Effects of Joint on Rock Fragmentation Mechanism by TBM Cutters[J]. Applied Mechanics & Materials, 2014, 711: 44-47.

[63] 蒋喆. TBM 盘形滚刀破岩机制的试验与模拟研究[D]. 长沙:中南大学, 2014.

[64] 刘京铄,曹平,范金星,等.不同双向侧压作用下 TBM 滚刀侵入破岩特征及效率研究[J].岩土力学,2017, 38(6): 1541-1549.

[65] Yin L J, Gong Q M, Ma H S, et al. Use of indentation tests to study the influence of confining stress on rock fragmentation by a TBM cutter[J]. International Journal of Rock Mechanics & Mining Sciences, 2014, 72(72):261-276.

[66] L Ozdemir,B Nilsen. Recommended laboratory rock testing for TBM projects. AUA news,1999, 14(2): 21-35.

[67] Ozdemir L, Wang F D. Mechanical tunnel boring prediction and machine design[J]. NASA STI/Recon Technical Report N, 1979, 80: 16239.

[68] Ozdemir L, Miller R. Cutter performance study for deep based missile egress excavation[J]. Golden, Colorado, Earth Mechanics Institute Colorado School of Mines, 1986, 43(6): 105-132.

[69] Bilgin N, Feridunoglu C, Tumac D, et al. The performance of a full face tunnel boring machine (TBM) in Tarabya (Istanbul)[J]. Proceedings, 2005.

[70] Chang S H, Choi S W, Bae G J, et al. Performance prediction of TBM disc cutting on granitic rock by the linear cutting test[J]. Tunnelling & Underground Space Technology, 2006, 21(s 3-4):271.

[71] Gertsch R, Gertsch L, Rostami J. Disc cutting tests in Colorado Red Granite:implications for TBM performance prediction[J]. International Journal of Rock Mechanics & Mining Sciences, 2007, 44(2):238 - 246.

[72] 暨智勇. 盾构掘进机切刀切削软岩和土壤受力模型研究及实验验证[D]. 长沙: 中南大学, 2009.

[73] 张魁. 盾构机盘形滚刀作用下岩石破碎特征及滚刀振动特性研究[D]. 长沙: 中南大学, 2010.

[74] 谭青，张魁，周子龙，等. 球齿滚刀作用下岩石裂纹的数值模拟与试验观测[J]. 岩石力学与工程学报,2010(1)：163-169.
[75] 欧阳涛. 盾构典型刀具组合破岩受力特性研究[D].长沙:中南大学，2011.
[76] 顾健健. 地应力下 TBM 盘形滚刀载荷特性及破岩参数匹配研究[D].长沙:中南大学，2013.
[77] 朱逸. TBM 多滚刀组合破岩特性的数值模拟及实验研究[D].长沙:中南大学，2013.
[78] 夏毅敏，卞章括，暨智勇，等. 复合式土压平衡盾构刀盘 CAD 系统开发[J]. 计算机工程与应用，2012，48(36).
[79] 谭青，易念恩，夏毅敏，等. TBM 滚刀破岩动态特性与最优刀间距研究[J]. 岩石力学与工程学报,2012(12)：2453-2464.
[80] 徐孜军. 盾构刀具破岩特性的数值模拟及实验研究[D]. 长沙：中南大学，2012.
[81] Kou S Q, Lindqvist P A, Tang C A, et al. Numerical simulation of the cutting of inhomogeneous rocks [J]. International Journal of Rock Mechanics & Mining Sciences, 1999, 36(5):711-717.
[82] Liu H Y, Kou S Q, Lindqvist P A, et al. Numerical simulation of the rock fragmentation process induced by indenters[J]. International Journal of Rock Mechanics & Mining Sciences, 2002, 39(4):491-505.
[83] Cho J W, Jeon S, Jeong H Y, et al. Evaluation of cutting efficiency during TBM disc cutter excavation within a Korean granitic rock using linear-cutting-machine testing and photogrammetric measurement[J]. Tunnelling & Underground Space Technology, 2013, 35(4):37-54.
[84] Choi S O, Lee S J. Three-dimensional numerical analysis of the rock-cutting behavior of a disc cutter using particle flow code[J]. Ksce Journal of Civil Engineering, 2015, 19(4):1129-1138.
[85] 于跃. 盘刀破岩机制的细观数值模拟研究[D].大连:大连理工大学，2010.
[86] 孙金山，陈明，陈保国,等. TBM 滚刀破岩过程影响因素数值模拟研究[J]. 岩土力学，2011，32(6):1891-1897.
[87] 陆峰,张弛,孙健,等.基于 TBM 双滚刀破岩仿真的实验研究[J].工程设计学报,2016,23(1):41-48.
[88] 李岩.全断面硬岩掘进机滚刀系统优化及实验研究[D].沈阳:沈阳建筑大学,2014.
[89] Rojek J, Oñate E, Labra C, et al. Discrete element simulation of rock cutting[J]. International Journal of Rock Mechanics & Mining Sciences, 2011, 48(6):996-1010.
[90] Ma H, Yin L, Ji H. Numerical study of the effect of confining stress on rock fragmentation by TBM cutters[J]. International Journal of Rock Mechanics & Mining Sciences, 2011, 48(6):1021-1033.
[91] 苏鹏程,王宛山,霍军周,等. TBM 的滚刀布置优化设计研究[J]. 东北大学学报,2010,31(6):877-881.
[92] Gladwell G M L,范天佑. 经典弹性理论中的接触问题[M]. 北京：北京理工大学出版社，1991.
[93] Johnson K L,徐秉业，罗学富，等. 接触力学[M]. 北京：高等教育出版社，1992.
[94] 徐小荷,余静.岩石破碎学[M].北京:煤炭工业出版社,1984.
[95] Paul B,Sikarskie D L. A preliminary theory of static penetration of a rigid wedge into a A brittle material [J]. Transaction of the society mining engineers,AIME,new York NY232. 1965:372 - 383.
[96] 郭京波,王旭东,郑丽堑,等.基于多目标遗传算法的复合式盾构刀盘刀具布置优化[J].隧道建设，2017，37(4):517-521.
[97] Artimovich G. V. Mechanical and Physical Principles of Design of Rcok Breaking Mining Tool[M]. Nauka, Novosibirsk, 1985.
[98] Alehossein H, Detournay E, Huang H. An Analytical Model for the Indentation of Rocks by Blunt Tools [J]. Rock Mechanics and Rock Engineering, 2000,33(4):267-284.

[99] Alehossein H, Hood M. State-of-the-art review of the rock models for disc roller cutters[J]. Rock mechanics, 1996: 693-700.

[100] Pang S S, Goldsmith W, Hood M. A force-indentation model for brittle rocks[J]. Rock Mechanics & Rock Engineering, 1989, 22(2):127-148.

[101] Roxborough, F F. Cutting Rock with Picks[J]. The Mining Engineer, London, 1973,132(153): 445-455.

[102] F R F. Cutting rocks with picks[J]. The Mining Engineer, 1973, 32(3): 445-455.

[103] 张照煌. 全断面岩石掘进机及其刀具破岩理论[M]. 北京: 中国铁道出版社, 2003.

[104] Ozdemir L, Wang F D. Mechanical tunnel boring prediction and machine design[J]. Nasa Sti/recon Technical Report N, 1979, 80.

[105] 张魁,厦毅敏,等. TBM 刀具作用下节理岩石破碎模式研究[J]. 现代隧道技术,2016,53(2):148-156,181.

[106] BRULAND A. Hard rock tunnel boring[Ph. D. Thesis][D]. Trondheim: Norwegian University of Science and Technology,1998.

[107] BARTON N. TBM tunnelling in jointed and faulted rock[M]. Rotterdam,Brookfield:A. A. Balkema, 2000.

[108] WANNER H,AEBERLI U. Tunnelling machine performance in jointed rock[C]// Proceedings of the 4th Congress of the ternational Society for Rock Mechanics. Montreux:[s. n.],1979:573-580.

[109] 杨圣奇,黄彦华. TBM 滚刀破岩过程及细观机制颗粒流模拟[J]. 煤炭学报,2015,40(6):1235-1244.

[110] Goodman R E. Introduction to rock mechanics[M]. New York:John Willey and Sons Inc. ,1989:358-361.

[111] 马洪素, 纪洪广. 节理倾向对 TBM 滚刀破岩模式及掘进速率影响的试验研究[J]. 岩石力学与工程学报, 2011(1), 155-163.

[112] Bejari H, Khademi Hamidi J. Simultaneous Effects of Joint Spacing and Orientation on TBM Cutting Efficiency in Jointed Rock Masses[J]. Rock Mechanics and Rock Engineering, 2013,46(4):897-907.

[113] Bejari H, Reza K, Ataei M, et al. Simultaneous effects of joint spacing and joint orientation on the penetration rate of a single disc cutter[J]. Mining Science and Technology (China), 2011,21(4):507-512.

[114] 龚秋明. 掘进机隧道掘进概论[M]. 北京:科学出版社,2014.

[115] Zhang Zhaohuang, Xian D,Man L i u,et al. Simulation of the Entire Process of Grinding the Outer Surface of Surface Parts and Error Analysis[J]. Journal of Basic Science and Engineering, 2011: SI.

[116] Rostami J. Design optimization, performance predication and economic analysis of tunnel boring machines for the construction of proposed Yucca Mountain nuclear waste repository: [dissertation]. Golden,CO,Colorado school of mines:Department of.

[117] 茅承觉,刘春林,沈连福,等. 全断面岩石掘进机盘形滚刀压痕试验[C]. 中国工程机械学会第一届年会论文,1987.

[118] Amund Bruland. Hard Rock Tunnel Boring[D]. Norwegian University Science and Technology, Department of Building and Construction E-ngineer,1998.

[119] 张照煌. 全断面岩石掘进机盘形滚刀寿命管理理论及技术研究 [D]. 北京:华北电力大学,2008.

[120] Rostami J. Development of a force estimation model for rock fragmentation with disc cutters through theoretical modeling and Physical measurement of crushed zone Pressure[D]. Colorado: Colorado School of

Mines, 1997.
[121] Rostami J, Ozdemir L. A new model for Performance Prediction of hard rock TBMs[C]//Proceedings of Rapid Excavation and Tunneling Conference. Boston:[s. n.], 1993:793-809.
[122] 孙永刚. 隧道掘进机刀盘工作状态及刀具参数的优化分析[D]. 沈阳:东北大学, 2008.
[123] Pang S S, Goldsmith W. Investigation of Crack Formation During Loading of Brittle Rock[J]. Rock Mechanics and Rock Engineering, 1990, 23(1):53-63.
[124] 苏利军, 孙金山, 卢文波. 基于颗粒流模型的 TBM 滚刀破岩过程数值模拟研究[J]. 岩土力学, 2009(9):2823-2829.
[125] 莫振泽, 李海波, 周青春, 等. 楔刀作用下岩石微观劣化的试验研究[J]. 岩土力学, 2012(5):1333-1340.
[126] Haeri H, Marji M F, Shahriar K. Simulating the effect of disc erosion in TBM disc cutters by a semi-infinite DDM[J]. Arabian Journal of Geosciences, 2015, 8(6):3915-3927.
[127] Rostami J, Ghasemi A, Alavi Gharahbagh E, et al. Study of Dominant Factors Affecting Cerchar Abrasivity Index[J]. Rock Mechanics and Rock Engineering, 2014, 47(5):1905-1919.
[128] 王华, 吴光. TBM 施工隧道岩石耐磨性与力学强度相关性研究[J]. 水文地质工程地质, 2010, 37(5):57-60.
[129] Chiaia B. Fracture mechanisms induced in a brittle material by a hard cutting indenter [J]. International Journal of Solids and Structures, 2001, 38(44), 7747-7768.
[130] 莫振泽, 李海波, 周青春, 等. 基于 UDEC 的隧道掘进机滚刀破岩数值模拟研究[J]. 岩土力学, 2012(4):1196-1202.
[131] Tumac D, Balci C. Investigations into the cutting characteristics of CCS type disc cutters and the comparison between experimental, theoretical and empirical force estimations[J]. Tunnelling and Underground Space Technology, 2015, 45:84-98.
[132] Wang L, Kang Y, Cai Z, et al. The energy method to predict disc cutter wear extent for hard rock TBMs[J]. Tunnelling and Underground Space Technology, 2012, 28:183-191.
[133] Gong Q M, Zhao J, Hefny A M. Numerical simulation of rock fragmentation process induced by two TBM cutters and cutter spacing optimization[J]. Tunnelling and Underground Space Technology, 2006, 21(3-4):263.
[134] Xia Y, Ouyang T, Zhang X, et al. Mechanical model of breaking rock and force characteristic of disc cutter[J]. Journal of Central South University, 2012, 19(7):1846-1852.
[135] 谭青, 徐孜军, 夏毅敏, 等. 2 种切削顺序下 TBM 刀具破岩机制的数值研究[J]. 中南大学学报(自然科学版), 2012(3):940-946.
[136] 霍军周, 孙伟, 郭莉, 等. 多滚刀顺次作用下岩石破碎模拟及刀间距分析[J]. 哈尔滨工程大学学报, 2012(1):96-99.
[137] 张魁, 夏毅敏, 徐孜军. 不同围压及切削顺序对 TBM 刀具破岩机制的影响[J]. 土木工程学报, 2011(9):100-106.
[138] Graham P C. Rock exploration for machine manufacturers. In: Bieniawski, Z. T. (Ed.), Exploration for Rock Engineering[M]. Balkema, Johannesburg, 1976: pp. 173-180.
[139] Hughes HM. The relative cuttability of coal measures rock[J]. Min Sci Technol, 1986, 3:95-109.
[140] 孙金山, 陈明, 陈保国, 等. TBM 滚刀破岩过程影响因素数值模拟研究[J]. 岩土力学, 2011(6):1891-1897.
[141] Farmer, I W, Glossop, et al. Mechanics of disc cutter penetration[P]. Tunnels Tunnell. Int. 1980. 12

(6):22-25.

[142] Nelson P P. Tunnel boring machine performance in sedimentary rock[D]. Cornell University, Ithaca, NY, 1983.

[143] O'Rourke J E, Spring J E, Coudray S V. Geotechnical parameters and tunnel boring machine performance at Goodwill Tunnel, California[C]// Nelson PP, Laubach SE, editors[P]. Proceedings of the 1st North American rock mechanics symposium, Austin, Texas. Rotterdam: Balkema,1994.

[144] Kahraman S. Correlation of TBM and drilling machine performances with rock brittleness[J]. Engineering Geology, 2002,65(4):269-283.

[145] Gong Q M, Zhao J. Influence of rock brittleness on TBM penetration rate in Singapore granite[J]. Tunnelling and Underground Space Technology, 2007,22(3):317-324.

[146] 宋克志, 王梦恕. TBM刀盘与岩石相对刚度对盘形滚刀受力的影响分析[J]. 应用基础与工程科学学报, 2011(4):591-599.

[147] Gong Q M, Yin L J, Wu S Y, et al. Rock burst and slabbing failure and its influence on TBM excavation at headrace tunnels in Jinping Ⅱ hydropower station[J]. Engineering Geology, 2012,124:98-108.

[148] Innaurato N, Oggeri C, Oreste P, et al. Laboratory tests to study the influence of rock stress confinement on the performances of TBM discs in tunnels[J]. International Journal of Minerals, Metallurgy, and Materials, 2011,18(3):253-259.

[149] Innaurato N, Oggeri C, Oreste P P, et al. Experimental and Numerical Studies on Rock Breaking with TBM Tools under High Stress Confinement[J]. Rock Mechanics and Rock Engineering, 2007,40(5): 429-451.

[150] Entacher M, Schuller E, Galler R. Rock Failure and Crack Propagation Beneath Disc Cutters[J]. Rock Mechanics and Rock Engineering, 2014.

[151] 梁正召, 于跃, 唐世斌, 等. 刀具破岩机制的细观数值模拟及刀间距优化研究[J]. 采矿与安全工程学报, 2012,29(1):84-89.

[152] Huang H. Discrete element modeling of rock-tool interaction[D]. Department of Civil Engineering, University of Minnesota,1999.

[153] Abu Bakar M Z, Gertsch L S, Rostami J. Evaluation of Fragments from Disc Cutting of Dry and Saturated Sandstone[J]. Rock Mechanics and Rock Engineering, 2014,47(5):1891-1903.

[154] Robinson L H,Holland W E. Some Interpretation of Pore Fluid Effects in Rock Failure[C]// The 11th U. S. Symposium on Rock Mechanics (USRMS), Berkeley, CA,1969,6:585-597.

[155] Kaitkay, P Lei,et al. Experimental Study of Rock Cutting under External Hydrostatic Pressure[J]. Journal of Material Processing Technology,2005,159:206-213.

[156] Roxborough, F F,Rispin A. The Mechanical Cutting Characteristics of the Lower Chalk[J]. Tunnels and Tunnelling,1973:45-67.

[157] O'Reilly, M P, Tough,et al. Tunnelling Trials in Chalk[C]// Proceedings of the Institution of Civil Engineers, London, UK, Ed. J.S. Davis, Part 2, 67,1979:255-283.

[158] Rostami J,Ozdemir L,Nilsen B. Con1Parison betwega'1 CSM and NTH hard rock TBM Performance Prediction models[C]. Proceedings of Annual Technical Meeting of the Institute of Shaft Drilling and Technology(ISDT). Las Vegas:[s. n.],1996.

[159] Howarth D F,Rowlands J C. Quantitative assessment of rock texture and correlation with drillability and strength ProPerties[J] . Rock Mechanics and Rock Engineering,1987,20(1): 57-85.

[160] Hadi B, Reza K, Mohammad A, et al. Simultaneous effects of joint spacing and joint orientation on the

penetration rate of a single disc cutter[J]. Mining Science & Technology, 2011, 21(4):507-512.

[161] Gong Q M,Jiao Y Y, Zhao J. Numerical modelling of the effects of Joint spacing on rock fragmentation by TBM cutters[J]. Tunnelling and Underground Space Technology,2006,21(1): 46-55.

[162] Gong Q M,Zhao J,Jiao Y Y. Numerical modeling of the effects of Joint orientation on rock fragmentation by TBM cutters[J]. Tunnelling and Underground Space Technology,2005,20(2): 183-191.

[163] 刘先珊,周双勇 ,许明,等. 复合地层盘形双滚刀的破岩过程分析[J]. 应用基础与工程科学学报,2018,26(2):357-370.

[164] 李国华, 陶兴华. 动、静载岩石破碎比功实验研究[J]. 岩石力学与工程学报, 2004, 23(14): 2448-2454.

[165] Saperstein, L W, Grayson,et al. Breakthrough Energy Savings with Waterjet Technology[C]// final report to U. S. Department of Energy, contract FG26-05NT42500, 2007.

[166] Itasca Consulting Group Inc. Particle Flow Code Theory and Background[R]. Sudbury:Itasca Consulting Group Inc,2002.

[167] Spyridon Liakas, Catherine O′ Sullivan, Charalampos Saroglou. Influence of heterogeneity on rock strength and stiffness using discrete element method and parallel bond model[J]. Journal of Rock Mechanics and Geotechnical Engineering,2017,9(4).

[168] 郑颖人,冯夏庭,等. 平行黏结模型宏细观力学参数相关性研究[J]. 岩土力学,2018,39(4):1289-1301.

[169] Potyondy D O. “Parallel-Bond Refinements to Match Macroproperties of Hard Rock,” in Continuum and Distinct Element Numerical Modeling in Geomechanics 2011 (Proceedings of Second International FLAC/DEM Symposium, Melbourne, Australia, 14 – 16 February 2011):459-465.